普通高等教育"十一五"国家级规划教材

U0681961

单片机技术应用与系统开发

DANPIANJI JISHU YINGYONG YU XITONG KAIFA

李文华 编著

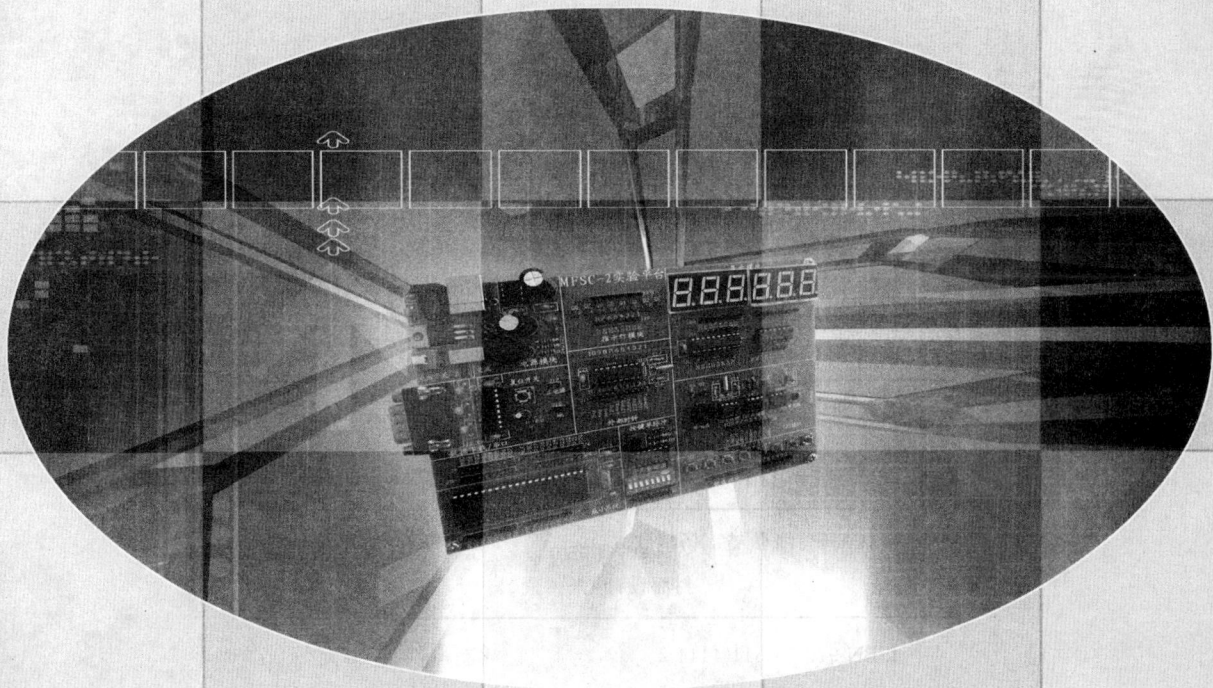

大连理工大学出版社
DALIAN UNIVERSITY OF TECHNOLOGY PRESS

图书在版编目(CIP)数据

单片机技术应用与系统开发 / 李文华编著. —大连:大连
理工大学出版社,2008.10(2011.7重印)
普通高等教育"十一五"国家级规划教材
ISBN 978-7-5611-4444-2

Ⅰ.单… Ⅱ.李… Ⅲ.软件设计—高等学校:
技术学校—教材 Ⅳ.TP311.5

中国版本图书馆 CIP 数据核字(2008)第 166887 号

大连理工大学出版社出版

地址:大连市软件园路 80 号 邮政编码:116023
发行:0411-84708842 邮购:0411-84703636 传真:0411-84701466
E-mail:dutp@dutp.cn URL:http://www.dutp.cn
大连理工印刷有限公司印刷 大连理工大学出版社发行

幅面尺寸:185mm×260mm 印张:18.5 字数:425 千字
印数:3001~4500
2008 年 10 月第 1 版 2011 年 7 月第 2 次印刷

责任编辑:潘弘喆 杨慎欣 责任校对:董 静
封面设计:张 莹

ISBN 978-7-5611-4444-2 定 价:37.00 元

前　言

　　单片机,也就是在单一芯片上所构成的微型计算机,是典型的嵌入式计算机系统。单片机有体积小、抗干扰、功能强、价格廉、成本低等特点,广泛地应用于机电设备、智能仪表、医疗电子、家用电器、汽车电子、金融电子、通信设备中。目前,企业大量需要单片机应用系统开发人员和单片机产品的维护维修人员。应时代发展的要求,全国高校的计算机专业、机电专业、电子专业、通信专业、自动化等许多专业相继开设了单片机课程。但是,单片机应用技术是一门综合性课程,它涉及电子技术、计算机技术、控制技术等多个学科领域,广大应用型本科和高职高专院校的学生普遍感到学习难度大。

　　初学者到底需要学习哪些东西? 如何快速入门? 如何缩短学校学习与企业工作之间的差距? 如何从新手变为应用系统开发的行家? 这些问题是初学者经常要问的问题,也是我们从事单片机应用技术课程教学的每位教师一直思考的问题。教育部在教高[2006]16 号文件中指出,要"建立突出职业能力培养的课程标准",要"改革教学方法和手段,融'教、学、做'为一体,强化学生能力的培养"。因此,我们与企业联合,将单片机应用技术课程的教学内容和教学方法作了较大幅度的修改,改变了以往"强调知识体系结构,以知识点为序"组织教学的方法,大胆地采用"项目导向、实例教学"的方法组织教学,从培养学生的职业技能出发,打破了知识体系结构的束缚,根据工程实际要求,将单片机应用技术的基本知识和基本技能融合到各个实例中。本书具有以下特点:

　　1. 按项目重构课程内容,用实例组织单元教学

　　本书分为 6 个项目,以我们开发的"数控配料机械控制仪"为背景,以设计制作数字钟产品为实例,讲解了单片机应用系统的开发过程、设计方法和基本技能。全书按项目编排,每一项目包括了若干个实例,每一个实例实际上是一个任务,是完成设计制作时的某个小任务。单片机应用系统设计所需要的基本知识和基本技能穿插在各个任务完成的过程中讲解,每一个实例则只讲解完成本任务所

需要的基本知识、基本方法和基本技能,从而将知识化整为零,降低了学习的难度。全书共 23 个实例,不仅包含了单片机的全部知识和应用系统扩展的常用方法和技术,而且包括了实际产品设计与制作中的许多实用技术。

2.融"教、学、做"于一体,突出了教材的实践性

书中每一个实例都是按以下方式组织编排的:①功能要求,②相关知识,③硬件电路搭建,④软件程序编写,⑤应用小结。其中,功能要求是读者实践时的任务要求,后续的各部分都是围绕着任务的实现而展开的。相关知识部分主要供读者在完成任务时阅读之用,也是本任务完成后所要掌握的基本知识。硬件电路搭建和软件程序编写是读者实践时必须亲手做的事情,其中穿插了相关方法、技能和技巧的介绍。本书融"教、学、做"于一体,突出了实践,读者会在完成任务的过程中不知不觉地学会单片机的应用技术。

3.强化了对工程上的实用方法的介绍,突出了教材的实用性和实效性

书中的内容来源于实际产品,无论是器件的选型,还是电路的设计以及程序的编写,都反映了工程上的实际需求。

在单片机的选型上,我们选用了 STC89C52 单片机。STC89C52 单片机是 2006 年刚推出的一款具有 MCS-51 单片机内核的增强型 51 单片机,也是"数控配料机械控制仪"所选用的 STC89 系列单片机中的一个品种。

在外围扩展方面,强化了串行扩展的运用。现代的单片机应用系统设计中,扩展的主流方向是:以串行扩展为主,并行扩展为辅。书中所介绍的外围扩展主要是串行扩展,用实例介绍了 SPI 总线接口、One-Wire 总线接口等总线接口的扩展方法。实际上,通过合理选取外部接口芯片,采取其中的任何一种总线扩展方式都可以构成一个单片机应用系统。由于现代的增强型 51 单片机都集成了容量不等的存储器,如 STC89C58 单片机片内集成有 256 B 的片内 RAM、32 KB 的 Flash ROM、1280 B 的扩展 RAM、16 KB 的 E^2PROM。STC89C516 中的程序存储器有 64 KB,应用系统的设计完全不必扩展外部存储器,本书删除了对片外存储器扩展的讲解,也回避了对像 8155 这类已基本不用的芯片的讲解,避免读者学习那些在实际工程中基本不用的东西。

在软件程序编写上,强化了对工程上的实用方法的介绍,避免了理想化的设计。例如,在键盘处理的各个实例中,我们把键盘处理放在定时中断服务中进行处理,利用两次定时中断的时差去抖动,不仅介绍了消除按键连击的方法,而且还介绍了加、减键处理中充分利用按键连击的方法,还介绍了一键多功能的处理方法。在数据显示处理中,我们介绍了扫描显示时消隐处理方法及多个数码管静态和闪动混合显示处理方法。在系统程序设计过程中,不仅仅是介绍系统功能的实现问题,还详细地介绍了硬件抗干扰和软件抗干扰方法,不仅仅是介绍单个状态的应用系统的设计,更重要的是用实例讲解了具有多个状态的应用系统的设计方法。所有这些,既是以往课程中很少涉及的问题,又是工程实际中不可回避的问题。

4.突出了虚拟接口与虚拟器件的思想

虚拟接口与虚拟器件是目前单片机应用系统设计的一大特色,采用这一思想,可以充分利用单片机的软件资源实现一些接口和器件的功能,给应用系统设计带来了极大的灵活性。本书在编写中充分地反映了这一特点。例如,在串行扩展中,我们给出 SPI、

One-Wire等多种串行通信的模拟软件包,应用这些软件可以灵活地扩展出各种串行接口。

5. 提供了配套的实训平台,避免了教材与实训系统相互脱节

单片机技术是一门实践性非常强的课程,除了要加强课堂学习之外,还需要强有力的实践性环节与之配合。因此,我们研制并推出了"MFSC-1实训平台"、"MFSC-2实训平台"、"MFSC-3实训平台"三种不同类型的实训平台。"MFSC-3实训平台"适用于课堂教学实训;"MFSC-2实训平台"是一个经济型的实训平台,它是MFSC-3的简化版,适合于读者课外训练;"MFSC-1实训平台"用于课程设计、毕业设计、实习和实际动手实训等多种实践环节。实训系统和本教材配套,避免了以往出现的教材与实训系统相互脱节,真正做到课堂内外相互统一。

6. 提供了"立体化"教学资源,便于教师备课和读者自学

本书实际上是湖北省省级精品课——单片机技术应用与系统开发的讲稿,课程的教学大纲、实施计划、教学视频和解说、教学课件、电子教案、习题等配套资源,全部放在开放的教学网站上(网址为 http://www1.hbxtzy.com/jpkc1/)。该教材已形成了一个立体化的教材体系和教学环境,非常方便教学,也有利于学生自主学习。

本书成稿的过程中,曾得到过许多同仁和朋友的帮助与支持。浙江温州海融科技有限公司的杨文总工程师参与了本书的规划和内容的制定。南开大学的刘瑞挺教授、长江大学的徐爱钧教授、湖北第二师范大学的焦启民教授、湖北仙桃职院的徐国洪教授和刘斌仿教授、福建漳州师范学院的王桃发、西安航专的孟虎、湖北黄冈职院的郭福州等多位老师对本书的编写提出了许多积极宝贵的意见并给予极大的关心和支持。刘长秀、张波、徐凯、朱丹丹、廖明辉、李楷、刘明江、罗鹏、杨威、罗改龙等为本书有关资料的收集和整理做了大量的工作。魏松佳、蔡亚梅绘制本书的全部插图。感谢大连理工大学出版社的潘弘喆和杨慎欣为本书出版所做的辛勤工作。没有他们就没有这本书的出版,谨此表示感谢!

本书可作为应用型本科和高职高专院校的计算机专业、机电专业、电子专业、通信专业、自动化专业及其他相关专业的教材,也可以作为工程技术人员的自学参考书。

尽管我们在本书的编写方面做了许多努力,但由于作者的水平有限,加之时间紧迫,错误不当之处难免,恳请各位批评指正,并将意见和建议及时反馈给我们,以便下次修订时改进。

本教材配有电子课件,如有需要请登录我们的网站下载。

所有意见和建议请发往:dutpgz@163.com

欢迎访问我们的网站:http://www.dutpgz.cn

联系电话:0411-84707492　84706104

编　者

2008 年 10 月

目 录

项目 1

单片机应用系统开发入门实践

单片机即单片微型计算机,是将中央处理器(CPU)、数据存储器、程序存储器、并行输入/输出接口、串行输入/输出接口、定时/计数器、中断控制、系统时钟以及系统总线等电路集成在一个芯片上的微处理器,是一种典型的嵌入式控制器。从本项目开始,我们将以 STC89C52 单片机为主要机型,在实践中学习 MCS-51 单片机的应用技术。

在本项目的实践中,我们将亲手搭建单片机应用电路,建立单片机应用系统开发所需要的集成开发环境,并在此环境中新建实验项目,生成 Hex 文件,然后利用 STC_ISP 软件将 Hex 文件上载到单片机应用系统中。通过用单片机控制一只发光二极管闪烁的实践,我们将经历单片机应用系统的开发过程,达到以下目标:

1. 掌握单片机的引脚功能
2. 掌握单片机的存储组织结构
3. 能搭建单片机最小系统
4. 会使用单片机开发工具
5. 会将 Hex 文件上载至目标系统中

1.1 搭建硬件电路

1.1.1 单片机正常工作的基本条件

单片机正常工作的基本条件是:①有供电电路,②有时钟电路,③有复位电路,④有数据存储器(RAM),⑤有程序存储器(ROM),⑥有程序。前 5 项是单片机正常工作的硬件基础。其中,供电电路为单片机提供工作电源;时钟电路为单片机提供时钟信号,保证单片机内部各部件同步工作;复位电路产生复位信号,使单片机上电后从确定状态开始工作;RAM 用来存放各类数据运算的中间结果和运算的最终结果;ROM 用来存放单片机运行的程序和表格数据。单片机应用系统开发的第一件事就是要搭建这 5 部分电路,为单片机工作提供物质基础。现代的 MCS-51 单片机中,片内一般都集成有一定数量的 RAM 和 ROM。其中 STC89C52 单片机片内集成有 256 字节的 RAM、512 字节的扩展 RAM 和 2 KB 的 Flash ROM,用于存放各类数据,片内集成有 8 KB 的 Flash ROM 用来存放程序和表格数据。另外,有些型号的单片机片内集成有更大的 ROM,例如 STC89C58 片内集成有 32 KB 的 ROM,STC89C516 片内集成有 64 KB 的 ROM。因此,完全没有必要设计扩展 RAM 和 ROM 电路。

1.1.2　引脚功能

在进行硬件电路搭建之前,必须先弄清楚各芯片的引脚功能和应用特性,以便正确连线。STC89C52 单片机与 MCS-51 单片机的引脚兼容,有 DIP-40、PLCC-44、TQFP-44 等封装形式。其中 DIP-40 封装形式的单片机的外形如图 1-1 所示,它有 40 个引脚。引脚向外,缺口朝上时,左上方第 1 个引脚为 1 脚,依逆时针方向数,依次为 1、2、3……40 脚,40 脚位于右上角。各引脚的配置如图 1-2 所示。各引脚的功能如下:

图 1-1　STC89C52 外形

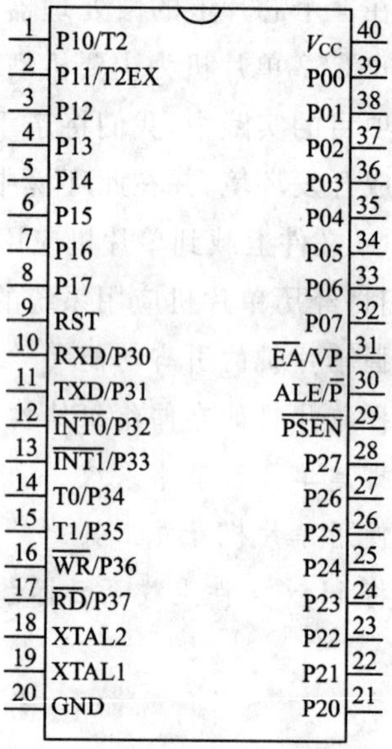

图 1-2　STC89C52 引脚配置

V_{CC}(40 脚):电源引脚,接+5 V 电源。

GND(20 脚):接地引脚,接电源地。

XTAL2(18 脚):内部振荡电路反向放大器的输出端。采用内部振荡方式时,该引脚接外部晶振和微调电容的一端。采用外部振荡方式时,该引脚悬空。

XTAL1(19 脚):内部振荡电路反向放大器的输入端。采用内部振荡方式时,该引脚接外部晶振和微调电容的另一端。采用外部振荡方式时,外部振荡脉冲从该引脚输入。

RST(9 脚):复位信号输入端,高电平有效,外接复位电路。

$\overline{EA}$/VP(31 脚):允许访问外部程序存储器控制脚,低电平有效。如果程序保存在片内 ROM 中,应该将该引脚接高电平;如果程序保存在片外 ROM 中,应该将它接地。

$\overline{PSEN}$(29 脚):程序存储器允许。当单片机访问片外扩展程序存储器时,该引脚输出读外部程序存储器的选通信号。

ALE:地址锁存允许。当单片机访问外部存储器时,该引脚的输出信号 ALE,用于锁存 P0 中的低 8 位地址。ALE 的输出频率为时钟振荡频率的 1/6。

P0.0~P0.7:并行端口 P0、数据/地址复用总线端口。

P1.0~P1.7:并行端口 P1。

P2.0～P2.7:并行端口 P2、地址口。

P3.0～P3.7:并行端口 P3、双功能端口。

关于上述四个端口的具体功能,我们将在项目 2 中结合具体的实例作详细介绍,在此读者只需记住它们可作并行端口就可以了。

1.1.3 供电电路搭建

STC89C52 单片机的工作电源为 5 V 直流电源,将 GND(20 脚)接电源地,V_{CC}(40 脚)接+5 V 电源,就构成了 STC89C52 的供电电路。+5 V 电源可由 5 V 直流稳压电源直接提供,也可以用 6 V～7.5 V 直流电经 LM7805 稳压后产生。LM7805 是三端集成稳压芯片,其外形结构如图 1-3 所示。5 V 稳压电源电路如图 1-4 所示。

图 1-3 LM7805 外形

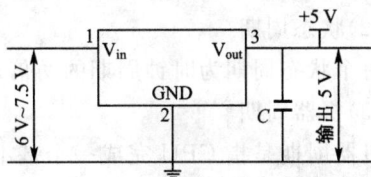

图 1-4 5 V 稳压电源电路

1.1.4 时钟电路搭建

单片机的每一条指令的执行都是由若干个基本的微动作组合而成的。例如由取指令、指令译码、指令执行等微动作组合而成。这些微动作在时间上存在着严格的先后顺序,要想这些动作有条不紊地执行,就必须有一个时间基准来同步各部件的动作。单片机的时钟信号就是用来提供单片机内部各个微动作的时间基准。

1.时钟信号的产生

时钟信号的产生有内部振荡方式和外部振荡方式两种,实际使用中主要是内部振荡方式。

在单片机的 XTAL1 引脚和 XTAL2 引脚之间并接一个晶体振荡器就构成了内部振荡方式。STC89C52 单片机内部有一个高增益的反相放大器,XTAL1 为内部反相放大器的输入端,XTAL2 为内部反相放大器的输出端,在其两端接上晶振后,就构成了自激振荡电路,并产生振荡脉冲,振荡电路输出的脉冲信号的频率就是晶振的固有频率。在实际应用中通常还需要在晶振的两端和地之间各并上一个小电容。实际的内部振荡方式的电路如图 1-5 所示。

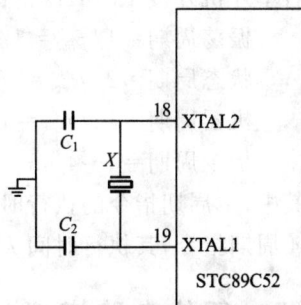

图 1-5 内部振荡方式电路

图中,电容器 C_1、C_2 常称为微调电容,其作用有三个:快速起振、稳定振荡频率、微调振荡频率。STC89C52 单片机允许外接 0～48 MHz 的晶振,电容器 C_1、C_2 可取 5 pF～

33 pF。一般情况下,使用频率较低的晶振时,C_1、C_2 的容量可选的大一点。

为了减少寄生电容,保证振荡器稳定可靠地工作,在实际装配电路时,晶振 X 和电容 C_1、C_2 应尽可能地安装在 XTAL1、XTAL2 引脚附近。

2.基本时序单位

所谓时序,即 CPU 执行一条指令时各个微动作所对应的脉冲信号所遵循的时间顺序。时序单位即单个微动作操作的时间。对于同一指令,微动作划分的层次不同,时序单位是不同的。例如,将微动作划分为指令级时,时序单位为指令执行的时间。单片机所涉及的时序单位主要有振荡周期、状态周期、机器周期和指令周期 4 个。

(1)振荡周期

振荡周期也称为时钟周期,是指为单片机提供时钟脉冲信号的振荡源的周期,是单片机的最小时序单位,片内的各种微操作都以此为基准。

(2)状态周期

每个状态周期为时钟周期的两倍,由振荡周期经二分频后得到。

(3)机器周期

机器周期是指 CPU 完成一个基本操作所需要的时间。单片机的一个机器周期包括 12 个振荡周期。

(4)指令周期

CPU 执行一条指令所需要的时间称为指令周期。MCS-51 单片机中,有单周期指令、双周期指令和四周期指令,这些指令的指令周期为 1～4 个机器周期。

单片机的 4 个时序单位中,振荡周期和机器周期是最重要的,也是常要用到的时序单位。它们是单片机内计算其他时间值的基本单位。各时序单位的关系如下:

设振荡器的振荡频率为 f_{osc},则

振荡周期=$1/f_{osc}$

状态周期=$2/f_{osc}$

机器周期=$12/f_{osc}$

指令周期=1～4 个机器周期

若单片机外接 12 MHz 的晶振,则

振荡周期=$1/f_{osc}$=1/12 MHz=0.0833 μs

状态周期=$2/f_{osc}$=2/12 MHz=0.167 μs

机器周期=$12/f_{osc}$=12/12 MHz=1 μs

指令周期=1～4 μs

其中,单周期指令的执行时间为 1 μs,双周期指令的执行时间为 2 μs,只有乘除法指令为 4 周期指令,其执行时间为 4 μs。

1.1.5 复位电路搭建

1.复位的功能

复位是单片机的初始化操作,其作用是使单片机的各功能部件回复到初始状态,使单片机从一个确定的状态开始工作。单片机复位后从程序存储器 0000H 地址单元取指

令并执行指令。复位不改变片内 RAM 中的内容，但使各特殊功能寄存器的内容回复到初始值。

2. 复位电路

单片机的 RST 引脚为复位引脚，振荡电路正常工作后，RST 端加上持续两个机器周期的高电平后，单片机就被复位。复位电路有 3 种基本方式：上电复位、开关复位和看门狗复位。这里只介绍上电复位和开关复位，有关看门狗复位的内容，我们将在项目 2 中详细介绍。

(1) 上电复位

所谓上电复位就是单片机只要一上电就自动实现复位操作。常用的上电复位电路如图 1-6 所示。

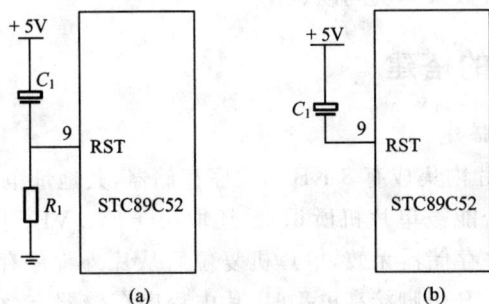

图 1-6 上电复位电路

图 a、图 b 所示电路在本质上是一样，它们都是 RC 微分复位电路。由于单片机的 RST 端对地存在一个等效电阻 R，图 a 中的微分电阻为 R_1 与 R 的并联电阻，图 b 中的微分电阻取至 RST 端的等效电阻 R。上电时，电源通过微分电阻对电容充电，由于电容两端电压不能突变，所以 RST 端出现一个正脉冲。过一段时间后，电容两端电荷充满，电容等效为开路，于是 RST 端所加电压为低电平，单片机完成复位。从图中可以看出，RST 端高电平持续时间取决于 RC 电路的充电时间常数。合理选择 C_1 和 R_1 就可以实现上电复位。

上电后，振荡电路起振要经历一个振荡建立时间，不同频率的振荡器，振荡建立时间不同，所以不同振荡频率下，上述上电复位电路的参数不同。通常要求上电时 RST 复位高电平能持续 10 ms 以上，R、C 的取值一般为：

$C_1 = 10 \sim 30\ \mu F$，$R_1 = 1\ k\Omega \sim 10\ k\Omega$

当晶振频率为 6 MHz 时，可取 $R_1 = 1\ k\Omega$，$C_1 = 22\ \mu F$

当晶振频率为 12 MHz 时，可取 $C_1 = 10\ \mu F$，$R_1 = 8.2\ k\Omega$

(2) 开关复位

开关复位是指通过接通按钮开关，使单片机进入复位状态。开关复位电路一般不单独使用。在应用系统设计中，若需使用开关复位电路，一般的做法是将开关复位与上电复位组合在一起形成组合复位电路，上电复位电路完成上电复位功能，开关复位电路完成人工复位。这种组合复位电路如图 1-7 所示。

图中 C_1、R_1 构成了上电复位电路，K、R_2 构成开关复位电路。单片机正常工作时，按开关 K 后，C_1 两端电荷经 R_2 迅速放电，K 断开后，由 C_1、R_1 及电源将完成对单片机的复位操作。在上述电路中，R_2 的取值一般为 $0\sim200\ \Omega$，C_1、R_1 按上电复位电路的设计而取值。

复位电路的作用非常重要，能否成功复位关系到单片机系统能否正常运行的问题。如果振荡电路正常

图 1-7　组合复位电路

而单片机系统不能正常运行，其主要原因是单片机没有完成正常复位，程序计数器的值没有回 0，特殊功能寄存器没有回到初始状态。这时可以适当地调整上电复位电路的阻容值，增加其充电时间常数来解决问题。

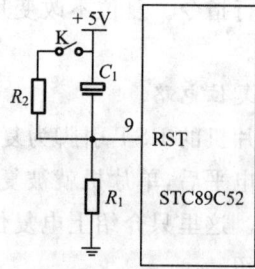

1.1.6　其他电路的搭建

1.单片机最小系统搭建

STC89C52 单片机片内集成有 8 KB 的程序存储器，其地址范围为 0000H～1FFFH，但是，这部分存储器是否能被单片机所识别，还取决于 $\overline{EA}/VP$ 引脚的接法。$\overline{EA}/VP$ 引脚接低电平时，片内程序存储器无效，单片机复位后从片外程序存储器 0000H 处开始取指令并执行指令。$\overline{EA}/VP$ 引脚接高电平时，片内程序存储器有效，单片机复位后从片内程序存储器 0000H 处开始取指令并执行指令。本实验中，单片机片外不扩展程序存储器，将程序存放在片内程序存储器中，所以必须将 $\overline{EA}/VP$ 引脚接 V_{CC}。

当我们搭接好电源电路、振荡电路、复位电路和程序存储器选择电路后，就构成了一个最基本的单片机硬件系统电路，这个电路就叫做单片机的最小系统。其电路如图 1-8 所示。

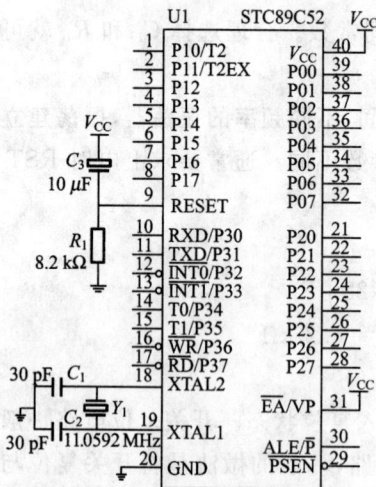

图 1-8　单片机最小系统

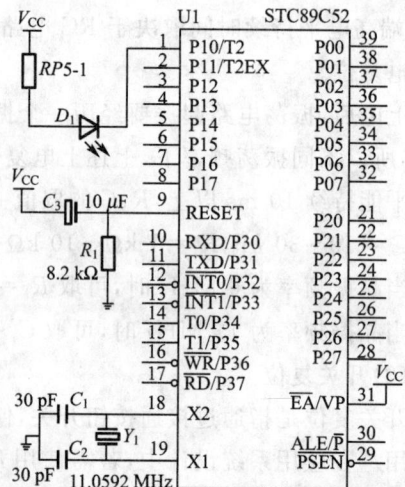

图 1-9　发光二极管控制电路

2.发光二极管控制电路的搭建

单片机的最小系统仅仅只能让单片机工作起来,还没有太大的用途,必须在外围搭接一些接口电路,才能发挥单片机的强大控制功能,解决生产和生活中的实际问题。用单片机的 P1.0 口线控制一只发光二极管的电路如图 1-9 所示。至于为什么要这样搭接电路,我们将在项目 2 的实例中介绍,读者暂且不用管为什么。按图 1-9 搭接电路时,发光二极管的较长引脚(阳极)接 1 kΩ 电阻后接＋5 V 电源,较短的引脚(阴极)接STC89C52 的 1 脚,也就是 P1.0 口线引脚。

在 MFSC-2 实验平台上,用数据线将 J3 的 P10 引脚与 J9 的 D0 引脚相接就构成了上述电路。

1.2　建立开发环境

完成硬件电路搭建之后,还需要为目标系统编写软件程序,然后将程序生成 Hex 文件,最后将 Hex 文件上载到目标系统中。程序文件也称为源程序文件,它是在集成开发环境中完成的。本节中,我们将一起建立单片机系统的软件开发环境,并在这一环境中编辑源程序文件。

1.2.1　安装开发工具 MedWin

1.MedWin 的获取

MedWin 是万利公司开发的 MCS-51 单片机仿真软件,它有多个版本,本书中使用的是中文 V2.39 版,可以通过以下方式获得 MedWin 集成开发环境的安装程序:

①通过因特网下载,网址如下:

http://www.insight-ice.com

http://www.manley.com.cn

②向万利公司或者代理商索取

2.安装 MedWin 的步骤

(1)打开安装程序所在文件夹,如图 1-10 所示。如果是从因特网上下载安装程序,需要下载 MedWin 中文版 Chinese.zip 文件,然后将其解压到某个目录中,例如解压至 D:\tmp 中。在安装程序所在文件夹中找到 SETUP.EXT 文件,然后双击 SETUP.EXE 文件,出现如图 1-11 所示的 MedWin 集成开发环境安装进度界面。

(2)之后出现图 1-12 所示的"Welcome"(欢迎)对话框,点击对话框中的"Next"按钮,出现"Choose Destination Location"(选择安装路径)对话框,在这个对话框中也点击"Next"按钮,出现"Start Copying Files"(开始复制文件)对话框,点击"Next"按钮,系统开始自动安装。

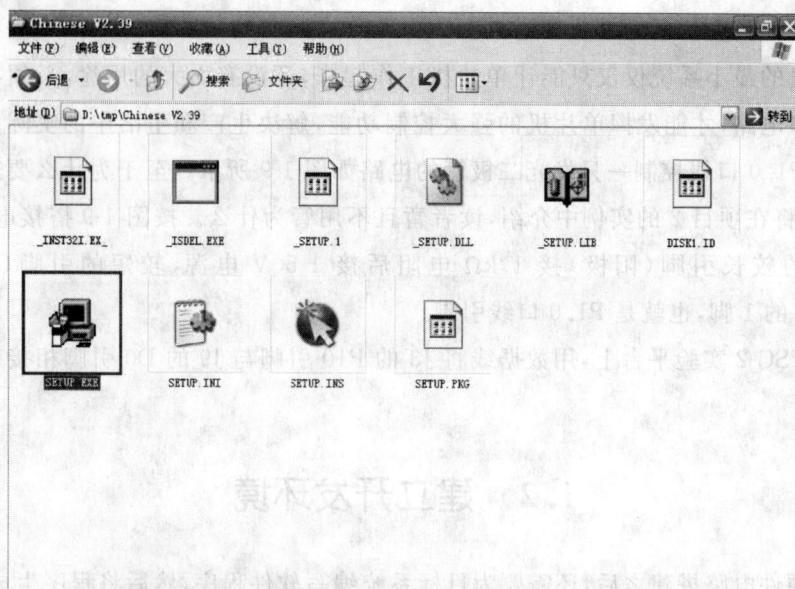

图 1-10　选择 SETUP 安装 MedWin 集成开发环境

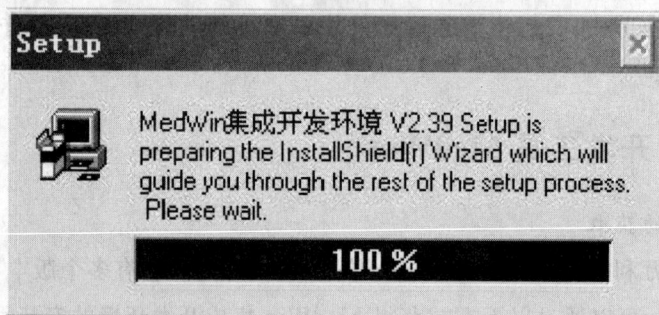

图 1-11　MedWin 集成开发环境安装进度

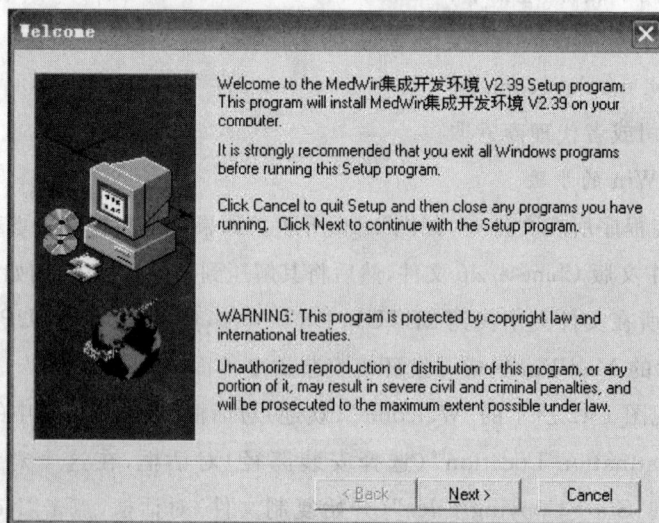

图 1-12　欢迎对话框

1.2.2　设置 MedWin

MedWin 集成开发环境安装后,需要根据系统提示,设置工作目录,设置编译工具的路径、环境等。其操作步骤如下:

第一步:启动 MedWin

点击 Windows 的"开始|程序|Manley|MedWin 中文版",如图 1-13 所示。

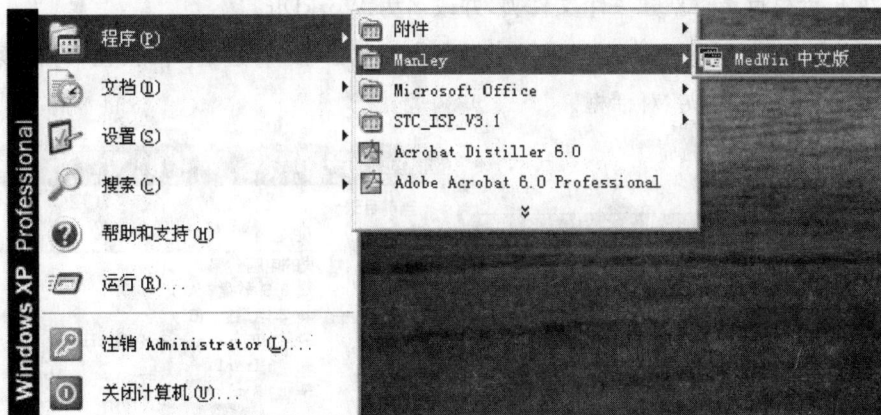

图 1-13　启动 MedWin

第二步:进入模拟仿真

MedWin 是 InSight 仿真器的仿真软件,如果已接好仿真器,则 MedWin 启动后,会出现如图 1-14 所示的初始化界面,进入仿真系统。

MedWin 也可以用于模拟仿真,如果无仿真器,则会出现如图 1-15 所示的设置通讯口界面。点击"模拟仿真"按钮,则出现如图 1-14 所示初始化界面,而进入模拟仿真系统。

图 1-14　MedWin 初始化界面

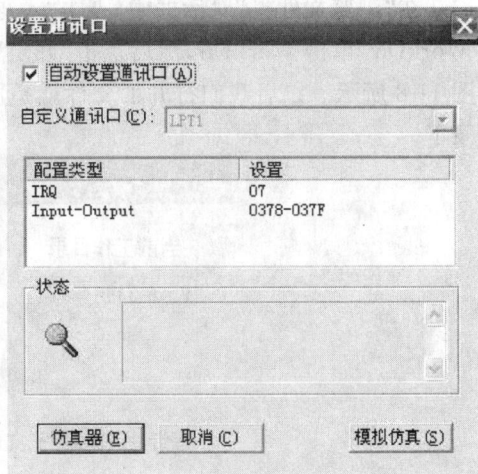

图 1-15　端口选择

第三步：设置工作目录

如果是第一次运行 MedWin，系统会出现如图 1-16 所示的"工作目录"对话框，要求设置工作目录。

MedWin 默认工作目录是其安装目录 C:\Manley\PMedWin，该目录并不一定是我们所需要的工作目录。假定我们所需要的工作目录是 E:\WorkDir，设置工作目录的方法如下：

①在 E 盘根目录下新建一个文件夹，并改名为 WorkDir。

②在如图 1-16 所示的对话框中，点击"当前工作目录"右边的 按钮，将出现如图 1-17 所示的"浏览文件夹"对话框。

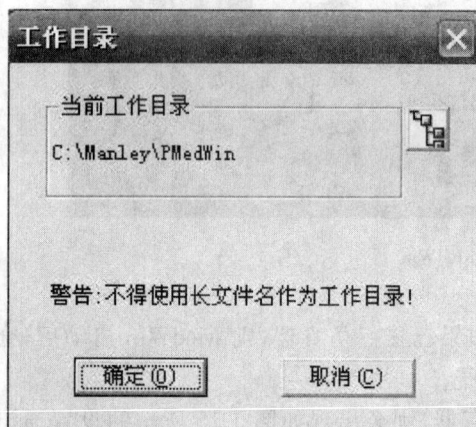

图 1-16　设置工作目录对话框图　　　　　　　　图 1-17　浏览文件夹

③在"浏览文件夹"对话框中，点击"本地磁盘(E)"前面的"＋"，展开 E 盘文件夹，找到 WorkDir，单击 WorkDir，然后点击"确定"按钮。当前工作目录就变成了 E:\WorkDir，如图 1-18 所示。以后我们打开的文件就是这个目录下的文件，文件保存也是保存在这个目录下。

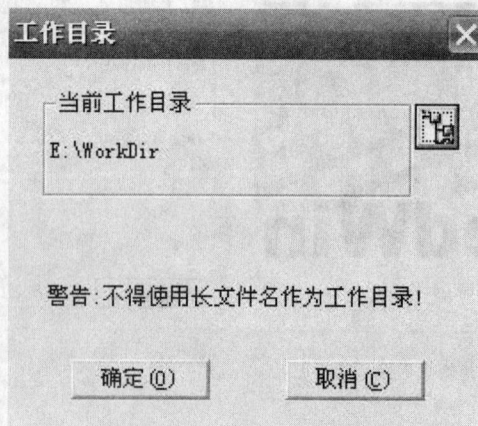

图 1-18　工作目录设置的结果

④在图 1-18 所示的对话框中，点击"确定"按钮，工作目录的设置就结束了。系统将提示进行下一步设置：设置编译工具，如图 1-19 所示。

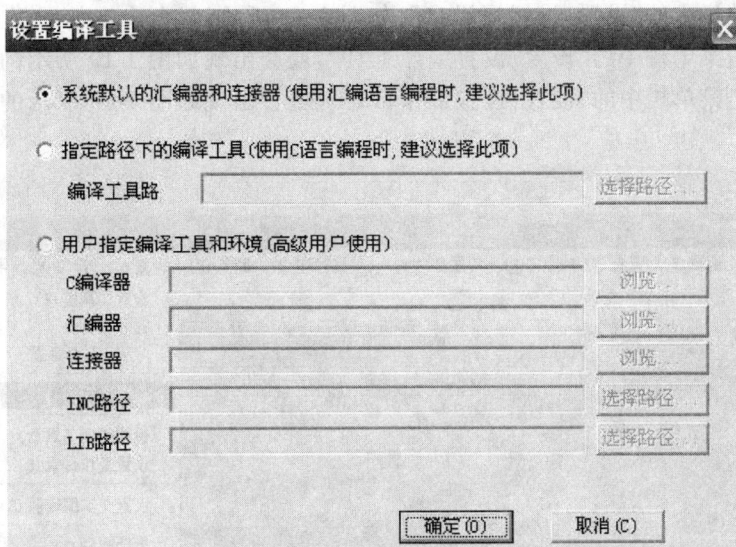

图 1-19 设置编译工具

第四步：设置编译工具

MCS-51 单片机的编程语言可以选用汇编语言(扩展名为.ASM)，也可以选用 C 语言(扩展名为.C)，MedWin 开发工具支持这两种语言，当选用的是汇编语言时，直接选用系统默认设置。本书中，我们采用汇编语言，因此直接点击图 1-19 中的"确定"按钮就完成了编译工具的设置。

完成了上述 4 步设置后，就进入 MedWin 集成开发环境中，如图 1-20 所示。就可以在该环境下新建项目、编写程序了。

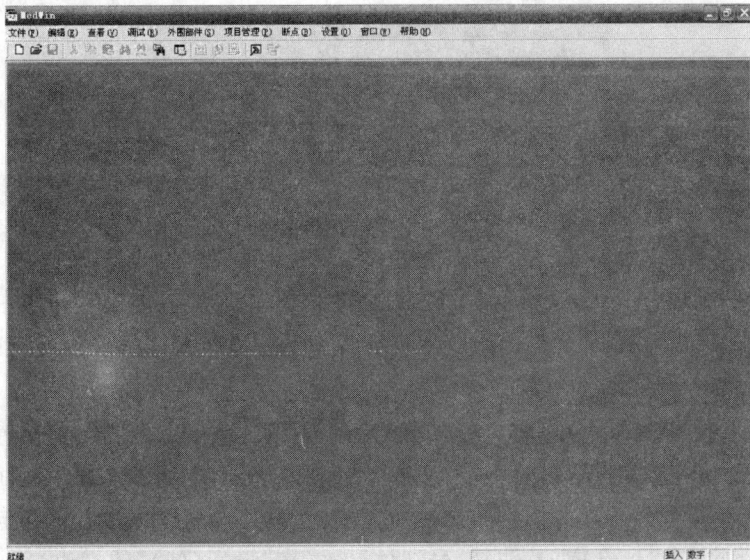

图 1-20 MedWin 集成开发环境

实际上,端口的设置、工作目录的设置和编译工具的设置也可以在集成开发环境中重新设置,其方法如下:

点击菜单栏中的"设置|设置通讯口",如图 1-21 所示,就会出现如图 1-15 所示的设置界面。点击菜单栏中的"设置|设置编译工具",就会出现如图 1-19 所示的设置编译工具界面。点击菜单栏中的"设置|设置工作目录",就会出现如图 1-16 所示的设置工作目录界面。

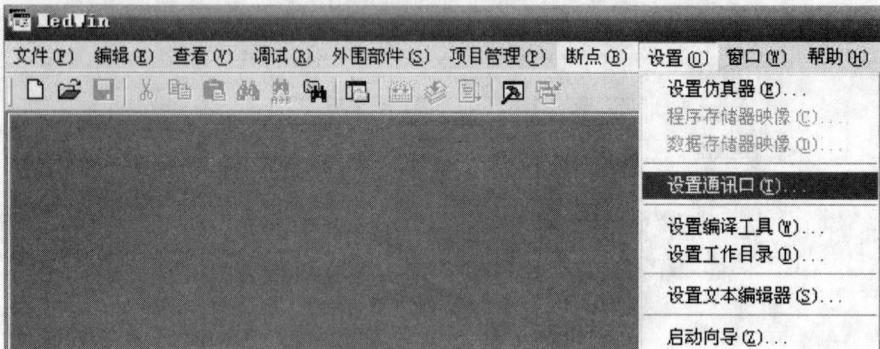

图 1-21　设置菜单

在设置菜单中,还有一个设置文本编辑器子菜单,用来设置文本编辑窗口的前景色、背景色、字体的大小、颜色等。这里介绍一下注释文字的颜色设置,其他的设置采用默认设置就可以了。设置注释文字颜色的方法是:

点击菜单栏中的"设置|设置文本编辑器",出现如图 1-22 所示的"设置文本编译器"对话框。

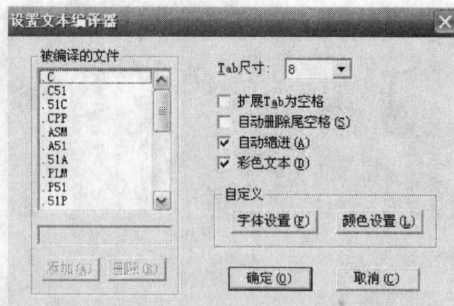

图 1-22　设置文本编辑器

在图 1-22 中,点击"颜色设置(L)"按钮,出现如图 1-23 所示的"颜色"设置对话框。

在图 1-23 中,点击"设置(M)"(设置注释颜色)按钮,出现如图 1-24 所示的颜色选择对话框,在图 1-24 颜色选择对话框中选择所需颜色,例如选择红色,点击"确定"返回到颜色设置界面。此时图 1-23 中的"注释"呈红色显示(在"设置(M)"的左边)。点击图 1-23

中的"确定"按钮就完成了注释的颜色设置。

图 1-23　颜色设置　　　　　　　　　图 1-24　选择颜色

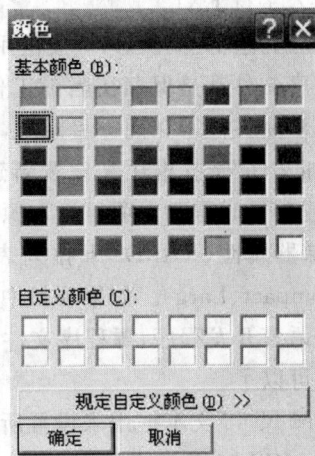

1.3　开发应用程序

MedWin 集成开发环境设置完毕后,就可以用 MedWin 开发应用程序了。MedWin 提供了使用项目管理方式和非项目方式两种方式开发应用程序。前者可进行多模块、汇编语言和 C 语言混合编程开发,后者只适用于单模块、一种语言开发的场合。在此推荐使用项目管理方式开发。采用项目管理方式开发应用程序的步骤如下:

第一步:新建项目文件

在 MedWin 集成开发环境中,点击菜单栏中的"项目管理|新建项目"命令,出现如图 1-25 所示的"创建项目"对话框。

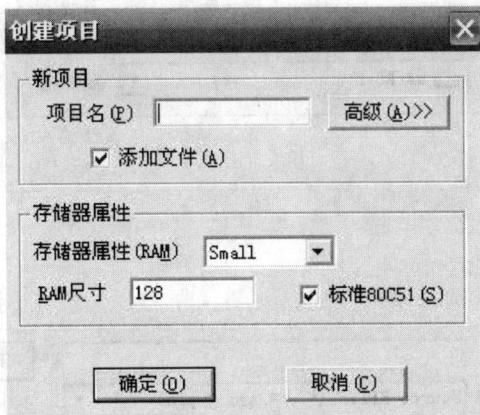

图 1-25　"创建项目"对话框

在"创建项目"对话框中,"项目名"文本框用来输入项目名称。MedWin 的项目管理是按项目名来管理的,项目名必须输入,项目名不得超出 8 个字符,不得使用汉字以及

"一、?、*、、/"等字符,也不可输入盘符和路径。本例的项目名为 EX1,我们在"项目名"文本框中输入字符 EX1。

项目名右边的"高级(A)"按钮用来选择项目文件存放的路径。通常情况下,项目文件及源程序文件都是保存在当前工作目录下,此时不必进行高级设置。注意,如果项目文件与源程序文件不在同一目录时,将会出现不能对源程序进行调试的现象。

"添加文件"选择框用来设置新建项目时是否同时为该项目添加源程序文件。本例中,在新建项目时需要为项目添加源程序文件,我们采用默认设置。

"存储器属性(RAM)"下拉列表框用来设置 C 编译器所需属性。它有 3 种选择:Small、Compact、Large。如果项目中包括了 C 程序源文件,则需要设置此属性。本书中采用汇编语言开发程序,源程序文件为汇编语言源程序文件,此项不必设置,直接使用默认设置就可以了。

"RAM 尺寸"文本框用来设置所用单片机片内 RAM 大小,其值为 128 或者 256。对于标准的 MCS-51 单片机而言,例如 80C51 单片机,只有 128 字节的片内 RAM,此时应设置为 128。对于像本书所介绍的 STC89C52 这类增强型 51 单片机而言,它们具有 256 字节的片内 RAM,此栏应设置为 256。本例中设置为 256。

"标准 80C51"选择框用来定义单片机的特殊功能寄存器 SFR。如果勾选此项,则对于标准的 51 单片机中所具有的 21 个特殊功能寄存器就不必再作定义(直接采用系统内部定义),如果不勾选此项,则必须定义程序中所使用的特殊功能寄存器。必须指出的是,如果系统中采用的是增强型 51 单片机,并且程序中使用了标准的 51 单片机中所不具有的特殊功能寄存器,则还必须对这些特殊功能寄存器进行定义,至于单片机中有多少个特殊功能寄存器,它们的作用是什么,如何定义,我们将在以后的学习中再详细介绍。本例中,我们采用默认的勾选设置。

点击"确定"按钮,完成项目创建,系统会出现如图 1-26 所示的"添加项目文件"对话框。

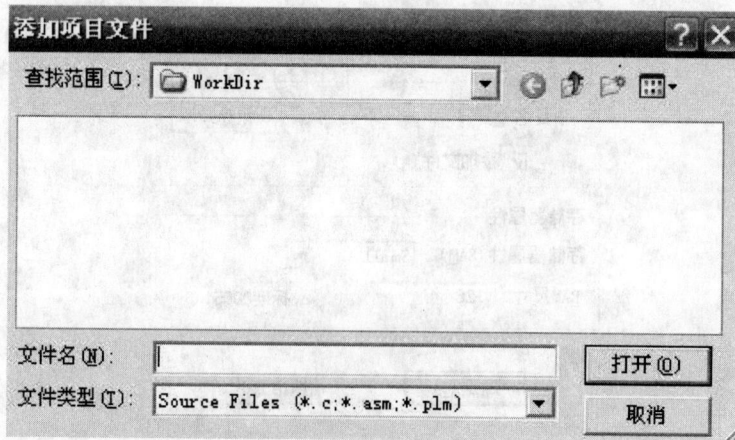

图 1-26 "添加项目文件"对话框

第二步:添加项目文件

项目新建后还需要为项目添加源程序文件。如果在图 1-25 所示的"创建项目"对话

框中没有勾选"添加文件(A)"或者当前需要为项目增加新的文件,则可以点击集成开发环境中的"项目管理|添加文件"子菜单为项目添加源程序文件,如图 1-27 所示。此时也会出现如图 1-26 所示的"添加项目文件"对话框。

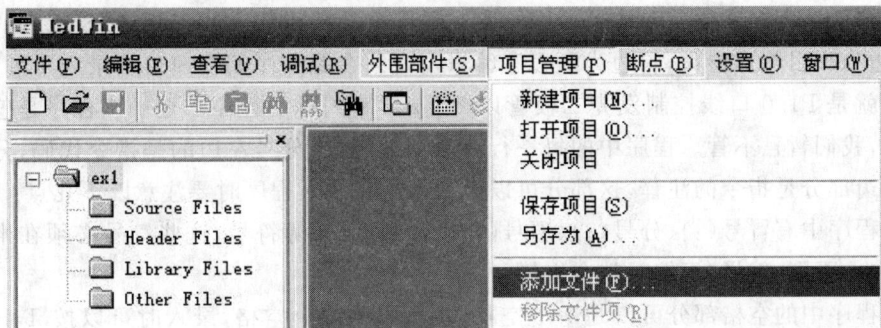

图 1-27　项目中添加源程序文件的操作命令

　　如果源程序文件不存在,则在图 1-26 所示对话框的"文件名(N)"文本框中输入源程序文件名,然后点击"打开"按钮,此时 MedWin 会自动新建一个空白的源程序文件。注意,输入源程序文件时,必须输入扩展名,其中汇编语言源程序文件的扩展名为".ASM",C 语言源程序文件的扩展名为".C"。本例中,我们在"文件名(N)"文本框中输入:EX1.ASM,点击"打开"按钮,出现如图 1-28 所示的界面。

　　如果源程序文件已经存在,则在"查找范围(I)"下面的列表框中点击所需源程序文件图标,然后点击"打开"按钮。注意,如果所选文件为多个,则点击第一个文件后,需要按住"Ctrl"键点击其他文件图标。如果在选择文件的过程中选错了文件,则按住"Ctrl"键再次点击错选文件,则可取消对所点击文件的选择。

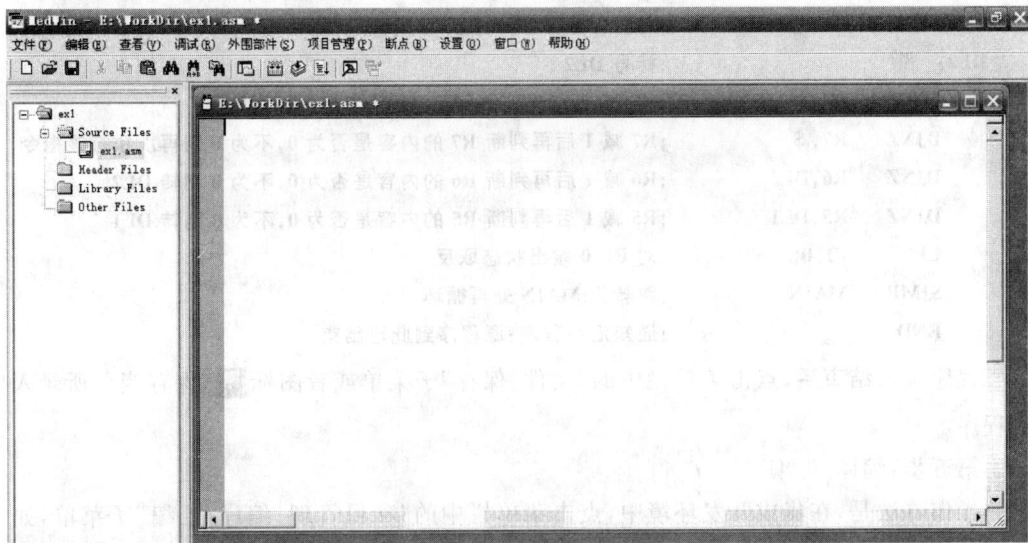

图 1-28　新建源程序文件

第三步:打开项目文件
对于事先已经建立好的项目文件,则第一步、第二步不必操作,可以直接打开项目文

件而进入第四步操作。打开项目文件的操作方法是,点击菜单栏中的"项目管理|打开项目"。对于新建项目,这一步不必操作。

第四步:录入源程序

新建的源程序文件是一个空文件,需要在其中录入程序代码。图 1-28 所示的窗口中,左边为项目管理窗口,右边为源程序编辑窗口。在源程序编辑窗口中录入下列程序,该程序就是 P1.0 口线控制发光二极管以 1 Hz 频率闪烁的程序。至于该程序是怎样编写来的,我们暂且不管。程序中的每一行由两部分组成:分号左边的是指令代码,分号及分号右边部分是指令的注释,这部分可以不录入。在录入程序时要注意以下几点:

①程序中有冒号(:)、分号(;)、逗号(,)以及圆点(.)等符号,这些符号必须在半角方式下录入,否则,编译/汇编时就会报错。

②程序中的空格部分可以是一个空格,也可以是多个空格,录入时可以按 Tab 键实现空格的输入。

③程序中,"MAIN"、"DL1"、"DL2"为标号,标号以冒号结尾,其后的冒号不可丢去。为了方便阅读,标号一般顶头输入,而指令一般退几格后录入。

④不区分大小写,即字符的大小写等价。

```
;实例1   发光二极管闪烁显示
    ORG     0000H       ;复位后,应用程序的入口地址
    AJMP    MAIN        ;转移至 MAIN 处
    ORG     0050H       ;0000H～0050H 处有固定用途,应用程序一般放在0050H之后
MAIN:                   ;标号 MAIN
    MOV     R5,♯4       ;将立即数 4 传送至 R5 中
DL1:                    ;标号 DL1
    MOV     R6,♯250     ;将立即数 250 传送至 R6 中
DL2:                    ;标号 DL2
    MOV     R7,♯250     ;将立即数 250 传送至 R7 中
    DJNZ    R7, $       ;R7 减 1 后再判断 R7 的内容是否为 0,不为 0 则再次执行该指令
    DJNZ    R6,DL2      ;R6 减 1 后再判断 R6 的内容是否为 0,不为 0 则转 DL2
    DJNZ    R5,DL1      ;R5 减 1 后再判断 R5 的内容是否为 0,不为 0 则转 DL1
    CPL     P1.0        ;对 P1.0 输出状态取反
    SJMP    MAIN        ;跳转至 MAIN 处再循环
    END                 ;通知汇编程序:源程序到此已结束
```

程序录入结束后,点击菜单栏中的"文件|保存"子菜单或者图标 ,保存当前所录入的程序。

第五步:编译/汇编

操作方法是,在集成开发环境中,点击菜单栏中的"项目管理|编译/汇编"子菜单,如图 1-29 所示。该命令执行后,在 MedWin 集成开发环境的最下边将会出现一个消息窗口,用来显示汇编的结果,如图 1-30 所示。在图中我们可以看出当前程序汇编时,警告错误 0 个,致命错误也是 0 个。如果程序中存在错误,则消息窗口中会出现如图 1-31 所示的出错提示,这时必须认真检查源程序,改正错误后再进行编译/汇编,直至错误为 0。

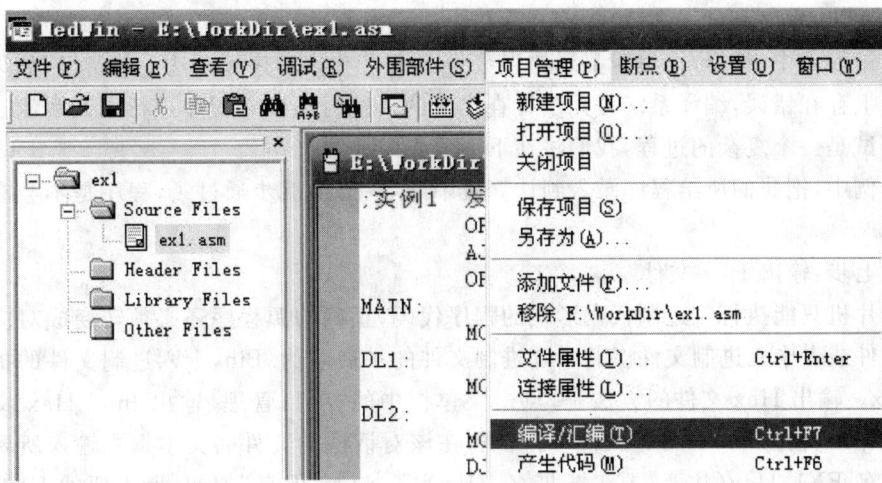

图 1-29 编译/汇编源程序

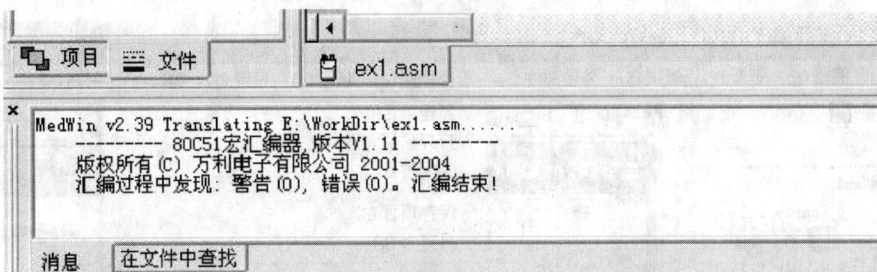

图 1-30 MedWin 的消息窗口

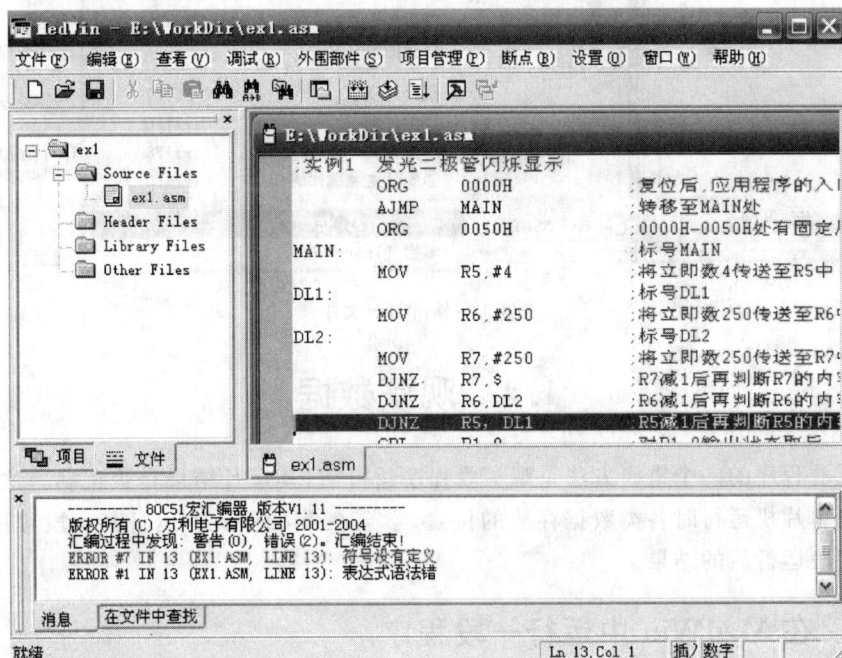

图 1-31 出错提示

第六步：程序调试

在第五步中，编译/汇编时显示错误数为 0，只能代表程序无语法上的错误，如果程序在逻辑上存在错误，编译系统是无法检查出来的。这时需要对程序进行调试和测试。程序的调试是一个复杂的过程，我们将在下一节专门介绍。

本例中，把我们所给程序录入到计算机中后，只要第五步通过了，程序是不会有什么问题的。

第七步：输出 Hex 文件

单片机只能执行二进制代码形式的程序代码，正确的源程序还必须转变成对应的二进制文件或者十六进制文件。其中二进制文件的扩展名为.Bin，十六进制文件的扩展名为.Hex。输出 Hex 文件的方法是，点击菜单栏中的"项目管理|输出 Intel Hex 文件"。此时将弹出"输出 Intel Hex 文件"对话框，在该对话框的文件名文本框中输入所要保存的文件名 EX1.Hex（注意，要带扩展名.Hex）后，点击"保存"按钮，所需要的 EX1.Hex文件就保存在当前工作目录 E:\WorkDir 下了，如图 1-32 所示。

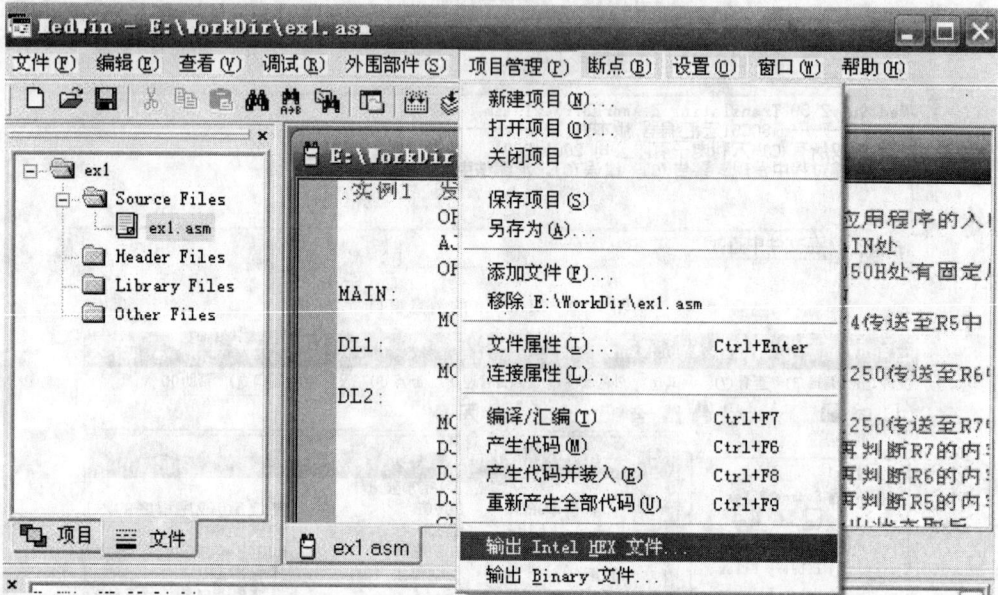

图 1-32　输出 Hex 文件

1.4　观察数据

调试源程序的一个重要方法是观察段程序运行后，其运行结果是否正确。这就需要先弄清楚单片机运行时各类数据存放的位置，学会在 MedWin 中运行某一段程序、并能观察程序段运行后的结果。

1.4.1　在 MedWin 中运行一段程序

源程序编译/汇编后，按下列步骤运行源程序中的某一段代码。

第一步：点击菜单栏中的"调试|开始调试"子菜单，如图 1-33 所示。这时，MedWin 会自动地调用编译/汇编程序对源程序进行编译/汇编，产生对应的二进制代码，并将二进制代码装入仿真系统中。

图 1-33　开始调试

代码装入仿真系统中后，MedWin 的编辑窗口将会发生一些变化。其主要的变化是，左边灰色竖条上有一个箭头，还有若干个圆点，窗口的上面增加了几个图标和"PC"、"指令执行时"、"执行总时"等标签，如图 1-34 所示。它们的作用如下：

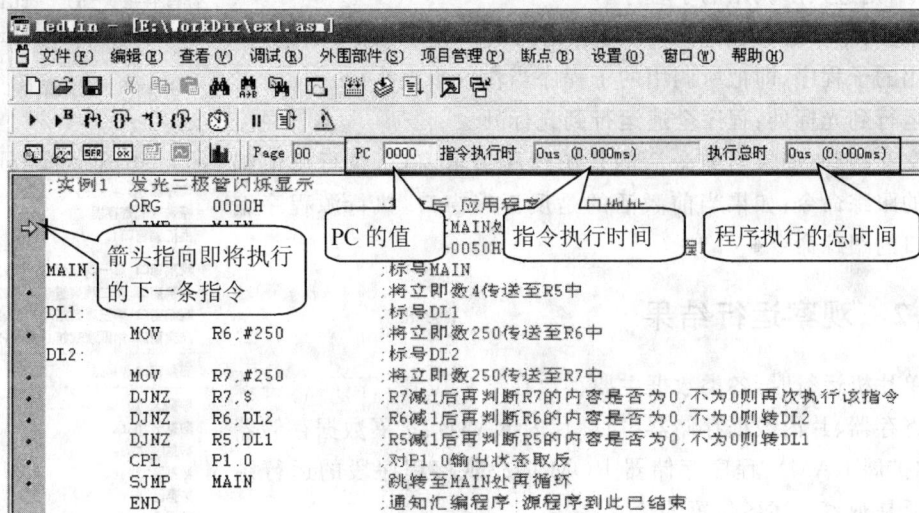

图 1-34　仿真时编辑窗口

圆点：指示编辑窗口中各行代码的类型。有圆点的源代码为指令代码，源程序编译/汇编后产生了对应的二进制代码；无圆点的源程序代码为伪指令或者标号，源程序编译/汇编后不产生对应的二进制代码。其中，标号以冒号结尾，实际上代表的是一个地址，也称为符号地址，它是一条指令的一部分，可以与指令同行书写，也可以单独占一行书写。例如程序中的 DL1 就是指令"MOV R6，♯250"的标号。伪指令的作用是，告诉编译系统如何编译/汇编源程序。例如程序中的"ORG 0050H"的作用是，告诉 MedWin，将"MAIN：MOV R5，♯4"这条指令在 ROM 中从 0050H 处开始存放。

箭头：指示单片机即将要执行的指令。

PC：显示单片机 PC 寄存器的当前值。PC 也叫程序计数器，它是一个 16 位的寄存器，用来存放单片机要执行的下一条指令在程序存储器中存放的地址。单片机复位时，PC＝0000H，因此，上电后，单片机总是从 0000H 这一地址处开始执行程序，源程序开始调试时，MedWin 显示 PC 的值为 0000。

注意，箭头及 PC 标签实际上指示了指令及指令在程序存储器 ROM 中存放的地址。

指令执行时：显示某段程序执行时所耗时间，即一次程序段运行的时间。它的起始时刻是程序段开始执行时刻。

执行总时：显示程序中各程序段运行的累计时间。它的起始时刻是代码装入仿真系统之后程序开始运行时刻。

第二步：执行程序段。操作方法是，点击调试菜单栏中的相关控制程序运行的菜单项。在如图 1-33 所示界面中，点击"开始调试"子菜单后，调试菜单中各子菜单项将会由灰色不可执行状态转变为黑色可执行状态。调试菜单如图 1-35 所示。其中：

跟踪：跟踪运行程序，执行一条指令，如果当前是调用子程序指令，则进入所调用的子程序。

单步：单步运行程序，如果当前是调用子程序指令，则越过所调用的子程序，即把所调用的子程序当作一步来执行。

运行到光标处：程序全速运行到光标处。

交互跟踪：如果当前激活的是源程序编辑窗口，执行反汇编窗口的跟踪命令；如果当前激活的是反汇编窗口，执行源程序编辑窗口的跟踪命令。

图 1-35　调试菜单

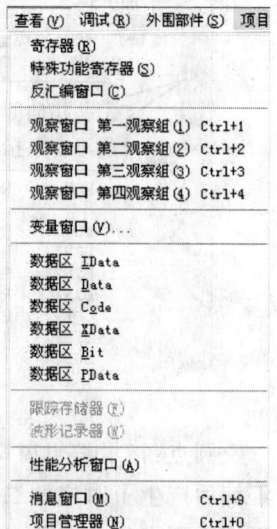

1.4.2　观察运行结果

单片机运行时，各类数据主要存放在下列位置：寄存器、特殊功能寄存器、片内数据存储器（简称片内 RAM）、扩展数据存储器（简称扩展 RAM）、程序存储器 ROM 中。观察程序段的运行结果主要是观察上述各位置的值。

在 MedWin 中，查看程序运行结果的操作方法是，点击查看菜单栏中对应的子菜单项。查看菜单如图 1-36 所示。

图 1-36　查看菜单

1. 查看寄存器

点击菜单栏的"查看|寄存器（R）"子菜单项，在集成开发环境的右边就会出现寄存器窗口。如图 1-37 所示。

MCS-51 单片机内部共有 14 个寄存器：A、B、PSW、PC、SP、DPTR、R0、R1、R2、R3、R4、R5、R6、R7。在这 14 个寄存器中，程序计数器 PC 在编辑窗口上面的文本框中显示和设置，程序状态字 PSW 以位方式在寄存器窗口中显示和设置，其他 12 个寄存器则以

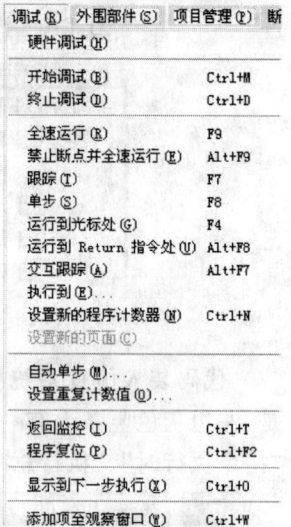

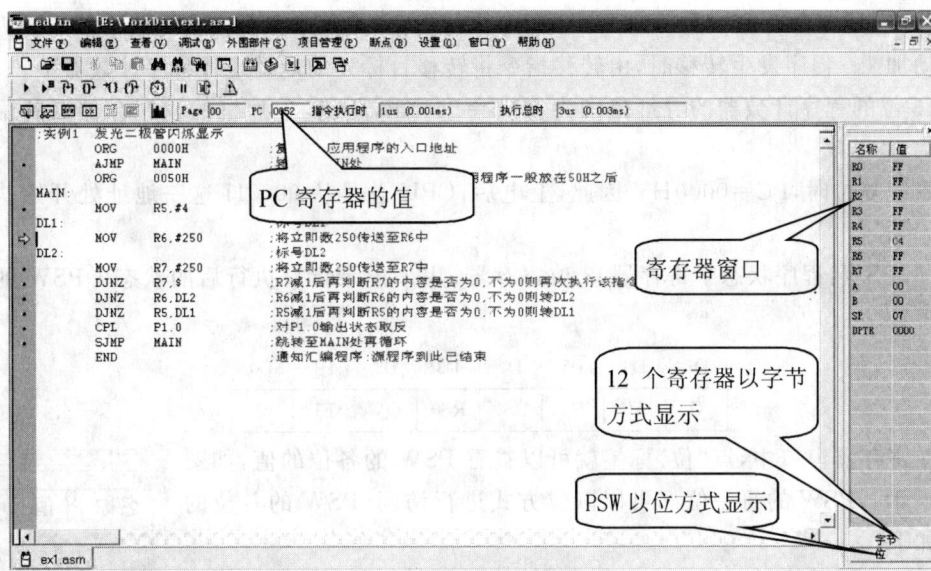

图 1-37　查看寄存器

字节方式在寄存器窗口中显示和设置。这 14 个寄存器的作用如下：

（1）累加器 A：8 位寄存器。它是 CPU 中最繁忙的寄存器，在算术运算和逻辑运算中常用来存放参加运算的一个操作数和运算的结果。

累加器 A 自身带有全零标志 Z，当 A＝0 时，Z＝1；当 A≠0 时，Z＝0。该标志经常用作程序分支转移的判断条件。

（2）寄存器 B：8 位寄存器。在乘除运算中用来存放参加运算的另一个操作数，同时用来保存部分运算结果。不作乘除运算时，寄存器 B 可当作通用寄存器使用。

（3）SP：堆栈指针寄存器，用来记录栈顶元素的地址。堆栈是在片内 RAM 中开辟的一个专门用来存放数据的特殊存储区，其操作原则是"先进后出"。单片机的堆栈类似于商业中的货栈，先进入的货物放在下面，最后被取走。

MCS-51 单片机的堆栈区只能设在片内 RAM 中，由 SP 寄存器记录栈顶元素的地址。对堆栈的操作包括压入（PUSH）和弹出（POP）两种，并且遵循"先加后压，先弹后减"的原则。即压入操作时，硬件电路先将 SP 的内容加 1，然后将数据压入到 SP 所指向的单元中；弹出操作时，先将 SP 所指向的内容弹出，然后将 SP 的内容减 1。堆栈区是沿地址增大的方向生成的。

系统复位后，SP＝07H。因此，第一个压入堆栈的数据存放到 08H 单元中。在实际应用中，由于片内 RAM 08H～1FH 为工作寄存器区，20H～2FH 为位地址区，因此一般把堆栈指针定义为 2FH 或更大值。

（4）DPTR：数据指针寄存器，它是一个独特的 16 位寄存器，用来存放 16 位地址指针。DPTR 由两个 8 位寄存器 DPH 和 DPL 组成，既可以用 16 位方式直接对 DPTR 访问，也可以将其分成高字节 DPH 和低字节 DPL 两个独立的 8 位寄存器，分别对 DPH 和 DPL 进行读写操作。

（5）PC：16 位的程序计数器，用来存放 CPU 要执行的下一条指令在程序存储器中的地址。PC 具有自动加 1 的功能，CPU 顺序执行指令时，每取一个字节的指令，PC 的内容就自动加 1。程序发生转移时，由转移指令将转移目标处的地址送往程序计数器中。

16 位的程序计数器的寻址范围为 $2^{16}B=64\ KB$，所以，单片机的程序存储器的最大容量为 64 KB。

系统复位时，PC＝0000H。因此，上电后，CPU 总是从 0000H 这一地址处开始执行程序。

(6)PSW：程序状态字寄存器，8 位寄存器，用来记录指令执行后的状态。PSW 的格式如下：

D7	D6	D5	D4	D3	D2	D1	D0
C	AC	F0	RS1	RS0	OV	F1	P

在寄存器窗口中，点"位"标签就可以查看 PSW 的各位的值，如图 1-38 所示。PSW 的每一位都可以以位方式进行访问，PSW 的各位的含义如下：

C(D7 位)：进位标志位。在执行加/减指令时，该位用来标识运算结果(和/差)的状态，其值由硬件电路自动设置，供用户在后续程序查询之用。C＝1，表示运算结果(和/差)的最高位(D7 位)产生了进位/借位；C＝0，表示运算结果的最高位(D7 位)无进位/借位。另外，循环移位指令和比较转移指令都会影响 C 位的值。

C 位也是单片机进行位操作(布尔操作)时的位累加器。

AC(D6 位)：辅助进位标志位，也称作半进位标志位。在执行加/减指令时，如果运算结果(和/差)的半字节位(D3 位)有进位/借位，则硬件电路将 AC 位置 1，否则将 AC 位清 0。AC 标志位用于调整 BCD 码加法运算结果，作 BCD 码运算调整指令"DA　A"判断的依据之一。

OV(D2 位)：溢出标志位。做算术运算时，把操作数及运算结果

名称	值
P	0
F1	0
OV	0
RS0	0
RS1	0
F0	0
AC	0
C	0

位
字节

图 1-38　PSW 的值

按补码理解，如果运算结果发生溢出，则硬件电路自动将 OV 位置 1，否则将 OV 位清 0。

MCS-51 单片机是 8 位的单片机，只提供了单字节数的算术运算指令，8 位二进制数补码所能表示的范围为 $-128\sim+127$，如果运算结果超出了这个范围，就发生溢出。通常情况下，两个同号数相加或者两个异号数相减，则有可能发生溢出；两个异号数相加或者两个同号数相减，则不会发生溢出。

例如，单片机在做 87＋42 时，单片机是按无符号的二进制数加法法则做加，如果按补码理解操作数和运算结果，则有如下结果：

$$
\begin{array}{r}
01010111 \quad (+87) \\
+\ 00101010 \quad (+42) \\
\hline
10000001 \quad (-127)
\end{array}
$$

两个正数相加结果为负数，结果错误。产生这种错误的原因是由于结果(129)超出了 8 位二进制数补码所能表示的范围 $-128\sim+127$，CPU 在做完上述运算后，硬件电路自动将 OV 位置 1，供用户在后续程序中检测判断之用。

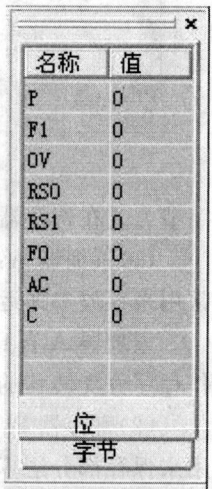

判断运算结果是否发生溢出的方法很多，一般用以下两种方法判断。

方法一：设运算结果的最高位（D7 位）产生的进位/借位为 C7，次高位（D6 位）产生的进位/借位为 C6，则 OV 为 C7 异或 C6 的值，即

$$OV = C7 \oplus C6$$

如果 C6、C7 均为 0 或者均为 1，则 OV＝0，表示结果无溢出；如果 C6、C7 中一个为 1，一个为 0，则 OV＝1，表示结果发生溢出。

方法二：做加法时，如果两个加数的符号相同，和的符号相反，则结果产生溢出，否则无溢出；做减法时，如果两个操作数符号不同，差的符号与被减数的符号相反，则结果产生溢出，否则无溢出。

方法一适合于硬件电路判断溢出和软件编程中判断溢出，方法二常用于人工判断溢出。

P（D0 位）：奇偶校验标志位。该位始终跟踪指示累加器 A 中 1 的个数的奇偶性。A 中 1 的个数为奇数时，硬件电路自动将 P 位置 1，否则将 P 位清 0。

RS1RS0（D4D3 位）：当前工作寄存器组选择控制位。这两位的值决定了 CPU 选择哪一组工作寄存器为当前工作寄存器组。

在实际应用中，可以用传送指令对 PSW 作整字节操作或用位操作指令改变 RS1、RS0 的值，以切换当前工作寄存器组，这样可以提高程序中保护现场和恢复现场的速度。

F0F1（D5D1 位）：用户标志位。由用户根据需要定义其含义，常用作软件标志，由用户置位或复位。

（7）R0～R7：当前工作寄存器组，位于片内数据存储器中。

2. 片内数据存储器

片内数据存储器又称为片内 RAM，标准的 MCS-51 单片机片内集成有 128 字节的片内 RAM，其地址范围为 00H～7FH，像 STC89C52 这样的增强型 51 单片机（也称为 52 单片机），片内集成有 256 字节的片内 RAM，其地址范围为 00H～FFH。片内 RAM 可分为 4 个区域（标准的 MCS-51 单片机中分为 3 个区域），其结构如图 1-39 所示。

（1）工作寄存器组区

地址 00H～1FH 区域称为工作寄存器组区。这 32 个字节单元分成 4 组，每组 8 个字节，称为一个工作寄存器组。在这 4

图 1-39 片内 RAM 结构示意图

组工作寄存器组中，任何时刻都有且只有一组为当前工作寄存器组，当前工作寄存器组从低地址单元到高地址单元依次用 R0、R1……R7 表示。当前工作寄存器组的选择由 PSW 的 RS1、RS0 两位的取值组合来决定。RS1、RS0 的取值组合与当前工作寄存器组的选择关系如表 1-1 所示。

例如，下列程序段：

```
CLR    RS1        ;RS1 位清 0
SETB   RS0        ;RS0 位置 1
MOV    R2,#12H    ;立即数 12H 传送至 R2 中
```

表 1-1　　　　　　　　　　　　　　当前工作寄存器组

RS1	RS0	所选中的工作寄存器组	R0～R7 的地址
0	0	第 0 组工作寄存器组	00H～07H
0	1	第 1 组工作寄存器组	08H～0FH
1	0	第 2 组工作寄存器组	10H～17H
1	1	第 3 组工作寄存器组	18H～1FH

执行后,R2 代表片内 RAM 0AH 单元,0AH 单元中的内容为 12H。

工作寄存器区可以用直接寻址方式、间接寻址方式、寄存器寻址方式来访问。

(2)位地址区

地址 20H～2FH 的区域称为位地址区,共 16 个字节。这 16 个字节除了具有字节地址外,每一个字节的每一位还分配有位地址,从 20H 单元的最低位到 2FH 的最高位各位的位地址依次为 00H、01H……7FH,共 128 位。位地址区各字节单元的位地址分配如图 1-40 所示。

字节地址	D7 位	D6 位	D5 位	D4 位	D3 位	D2 位	D1 位	D0 位
2FH	7FH	7EH	7DH	7CH	7BH	7AH	79H	78H
2EH	77H	76H	75H	74H	73H	72H	71H	70H
2DH	6FH	6EH	6DH	6CH	6BH	6AH	69H	68H
2CH	67H	66H	65H	64H	63H	62H	61H	60H
2BH	5FH	5EH	5DH	5CH	5BH	5AH	59H	58H
2AH	57H	56H	55H	54H	53H	52H	51H	50H
29H	4FH	4EH	4DH	4CH	4BH	4AH	49H	48H
28H	47H	46H	45H	44H	43H	42H	41H	40H
27H	3FH	3EH	3DH	3CH	3BH	3AH	39H	38H
26H	37H	36H	35H	34H	33H	32H	31H	30H
25H	2FH	2EH	2DH	2CH	2BH	2AH	29H	28H
24H	27H	26H	25H	24H	23H	22H	21H	20H
23H	1FH	1EH	1DH	1CH	1BH	1AH	19H	18H
22H	17H	16H	15H	14H	13H	12H	11H	10H
21H	0FH	0EH	0DH	0CH	0BH	0AH	09H	08H
20H	07H	06H	05H	04H	03H	02H	01H	00H

图 1-40　位地址分配

对位地址空间的数据操作可以采用位寻址方式对某位进行操作。例如:

SETB　　　　00H　　　　;片内 RAM 20H 的 D0 位置 1
CLR　　　　C　　　　　;PSW 的 D7 位清 0

也可以以整字节的方式访问某一个字节单元。例如:

MOV　　　　20H,#00H　　;位地址 00H～07H 全部清 0

(3)数据缓冲区 1

地址 30H～7FH 的区域称为数据缓冲区 1,用来存放运算过程中的中间值。这部分区域可以用直接寻址方式访问,也可以以间接寻址方式访问。

（4）对片内 RAM 低 128 字节区域的数据操作

片内 RAM 低 128 字节区域指的是片内 RAM 地址 00H～7FH 的区域。这部分区域可按字节地址作直接寻址，也可以用工作寄存器组中的 R0 或 R1 作寄存器间接寻址。

写操作：

例 1：MOV　30H,#45H　　　;将立即数 45H 传送至片内 RAM 30H 单元中

例 2：MOV　R0,#30H　　　　;指针指向 30H 单元

　　　MOV　@R0,#45H　　　;将立即数 45H 传送至 R0 所指向单元（30H 单元）中

读操作：

例 3：MOV　A,40H　　　　　;片内 RAM 40H 单元中的内容传送至 A 中

例 4：MOV　R1,#40H　　　　;指针指向片内 RAM 40H 单元

　　　MOV　A,@R1　　　　　;从 R1 所指 40H 单元中读数据传送至 A 中

另外，当前工作寄存器组的各单元还可以用寄存器寻址。

例 5：MOV　PSW,#00H　　　;选择第 0 组工作寄存器组为当前工作寄存器组

　　　MOV　A,R3　　　　　　;读 R3 中的数据传送至 A 中

例 5 中的操作等价于：MOV A,03H

（5）数据缓冲区 2

地址 80H～FFH 的区域称为数据缓冲区 2，也称作片内 RAM 高 128 字节存储区。这部分区域不能用直接寻址方式来访问，只能按字节用工作寄存器组中的 R0 或 R1 作寄存器间接寻址。

例如，要读取片内 RAM 80H 单元的内容可用以下程序段：

　　MOV　R0,#80H　　　;指针 R0 指向片内 RAM 80H 单元

　　MOV　A,@R0　　　　;读指针 R0 所指单元（80H 单元）中的内容至 A 中

将 45H 写入片内 RAM 85H 单元中可用以下程序段：

　　MOV　R1,#85H　　　;指针 R1 指向片内 RAM 85H 单元

　　MOV　@R1,#45H　　　;数据 45H 写入 R1 所指单元

3. 片内数据寄存器的查看方法

（1）查看整个片内 RAM

MedWin 中的"数据区 IData"指的是能用指令"MOV @Ri,A"或"MOV A,@Ri"（i=1,2）访问的数据区，即片内 RAM 256 字节的区域。片内 RAM 256 字节的内容可在 IData 窗口中观察。其操作方法是，点击菜单栏中的"查看|数据区 IData"子菜单，集成开发环境中会出现"IData"窗口，如图 1-41 所示。

窗口左边灰色条是地址栏，显示的是窗口中第一列数的地址，用十六进制数表示。中间部分是各地址单元的内容，也是用十六进制数表示的。右边部分是把各地址单元的内容当作 ASCII 码时，对应的显示字符。

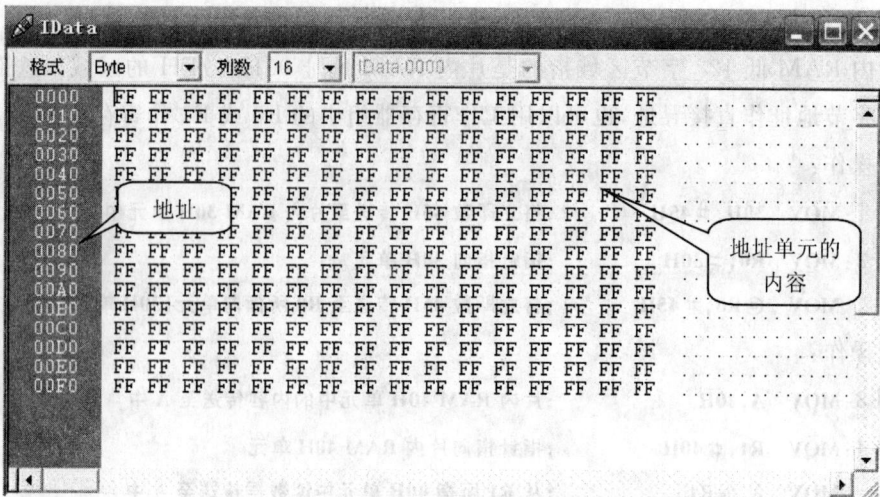

图 1-41   IData 窗口

双击某个地址单元的内容,系统会弹出"修改"对话框,如图 1-42 所示。在修改对话框中输入所需要的数据,点击"确定"按钮,对应地址单元的值就更改成所设定的新值。MedWin 的这种修改功能极大地方便了程序的调试工作。

(2)查看片内 RAM 中的位地址区

MedWin 中"数据区 Bit"指的是可位寻址的区域,包括片内 RAM 中 128 位(位地址为 00H~7FH)和特殊功能寄存器中的 128 位(位地址为 80H~FFH)。单片机 RAM 中的位地址区在 Bit 窗口中查看。其操作方法是,点击菜单栏中的"查看|数据区 Bit"子菜单,集成开发环境中会出现"Bit"窗口,如图 1-43 所示。Bit 窗口中,00H~7FH 区域显示的是片内 RAM 位地址区各位的值,80H~FFH 区域显示的是特殊功能寄存器中各位地址的内容。在 Bit 窗口中,同样也可以对各显示值进行修改,其操作方法与 IData 窗口中的操作方法相同。

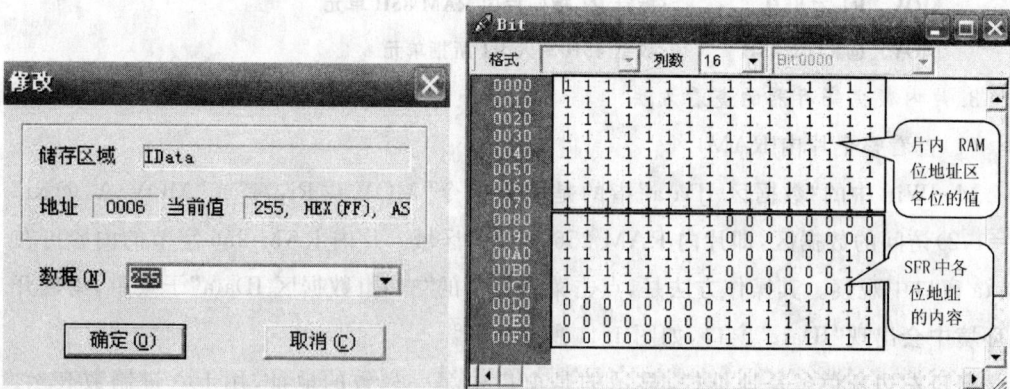

图 1-42   修改对话框

图 1-43   Bit 窗口

4.查看特殊功能寄存器

特殊功能寄存器简称为 SFR,单片机的特殊功能寄存器主要是用来设置内部电路的工作方式和记录内部电路的运行状态。研究单片机的工作原理很大程度上是研究单片机内部特殊功能寄存器的作用及其读写控制。

(1)特殊功能寄存器观察方法

点击菜单栏中的"查看|特殊功能寄存器"子菜单,集成开发环境中会出现 SFR 显示窗口,如图 1-44 所示。

特殊功能寄存器显示窗口只能显示/修改标准 MCS-51 单片机的特殊功能寄存器,共 21 个。实际上,对于像 STC89C52 这样的增强型 51 单片机,除了具有 21 个标准的 51 单片机的特殊功能寄存器外,还新增了许多特殊功能寄存器。对于新增的特殊功能寄存器,其查看方法是,点击菜单栏中的"查看|数据区 Data"子菜单,集成开发环境中会出现"Data"窗口,如图 1-45 所示。

图 1-45　Data 窗口

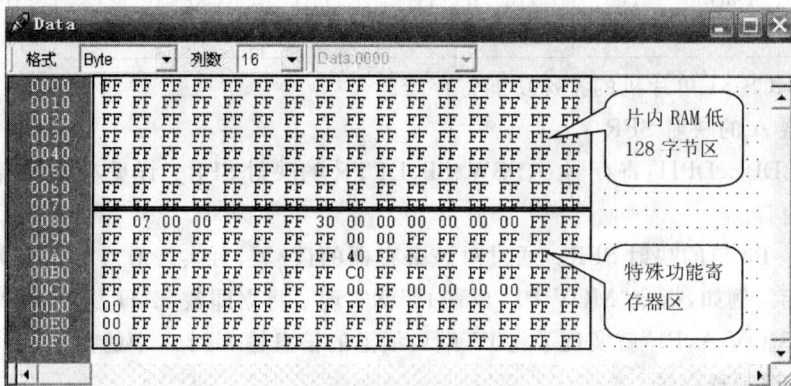

图 1-44　SFR 窗口

Data 窗口分为上下两部分,地址 00H~7FH 区域显示的是片内 RAM 低 128 字节单元的内容,80H~FFH 区域显示的是特殊功能寄存器的内容。在 Data 窗口中,同样也可以对各显示值进行修改,其操作方法与 IData 窗口中的操作方法相同。

(2)特殊功能寄存器的地址

标准的 MCS-51 单片机具有 21 个特殊功能寄存器,STC89C52 单片机在 21 个 SFR 的基础上还新增了 20 个 SFR。这 41 个特殊功能寄存器不连续地分布在 80H~FFH 地址范围内,如表 1-2 所示。其中,字节地址能被 8 整除的特殊功能寄存器(地址尾数为 0 或 8)的每一位都分配有位地址,这些位地址由特殊功能寄存器的最低位向最高位依次安排,最低位的位地址在数值上与特殊功能寄存器的字节地址的数值相同。例如 ACC 的字节地址为 E0H,它的每一位都分配有位地址,最低位(D0 位)的位地址也为 E0H,ACC 的 8 位从低位到高位各位的位地址依次为 E0H、E1H、E2H、E3H、E4H、E5H、E6H、E7H。

表 1-2　　　　　　　　STC89C52 特殊功能寄存器的地址分配表

F8H									FFH
F0H	B								F7H
E8H	P4								EFH
E0H	ACC	WDT_CONR	ISP_DATA	ISP_ADDRH	ISP_ADDRL	ISP_CMD	ISP_TRIG	ISP_CONTR	E7H
D8H									DFH
D0H	PSW								D7H
C8H	T2CON	T2MOD	RCAP2L	RCAP2H	TL2	TH2			CFH
C0H	XICON								C7H
B8H	IP	SADEN							BFH
B0H	P3							IPH	B7H
A8H	IE	SADDR							AFH
A0H	P2		AUXR1						A7H
98H	SCON	SBUF							9FH
90H	P1								97H
88H	TCON	TMOD	TL0	TL1	TH0	TH1	AUXR		8FH
80H	P0	SP	DPL	DPH				PCON	87H

(3)标准的 MCS-51 单片机的特殊功能寄存器简介

ACC：累加器 A 的映射 SFR

B、PSW、SP、DPL、DPH：寄存器 B、PSW、SP、DPTR 的映射 SFR。详见本节"查看寄存器"中的相关内容。

P0～P3：P0～P3 口的映射 SFR。通过对该寄存器的读/写,可实现对应的 I/O 端口的输入/输出功能。例如,指令"MOV P1,♯5AH"就实现了将立即数 5AH 从 P1 端口输出的操作；指令"MOV A,P1"就实现了将 P1 端口线上的信息输入到 A 中的操作。

PCON：电源控制寄存器

TH0、TL0：定时/计数器 T0 的计数器

TH1、TL1：定时/计数器 T1 的计数器

TMOD：定时/计数器的模式控制寄存器

TCON：定时/计数器的控制寄存器

SCON：串行端口控制寄存器

SBUF：串行端口数据缓冲器

IE：中断允许控制寄存器

IP：中断优先级控制寄存器

(4)特殊功能寄存器的数据操作

特殊功能寄存器与片内 RAM 的高 128 字节的地址编号相同,都是 80H～FFH,但访问的方式不同。片内 RAM 高 128 字节只能用间接寻址方式访问,特殊功能寄存器只能用直接寻址方式访问,不能用寄存器间接寻址方式访问。直接地址可以用数值地址表示,也可以用符号地址表示,实际应用中一般用符号地址来表示。

例如：MOV　TL1,♯30H　　;将立即数 30H 传送至特殊功能寄存器 TL1 中

再如,下列程序段中,

```
MOV    81H,#5AH
MOV    R0,#81H
MOV    @R0,#55H
```

第一条指令是将立即数 5AH 传送到特殊功能寄存器 SP(地址为 81H)中,第二、三条指令是将立即数 55H 传送至片内 RAM 81H 中。

🐾 注意:①B、PSW 既可看做是 CPU 中的寄存器,也可看做是特殊功能寄存器。但是,A 是 CPU 中的累加器,ACC 则是特殊功能寄存器。

②特殊功能寄存器与片内 RAM 组合在一起的结构如图 1-46 所示,通常称片内 RAM 256 字节的区域为 IData 区;片内 RAM 低 128 字节(地址:00H~7FH)与 SFR(地址:80H~FFH)这 256 个字节的区域为 Data 区。

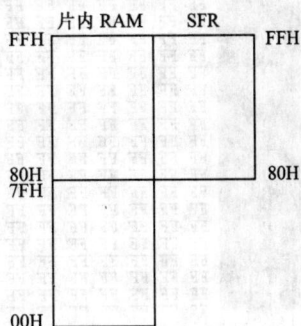

图 1-46　SFR 与片内 RAM 组合结构图

5. 扩展数据存储器及其观察

扩展数据存储器也称为片外 RAM,当片内 RAM 不够用时,可以在单片机外部扩展 RAM,其最大扩展容量为 64 KB,扩展 RAM 与片内 RAM 的功能基本相同,但是前者不能定义为堆栈区。实际上现代的增强型 MCS-51 单片机中,有些产品,如 STC89 系列单片机,在单片机内部已经集成了扩展 RAM。在需要使用扩展 RAM 时,可以选择这类产品,而避免片外扩展 RAM。

扩展 RAM 中的数据只能用 MOVX 指令,且用 DPTR 或 R0、R1 作寄存器间接寻址。若是使用 DPTR 作寄存器间接寻址,则先将待访问单元的 16 位地址传送至 DPTR,再使用"MOVX A,@DPTR"或"MOVX @DPTR,A"将该单元中的数据读至 A 中或将 A 中的数据写入该单元中。

例如,将数据 30H 写入扩展 RAM 2000H 单元中,可以用以下程序段:

```
MOV    A,#30H          ;数据 30H 传送至 A 中
MOV    DPTR,#2000H     ;指针指向扩展 RAM 2000H 单元
MOVX   @DPTR,A         ;A 中的数据(30H)写入 DPTR 所指向的扩展 RAM 2000H 单元中
```

如果是用 R0、R1 作寄存器间接寻址,则由 P2 端口提供高 8 位地址。因此应将扩展 RAM 的高 8 位地址写入 P2 中,再将其低 8 位地址写入 R0 或 R1 中,然后使用"MOVX @Ri,A"或"MOVX A,@Ri"指令读写扩展 RAM。

例如,要将扩展 RAM 2000H 单元的数据传送至 2050H 单元中,可用下列程序段:

```
MOV    P2,#20H         ;扩展 RAM 高 8 位地址写入 P2 中
MOV    R0,#00H         ;扩展 RAM 低 8 位地址写入 R0 中
MOVX   A,@R0           ;2000H 单元中的数据传送至 A 中
MOV    R0,#50H         ;扩展 RAM 低 8 位地址(50H)写入 R0 中
MOVX   @R0,A           ;A 中数据写入 2050H 单元中
```

在 MedWin 中,扩展数据存储器在 XData 窗口中观察,其操作的方法是,点击菜单栏

中的"查看|数据区 XData"子菜单,集成开发环境中会出现"XData"窗口,如图 1-47 所示。XData 窗口以十六进制数形式显示扩展数据存储器中的内容。

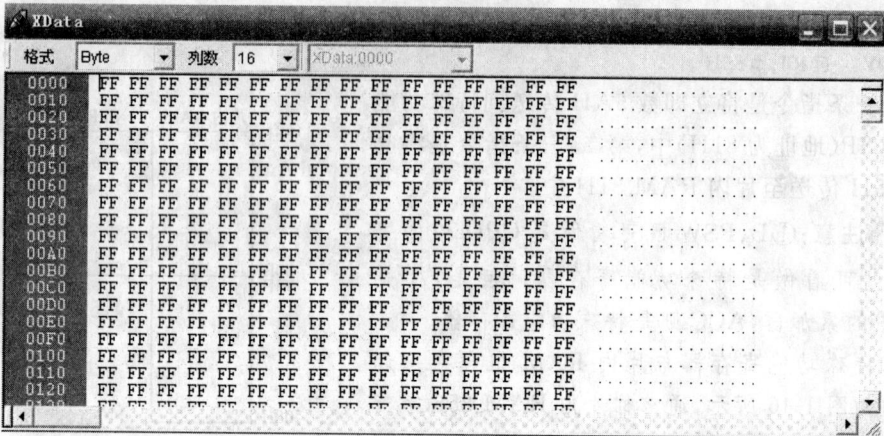

图 1-47　XData 窗口

6.程序存储器及其观察

(1)程序存储器的功能及其特点

程序存储器主要用于存放固化了的用户程序和固化了的用户表格数据。STC89C52 单片机片内集成有 8 KB 的程序存储器(Flash ROM),其地址范围为 0000H~1FFFH。另外,还可以通过外接存储芯片的方式扩展程序存储器,片外扩展程序存储器的最大容量为 64 KB,其地址范围为 0000H~FFFFH。程序存储器的结构示意图如图 1-48 中所示,其中阴影部分为 CPU 实际访问的物理存储器。从图 1-48 可以看出,在 0000H~1FFFH 范围内,片内、片外程序存储器相重叠,CPU 在访问程序存储器时,靠$\overline{EA}$/VP 引脚上的电平来区分是访问片内程序存储器还是访问片外程序存储器。当$\overline{EA}$=1 时,CPU 在访问 0000H~1FFFH 范围内的程序存储器时,访问片内程序存储器而不访问片外程序存储器,地址范围超过 1FFFH 后 CPU 自动访问片外程序存储器,即此时的 64 KB 程序存储器由片内 8 KB 的程序存储器和片外 56 KB 的程序存储器组成。当$\overline{EA}$=0 时,CPU 只访问片外程序存储器而不访问片内程序存储器,此时的 64 KB 程序存储器由片外程序存储器构成。

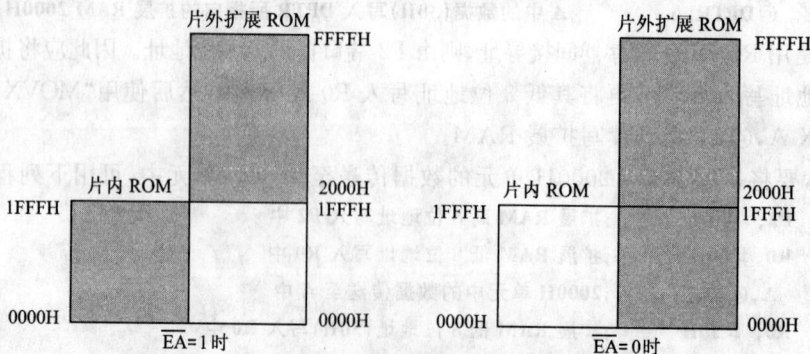

图 1-48　程序存储器结构示意图

（2）程序存储器的数据操作

这部分存储器只能读不能写，其操作包括读指令代码和读表格数据。读指令代码由PC直接寻址，所读出的指令代码供指令译码电路使用，用户无法访问。读表格数据由PC或DPTR作变址寻址，所使用的指令为MOVC，共有两种形式：

　　　MOVC　A,@A+PC

　　　MOVC　A,@A+DPTR

所读取的数据供用户在程序中使用。例如，若 DPTR＝2000H，A＝20H，则指令"MOVC　A,@A+DPTR"是将程序存储器中 2020H 单元中的内容读出并送往 A 中。

（3）程序存储器的观察

在 MedWin 中，观察程序存储器的方法有两种：在反汇编窗口中观察、在 Code 窗口中观察。

方法一：点击菜单栏中的"查看|反汇编窗口（C）"子菜单，集成开发环境中会出现"Disassembly Code"窗口，如图 1-49 所示。该窗口分为 4 个部分，最左边的是地址列，显示的是程序存储器的地址，用十六进制数表示；地址列的右边是各地址单元的内容，它实际上是编译/汇编后的机器码或者表格中的数据；中间部分显示的是对应行的汇编指令；最右边显示的是源程序代码。

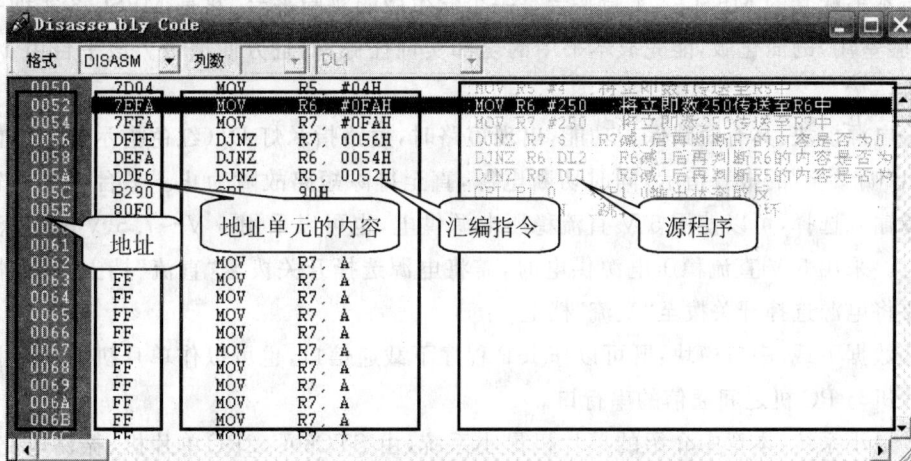

图 1-49　反汇编窗口

方法二：点击菜单栏中的"查看|数据区 Code"子菜单，集成开发环境中会出现"Code"窗口，如图 1-50 所示。Code 窗口以十六进制数形式显示程序存储器中的内容。

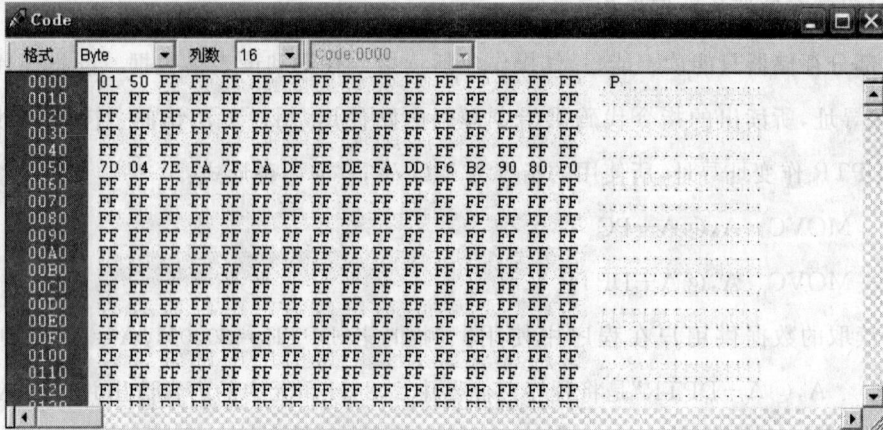

图 1-50   Code 窗口

1.5   上载程序

实验中选用的单片机为 STC89C52,它具有在线编程功能,选用深圳宏晶公司开发的 STC_ISP 软件,可将集成开发环境生成的.Hex 或.Bin 文件上载到 STC89C52 单片机中。

1.5.1   MFSC-2 实验平台简介

与本书配套的 MFSC-2 实验平台是一个学生版的实验平台,它是 MFSC-3 实训平台 (供实验室用)的简化版,能完成本书中的全部实训任务,而且方便携带。该平台由 10 部分组成:

①电源模块:具有短路保护功能,出现短路时,短路指示灯 D1(红色指示灯)亮,模块中发出"嘀——"的报警指示,同时切断电源,直至排除短路故障为止。平台中具有较宽的电源输入选择,可以使用 5 V 直流稳压电源供电,也可以采用 6 V~7.5 V 交/直流电源供电。采用 5 V 直流稳压电源供电时,需将电源选择开关拨至"直流"档上,其他情况下需要将电源选择开关拨至"交流"档上。

②数据下载/串口模块:既可以作 ISP 程序下载通信口,也可以作单片机与单片机以及单片机与 PC 机之间通信的串行口。

③最小系统:本章中介绍的单片机最小系统,由 STC89C52RC 单片机、振荡电路、复位电路以及 ROM 选择电路组成。其复位电路采用组合复位电路。

④指示灯模块:作数据输出显示之用。

⑤外部时钟:实训中的时钟信号源,产生独立的多种频率的时钟信号。

⑥按键单脉冲:产生手动脉冲信号。

⑦开关量输出:模拟产生各种开关信号。

⑧显示模块:数据显示。

⑨I/O接口模块:包含了现代单片机应用中常用的几种总线扩展,包括单总线扩展、SPI总线扩展、I^2C总线扩展。涉及 A/D、实时时钟、存储器以及温度传感器等器件。

⑩键盘模块:输入各种数据。

MFSC-2实验平台的实物图如图 1-51 所示。

图 1-51　MFSC-2 实验平台

1.5.2　安装 ISP 软件

1. ISP 安装程序的获取

可以通过如下途径获取 ISP 安装程序:

从宏晶公司网站下载,网址为:

http://www.mcu-memory.com/

2. 安装方法

分以下 3 步:

①从网上下载 ISP 安装程序,它是一个压缩文件,将安装程序解压至 D:\TMP\ISP 目录下。

②打开 D:\TMP\ISP,找到安装程序 SETUP. EXE,双击 SETUP. EXT 图标,安装程序就会出现欢迎对话框,点击欢迎对话框中的确定按钮后,出现如图 1-52 所示的选择安装目录对话框。

③在如图 1-52 所示界面中点击图标按钮，系统开始自动安装 ISP 软件,以后一路点击确定按钮就可以了。

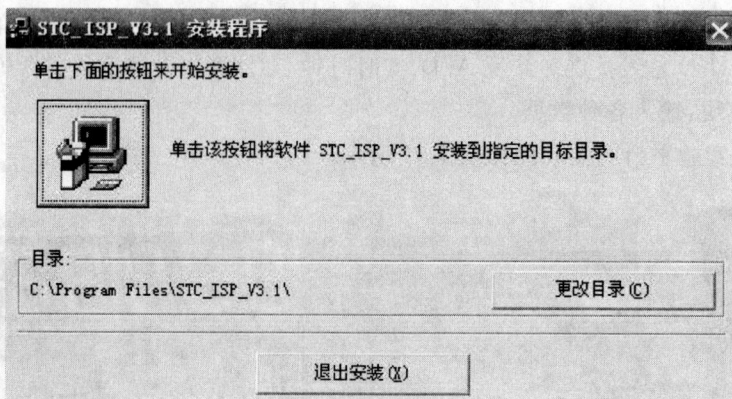

图 1-52　选择安装目录

1.5.3　用 STC_ISP 软件上载程序

操作步骤如下：

(1)用数据通信线将实验平台的 D9 插座与计算机的某个串行口相接。

(2)启动 STC_ISP：点击"开始|程序|STC_ISP_V3.1|STC_ISP_V3.1"，系统会自动启动 STC_ISP，并出现如图 1-53 所示的程序上载窗口。

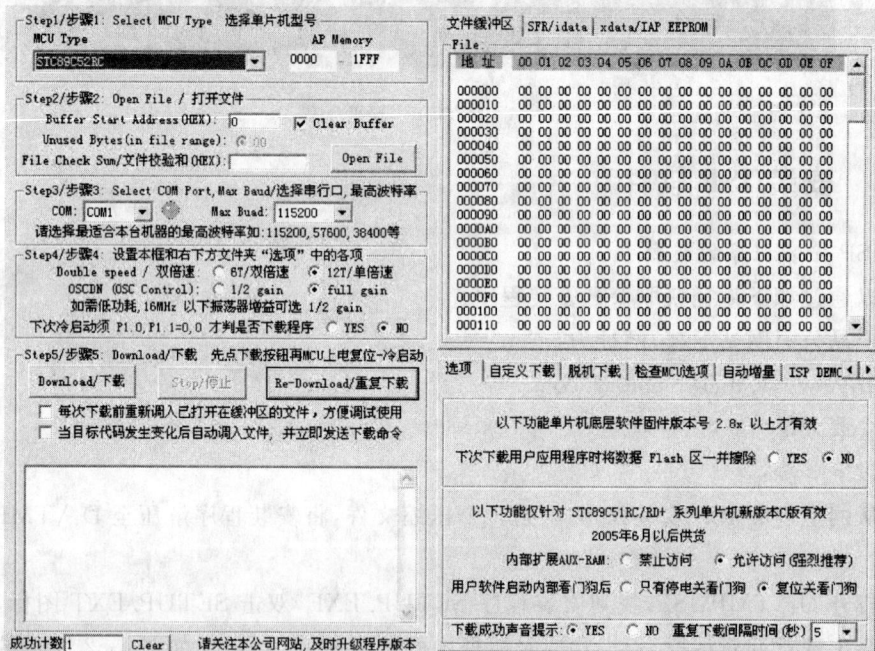

图 1-53　ISP 上载窗口

(3)选择单片机型号：在程序上载窗口中，从"步骤 1"框架中的下拉列表框中选择实验中所用单片机的型号：STC89C52RC。

(4)打开上载文件：点击程序上载窗口中的"Open File"按钮，出现"Open .hex or

. bin file"对话框,如图 1-54 所示。选择所需要的上载文件后点击"打开"按钮,此时文件
缓冲区中的内容将发生变化,如图 1-55 所示。

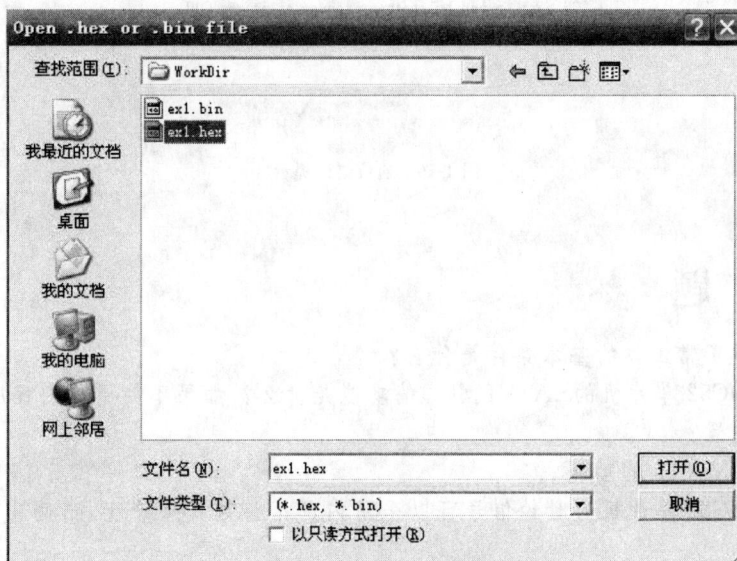

图 1-54　打开上载文件对话框

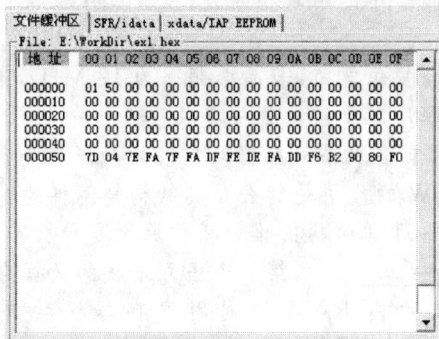

图 1-55　文件缓冲区中的内容

(5)选择串行口:点击程序上载窗口中的 COM 下拉列表框,选择与实验平台相接的
串口名。在 PC 机中,第 1 个串口为 COM1,第二个串口为 COM2……

(6)点击"Download/下载"按钮,然后按实验平台上的电源开关,给单片机接通电源,
这时 ISP 就会将所打开的文件上载到单片机中去。

在上述操作中要注意以下几个方面的问题:

①有些计算机中虽然只有一个串口,但该串口并不一定是 COM1,在这种情况下,如
果在程序上载窗口中选择的串口是 COM1,则会出现如图 1-56 所示的通信错误提示,此
时可以选择其他的串口试一试。

②上载程序时,必须先点击"Download/下载"按钮,再给单片机加电。

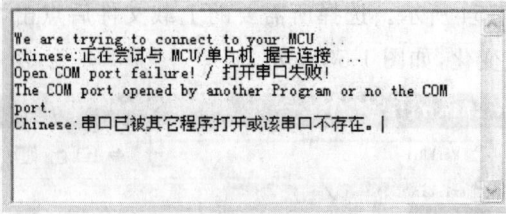

```
We are trying to connect to your MCU ...
Chinese:正在尝试与 MCU/单片机 握手连接 ...
Open COM port failure! / 打开串口失败!
The COM port opened by another Program or no the COM
port.
Chinese:串口已被其它程序打开或该串口不存在。|
```

图 1-56　通信错误提示

习 题

1. 单片机正常工作的基本条件是什么？

2. STC89C52 单片机的$\overline{\text{EA}}$/VP 引脚的功能是什么？如果不使用片内程序存储器，该引脚需如何处置？

3. 简述 LM7805 的功能。

4. STC89C52 单片机的时钟信号可以采用内部振荡方式来产生，请画出内部振荡方式的电路图。

5. 单片机采用内部振荡方式，其外接晶振为 6 MHz 的晶振，则单片机的振荡周期、机器周期各是多少？请查阅书中的附录指令表，推算单片机执行乘法指令"MUL AB"的时间。

6. 请画出单片机的组合复位电路，若晶振频率为 12 MHz，请指出各器件的阻值。

7. 在录入汇编语言源程序时要注意哪些事项？

8. MCS-51 单片机内部有多少个寄存器？它们的功能各是什么？

9. 程序状态寄存器 PSW 的作用是什么？其结构是怎样的？各位的功能是什么？

10. 什么是堆栈？MCS-51 单片机的堆栈操作原则是什么？

11. 单片机复位后，SP=_____，第一个压入堆栈的数据存放的地址为_____。

12. STC89C52 单片机片内 RAM 的通用寄存器区共有_____个单元，分为_____组寄存器，每组_____个单元，以_____作为当前工作寄存器组。若 PSW=30H，则 R2 的地址为_____。

13. 位地址区的范围是_____，位地址 20H 是片内 RAM_____单元的第_____位。

14. MCS-51 单片机中，字节地址能被_____整除的特殊功能寄存器的各位都分配有位地址。

15. 编程实现下列操作：

(1)将 08H 位置 1

(2)将 C 位清 0

(3)将立即数 5AH 传送至片内 RAM 50H 单元中

(4)将片内 RAM 85H 单元中的内容读至 A 中

(5)将数据 30H 写入特殊功能寄存器 80H 中

(6)将扩展 RAM 1002H 单元的内容写入扩展 RAM 2030H 单元中(用两种方法)

(7)将程序存储器 2040H 单元的内容写入片内 RAM 40H 单元中

项目 2   单片机的基本应用实践

2.1   开关量输入显示

学习目标

1.掌握汇编语言语句格式、常用的 7 条伪指令的用法、传送指令和无条件转移指令的用法。

2.掌握单片机应用程序的框架结构。

3.会设计发光二极管的接口电路,会编写发光二极管的控制程序。

4.会设计拨码开关的接口电路,会编写拨码开关的控制程序。

5.会使用单片机的并行端口。

2.1.1   实例功能

单片机的 P0 口作输入端口,外接一个 8 位的拨码开关。P2 口作输出端口,控制 8 只发光二极管的显示输出,用发光二极管指示拨码开关的状态。当拨码开关的某一位拨到 ON 位置时,与该位对应的发光二极管就亮,否则就熄灭。

2.1.2   相关知识

本例所涉及到的基本知识主要有:单片机的并行输入/输出端口、发光二极管的接口电路、拨码开关的接口电路以及一些程序设计知识,其中程序设计知识将在软件程序编写中介绍。

1.并行输入/输出端口

MCS-51 单片机片内集成有 4 个并行 I/O 端口:P0 口、P1 口、P2 口和 P3 口,每个端口由 8 根 I/O 口线组成,例如,P1 口就是由 P1.0、P1.1、……P1.7 组成。其引脚分布如图 1-2 所示。每个 I/O 端口都可以以整字节方式进行并行输入/输出,其中的每条 I/O 线都可以单独地用作一位输入/输出线。

(1) P0 端口

总线 I/O 端口,既可以作普通的 I/O 端口使用,又可以作数据/地址总线口使用。片外不扩展程序存储器、不扩展并行 RAM 并且也不扩展并行 I/O 芯片时,P0 口可作为普通的 I/O 端口使用。

1)P0 口作普通的 I/O 端口使用时的输出特性

①每个端口的输出驱动电路都是一个漏极开路的输出电路。P0 口作输出口使用时,

需在其输出引脚上外接上一个 10 kΩ 左右的上拉电阻。

②输出具有锁存功能。特殊功能寄存器 P0 就是 P0 口的内部锁存器,向特殊功能寄存器 P0 写入一个数据,数据就会从 P0 端口输出,而且 P0 口的输出状态将被一直保持下来,直至改写了特殊功能寄存器 P0 的内容为止。

③输出数据操作。用字节操作指令向特殊功能寄存器 P0 写数,数据就从 P0 口并行输出;用位操作指令向特殊功能寄存器 P0 的某一位 P0.i 写一位数,该数位就从 P0.i 引脚输出。例如:

```
MOV   P0,#5AH      ;P0 口并行输出数据 5AH,P0.7～P0.0 依次输出 01011010
SETB  P0.0         ;P0.0 口输出 1
```

2) P0 口作普通的 I/O 端口使用时的输入特性

输入具有缓冲功能,存在着读引脚和读锁存器的差别。

①读取端口数据的指令为以 P0 或 P0 口的某一位为源操作数的 MOV 指令,受端口驱动级的影响,直接读端口时,所读出的数据与 P0 口引脚上的数据不一定相同。

②读取端口引脚上的输入数的正确方法是:

先对端口锁存器(即特殊功能寄存器 P0)的每一位写 1,再读端口。向锁存器写 1 的作用是,封锁内部输出驱动级场效应管,切断驱动级对引脚输入信号的影响。例如,读 P0.1 引脚上的数据,就要用如下程序段:

```
SETB  P0.1        ;锁存器 P0.1 写 1
MOV   C,P0.1      ;读引脚 P0.1 上的输入数据至 C 中
```

再如,要将 P0 口 8 个引脚上的输入信号读至片内 RAM 30H 中,就可用如下程序段:

```
MOV   P0,#0FFH    ;P0 口 8 个锁存器写 1
MOV   30H,P0      ;读 P0 口引脚输入信号至 30H 中
```

③对 P0 操作的"读-修改-写"指令,所读入的数据为锁存器(特殊功能寄存器 P0)中的数据。

所谓"读-修改-写"指令,是指先将端口原来的数据读入,经过运算变换后再把操作结果写入端口锁存器中,这类指令称为"读-修改-写"指令。例如指令:

```
ANL   P0,#23H
```

就属于"读-修改-写"指令,另外,下列指令都是"读-修改-写"指令:

```
ANL   P0,#45H     ;(P0)∧45H→P0
ORL   P0,#5AH     ;(P0)∨5AH→P0
DEC   P0          ;(P0)-1→P0
CPL   P0.1        ;将锁存器 P0.1 中的数据取反后写入 P0.1 口
XRL   P0,A        ;(P0)∀(A)→P0
```

3) P0 口作数据/地址总线口使用

MCS-51 单片机的片外接有程序存储器、片外扩展了并行 RAM 或者是片外扩展了并行 I/O 芯片时,P0 口就只能作为数据/地址总线口使用。此时,P0 口的输出电路为一个推挽式输出电路,其引脚上不必接上拉电阻。P0 口作数据/地址总线使用时,输出不具备锁存功能,输入具有缓冲功能。

4)P0 口的输出驱动能力

P0 口的每一位端口可以驱动 8 个 LSTTL 负载。如果负载过大,则需要在端口上外接驱动电路后方可接负载。

5)单片机复位时 P0 口的状态

单片机复位后,P0＝FFH,也就是 P0 端口已自动地被写入 1 了,可以作普通的 I/O 口直接进行输入或者输出操作。

(2)P1 端口

通用 I/O 端口,它是一个准双向静态端口。每一位都可以单独定义为输入口或输出口。

1)输出特性

输出具有锁存功能:特殊功能寄存器 P1 是 P1 口的输出锁存器。向特殊功能寄存器 P1 写入一个数据,该数据就会从 P1 端口引脚上输出,其输出操作方法与 P0 口相同。

输出驱动级内接有上拉电阻:P1 口的每一端口都是由一个场效应管构成的输出驱动电路构成,其结构如图 2-1 所示,场效应管的漏极通过一电阻 R 接至内部电源 V_{CC},该电阻也就是通常所说的上拉电阻,其特点是,电阻

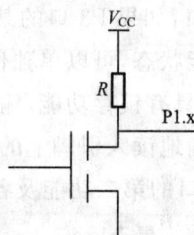

图 2-1 P1 口输出级电路

R 的一端接引脚(漏极),另一端接正电阻 V_{CC}。P1 口作为输出端口使用时,其外部引脚上可以不接上拉电阻。

2)输入特性

P1 口作为输入口使用时,与 P0 口作为输入口使用一样,也存在着读引脚与读锁存器的区别。若 CPU 执行的是对 P1 口进行“读-修改-写”指令时,所读数据是锁存器(即特殊功能寄存器 P1)中的内容。同样地,要正确读取 P1 口引脚上的输入信号,必须先向特殊功能寄存器 P1 的各位写 1,然后再读 P1 端口。

3)输出驱动能力

P1 口的驱动能力有限,每一位端口只能驱动 4 个 LSTTL 负载。

4)复位状态

复位时 P1 口输出全为高电平 1,即输出 FFH。

必须指出的是,对于 52 单片机,为了增强其功能,还在 P1.0、P1.1 两个引脚上分配了第二功能。P1.0 用作定时/计数器 2 的外部事件计数输入引脚,P1.1 引脚用作定时/计数器 2 的外部控制端。某位引脚上的第二功能没使用时,该端口可作为普通的 I/O 端口使用。复位时,P1.0 口和 P1.1 口的第二功能自动关闭,这些端口自动处于第一功能状态。

(3)P2 端口

P2 端口既可以作普通的 I/O 端口使用,又可以作地址总线口使用。

1)P2 口作普通的 I/O 端口使用

单片机片外不扩展程序存储器、片外不扩展并行 RAM 也不扩展并行 I/O 芯片时,

P2 口可作为普通的 I/O 口使用。作输出口使用时,P2 口的输出驱动电路内接有上拉电阻,其外部引脚上可以不接上拉电阻。另外,特殊功能寄存器 P2 是其输出锁存器,输出具有锁存功能,向特殊功能寄存器 P2 写入一个数据,该数据就从 P2 口引脚输出。对 P2 口的读写操作方法与 P1 口完全相同,在此不再赘述了。

2)P2 口作地址总线口使用

单片机的片外扩展了程序存储器、片外扩展了并行 RAM 或者片外扩展了并行 I/O 芯片时,P2 口只能作地址总线口使用。此时,P2 口用来输出高 8 位地址 A15～A8。

P2 口的每一位端口可驱动 4 个 LSTTL 负载。复位时,P2 口输出为全 1。

(4)P3 端口

P3 端口是一个双功能 I/O 端口,各端口都具有两种功能选择,第一功能是作为通用的 I/O 口,如果 P3 口的某一位端口线上的第二功能没有启用,则该位端口线自动地处于第一功能状态,可以单独作普通的 I/O 口使用。在第一功能下,P3 口与 P1 口的作用相同,输出具有锁存功能,输入具有缓冲功能,而且输入也存在读引脚与读锁存器的区别,为了正确地读入引脚上的输入信号,仍必须先向端口写 1,再读端口。

P3 口的第二功能及各口线工作于第二功能的状态的条件如表 2-1 所示。

表 2-1　　　　　　　　P3 口工作于第二功能状态的条件

条　件	涉及到的引脚	第二功能
串行口工作,接收数据	P3.0	RXD
串行口工作,发送数据	P3.1	TXD
打开外部中断 0	P3.2	INT0
打开外部中断 1	P3.3	INT1
定时/计数器 0 处于外部计数状态	P3.4	T0 计数
定时/计数器 1 处于外部计数状态	P3.5	T1 计数
写片外扩展 RAM/扩展并行 I/O 芯片	P3.6	$\overline{WR}$
读片外扩展 RAM/扩展并行 I/O 芯片	P3.7	$\overline{RD}$

P3 口用于第二功能作为输入时,不存在读引脚与读锁存器的区别,CPU 所读的数据恒为引脚上的信号,而不是锁存器的内容。

P3 口的每一位端口可驱动 4 个 LSTTL 负载。

2.单片机应用系统中发光二极管的接口电路

(1)发光二极管的应用特性

发光二极管是一种电光转换器件,在使用中要注意发光二极管的应用特性:

①发光二极管具有两个引极:阳极(A 极)、阴极(K 极)。使用时,阳极接正电源,阴极接负电源。发光二极管的实物图如图 2-2 所示,电路符号如图 2-3 所示。

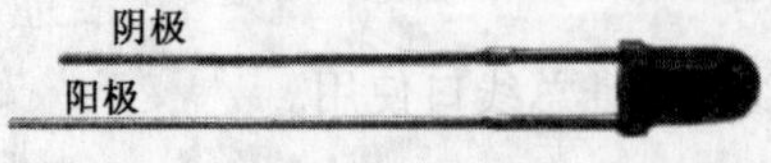

图 2-2　发光二极管的实物图 　　　　　　　图 2-3　发光二极管电路符号

②发光二极管中有电流流过时,发光二极管就会发光,流经的电流越大,发光二极管就越亮。但是过大的电流会烧毁发光二极管。实际应用中,应该保证发光二极管的工作电流 I_D 不超过发光二极管的最大允许电流 I_M。随制作材料的不同,各发光二极管的最大允许电流也不同。发光二极管的工作电流一般为 2 mA～25 mA。

③发光二极管导通时存在门槛电压 V_D,随制作材料的不同,各发光二极管的门槛电压不同。通常情况下,发光二极管的门槛电压 V_D 为:1.5 V～2.5 V。

④发光二极管的实际工作电路如图 2-4 所示。图中,R 为限流电阻,R 的取值按以下公式计算求得:

图 2-4 发光二极管工作电路

$$R=\frac{V_{CC}-V_D}{I_D}$$

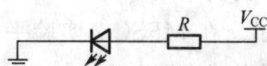

式中:V_{CC}:电源电压

I_D:发光二管的工作电流

V_D:发光二极管的门槛电压

在 5 V 单片机应用系统中,工程上常取 $R=1$ kΩ 左右。

(2)发光二极管的控制接口电路

发光二极管的控制接口电路有低电平有效控制和高电平有效控制两种形式,其控制电路如图 2-5、图 2-6 所示。

图 2-5 中,发光二极管阳极接正电源,阴极接控制端。控制端为低电平时,发光二极管就亮(有效),否则就灭(无效)。因此,这种控制电路就叫做低电平有效控制电路。

图 2-6 中,发光二极管阴极接地,阳极接控制端。控制端为高电平时,发光二极管就亮(有效),否则就灭(无效)。

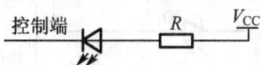

图 2-5 低电平有效控制

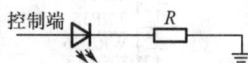

图 2-6 高电平有效控制

3.拨码开关的接口电路

拨码开关是由若干个单刀单掷开关组合而成的。常见的有 4 位、6 位和 8 位拨码开关。8 位拨码开关的实物如图 2-7 所示。拨码开关在单片机应用系统中的接口电路与按键开关的接口电路一样。一位的拨码开关的接口电路如图 2-8 所示。当拨码开关拨到 ON 位置时,单片机输入为低电平 0,否则为高电平 1。

图 2-7 8 位拨码开关实物图

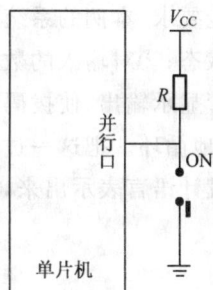

图 2-8 拨码开关接口电路

2.1.3 搭建硬件电路

根据本例的功能要求,在单片机最小系统的基础上,我们用 P0 口接 8 位拨码开关接口电路,采用 P2 口直接控制 8 只发光二极管显示。由于单片机复位时,各并行口输出为高电平 1,为了保证单片机复位后,各执行机构无动作输出(本例中为发光二极管无显示输出),我们采用如图 2-5 所示的低电平有效控制电路。实现本例功能的硬件电路如图 2-9 所示。在 MFSC-2 实验平台中,用 8 芯扁平数据线将 J5 与 J13 相接、J6 与 J9 相接,就可实现上述电路。

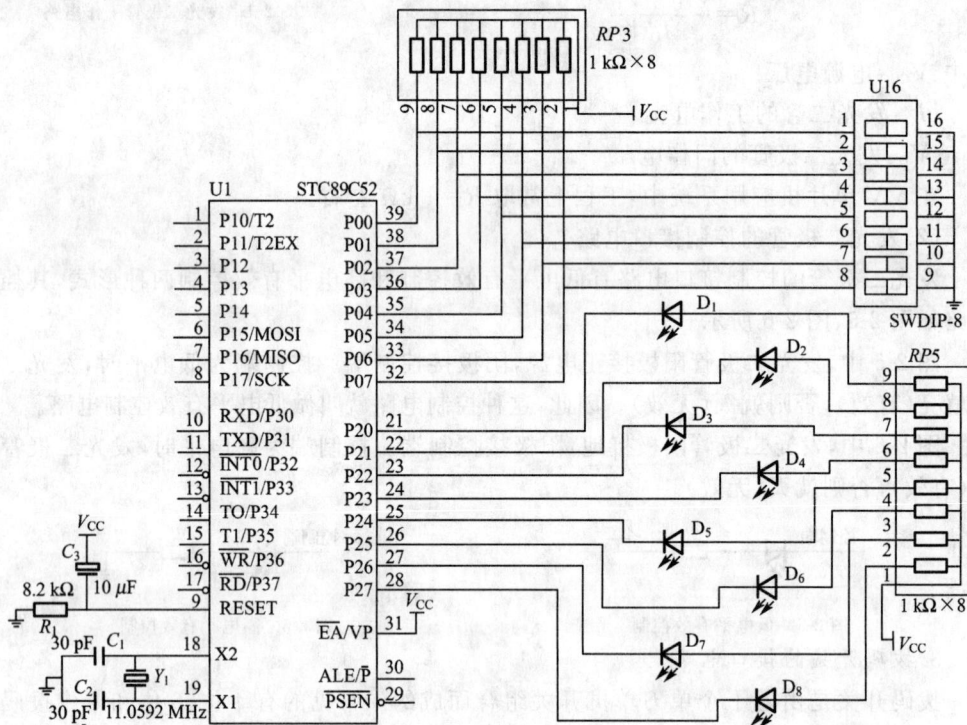

图 2-9 开关量输入状态显示硬件电路

2.1.4 编写软件程序

根据功能要求,本例的系统软件程序就是要使单片机实现以下要求:①从 P0 口读取拨码开关的状态;②对输入的数据进行适当变换;③从 P2 口输出变换后的状态数据,控制发光二极管显示输出,使拨码开关拨到 ON 位置时,对应的发光二极管亮;④重复①~③,如此反复地循环。把这一过程用流程框表示出来,就得到了本例程序的流程图,将流程图用程序设计语言表示出来,就是本例的软件程序,这一过程也是应用程序编写的一般方法。

1. 流程图

流程图是程序结构的图解表示方法。画流程图的过程就是进行程序的逻辑设计的过程,真正的程序设计实际上是流程图的设计,代码的编写只不过是将流程图转换成程序设计的语句而已。流程图符号如图 2-10 所示。

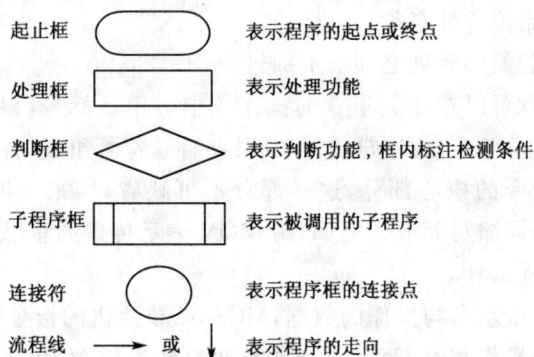

起止框	表示程序的起点或终点
处理框	表示处理功能
判断框	表示判断功能,框内标注检测条件
子程序框	表示被调用的子程序
连接符	表示程序框的连接点
流程线 ——→ 或 ↓	表示程序的走向

图 2-10　流程图符号

本例的流程图如图 2-11 所示。根据图 2-9 的硬件电路图,拨码开关的某一位拨至 ON 位置时,对应输入引脚的输入为低电平 0;在发光二极管的控制电路中,我们采用的是低电平有效控制,输出为 0 时,发光二极管就亮。因此,可以直接用拨码开关的输入状态数据来控制发光二极管的显示输出。"变换输入状态数据"这个框就可以省去,实际的流程图如图 2-12 所示。

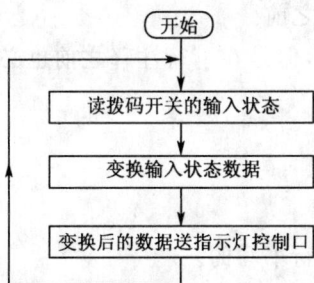

图 2-11　实例 2-1 流程图　　　　　　图 2-12　实际流程图

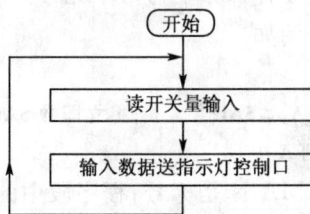

2. 汇编语言语句格式

常用的单片机程序设计语言有 C 语言和汇编语言两种,无论采用哪种语言进行程序设计都要遵守所选用语言的语法规则。本书中,我们采用汇编语言编写程序。MCS-51 单片机汇编语言的语句包括指令语句和伪指令语句两种。指令语句也叫执行语句,源程序编译后,指令语句会产生目标代码(也就是 Hex 文件中的代码),伪指令语句编译后不产生目标代码,它只是在汇编的过程中告诉汇编程序如何对源程序进行汇编。单片机汇编语言的指令格式如下:

[标号:]指令助记符 [目的操作数 [,源操作数]][;注释]

方括号"[ ]"括住的部分表示可以缺省。

汇编语言中,标号是一种用符号表示的地址,也称作是符号地址,用来标明指令的位置(地址),指令前的标号代表该指令首字节地址。在书写指令时,一般不必书写标号,但在下列情况下必须加上标号：

（1）转移目标位置处必须加上标号。

（2）子程序的起始位置处必须加上标号。

（3）各类表格的起始位置处必须加上标号。

标号一旦设置，就可以在相关指令的操作数中引用该标号，以便控制程序的转向或寻址。标号以英文字母开头，由字母、数字和某些特殊符号组成，标号以冒号"："结尾。

指令助记符是指令的核心部分，这一部分不可缺省，用来指明操作的类型和性质。一般由相应的英文单词缩写而成。例如，用 MOV 表示传送的意思，"MOV A，♯23H"表示将数据 23H 传送至 A 中。

操作数部分用来指示参与操作的数据，MCS-51 单片机的指令中允许有 0～2 个操作数。当指令中有两个操作数时，第一个操作数叫目的操作数，用来存放参与操作的一个数据，同时也用来存放指令执行后的结果；第二个操作数叫源操作数。两操作数之间必须用逗号"，"间隔。

操作数与指令助记符之间要用空格间隔。

注释部分用来对指令的功能加以说明。这一部分可以缺省。注释部分可以放在一条指令之后，也可以单独占一行。注释部分必须以分号"；"开头。

在书写汇编指令时要注意以下几点：

（1）指令助记符、操作数这两部分必须书写在同一行内。

（2）标号可以单独占一行，也可以放在指令助记符之前。

（3）若注释部分一行写不完，可在下一行接着书写，但是在下行注释之前也必须加上分号"；"。例如：

```
MAIN:
MOV  A,♯5AH          ;将立即数 5AH
;传送到 A 中
```

这里，MAIN 是标号，程序段中的注释部分是分两行书写的。

MCS-51 单片机的指令系统共有 111 条指令，常用的 51 单片机汇编语言伪指令有 7 条，关于这些指令和伪指令，我们将结合实际的程序加以介绍。

3. 程序代码

将图 2-12 的流程图转换成 MCS-51 汇编语言的指令就可以得到本例的软件程序。完整的程序代码如下：

```
ORG    0000H       ;1  系统程序的入口地址
AJMP   MAIN        ;2  无条件地转移到标号 MAIN 处
ORG    0050H       ;3  0000H～0050H 处有固定用途,应用程序一般放在 0050H 之后
MAIN:              ;4
MOV    P0,♯0FFH    ;5  P0 锁存器各位写 1
MOV    A,P0        ;6  读 P0 口引脚输入至 A 中
MOV    P2,A        ;7  P0 口的输入信号从 P2 口输出显示
SJMP   MAIN        ;8
END                ;9  通知汇编程序:源程序到此已结束
```

4.代码说明

本例的程序代码共 9 行,第 1 行、第 3 行和第 9 行是伪指令语句,其他的为指令语句。其中,第 4 行和第 5 行为一条指令语句。

第 1 行的"ORG　0000H"是伪指令语句。其作用是,告诉汇编程序将其后的程序代码在程序存储器中从 0000H 处开始存放。因此,第 2 条指令语句"AJMP　MAIN"的首字节地址为 0000H。CPU 复位后,程序计数器 PC 的值为 0000H,CPU 从程序存储器 0000H 处开始读取并执行程序,0000H 这一地址也叫做系统程序的入口地址。所以,上电后,CPU 就执行"AJMP　MAIN"这条指令。常用伪指令如表 2-2 所示。

表 2-2　　常用伪指令表

伪指令	功　能	示　例
ORG	定义程序在程序存储器中的起始地址	ORG 0000H
END	源程序结束标志	END
EQU	定义常量	LED_PORT EQU P0
DB	在程序存储器中定义连续的若干个字节单元,并为每一个字节单元装载字节数据	DB 06H,'A'
DW	在程序存储器中定义连续的若干个字单元,并为每一个字单元装载字数据	DW 1234H,中
BIT	给位地址取名	D0_PIN BIT P1.0
DATA	定义变量	TIME DATA 40H

第 2 行的"AJMP　MAIN"是一条无条件转移指令,其中的 MAIN 是转移目标处的标号(符号地址)。AJMP 指令是一条双字节指令(编译后 AJMP 指令在程序存储器中占两个字节),使用时,要求转移目标处的地址与 AJMP 指令的下一条指令的首字节地址的高 5 位地址相同,即它们必须在同一个 2 KB 地址范围内,否则,源程序编译时就会报错。例如,下面的程序段在编译时就会报错:

```
ORG      07FDH
AJMP     ABC
ORG      0800H
MAIN:
      ……
```

其原因是,AJMP 指令的首字节地址为 07FDH,AJMP 为双字节指令,其下一条指令的首字节地址应该为 07FDH+02H=07FFH,这 16 位地址中的高 5 位地址为 00000B,而转移目标处的地址为 0800H,它的高 5 位地址为 00001B,两者不等,即二者不在同一个 2 KB 地址范围内。

第 4 行、第 5 行为一条指令,第 5 行的"MOV　P0,♯0FFH"是指令代码,第 4 行为其标号,标号 MAIN 代表第 5 行指令的首字节地址。在汇编语言程序中,标号可以单独占一行,这样书写可以方便程序的阅读。

第 5 行"MOV　P0,♯0FFH"指令的含义是将数值 0FFH 传送到特殊功能寄存器 P0 中。指令中的"♯"号为立即寻址符,表示后面的数值 0FFH 是一个数,而不是一个地址编号。如果去掉了立即寻址符♯,其含义就变成了:将片内 RAM 0FFH 单元的内容传送到特殊功能寄存器 P0 中,此时 0FFH 表示的是一个地址编号,而不是一个数了。

MCS-51 汇编语言规定,数值必须以数字(0~9)开头,符号必须以字母开头,所以在指令中书写数值 0FFH 时,其前面必须冠以数字 0,如果去掉了 0,编译程序就认为 FFH 是一个符号,源程序编译时就会报错。读者不妨去掉 0 后实际编译试一试。

在这条指令的两个操作数中,源操作数为♯0FFH,它是立即数,CPU 寻找该源操作数的方式为立即数寻址。目的操作数为 P0,它是一个符号地址(地址值为 80H),CPU 对该目的操作数的寻址方式为直接寻址。

第 3 行的"ORG　0050H",用来定义其后的程序代码在程序存储器中从 0050H 处开始存放。因此,第 5 行的指令的首字节地址为 0050H,前面说过,指令前面的标号,代表的是指令的首字节地址,所以标号 MAIN 所代表的值为 0050H。

单片机的程序存储器中,开头的一部分地址已被固定地用于特定程序的入口地址,这些地址分配如表 2-3 所示。

表 2-3　　　　　　　　　特定程序入口地址

地　址	用　　途
0000H	复位操作后程序入口地址
0003H	外部中断 0 服务程序入口地址
000BH	定时/计数器 0 中断服务程序入口地址
0013H	外部中断 1 服务程序入口地址
001BH	定时/计数器 1 中断服务程序入口地址
0023H	串行中断服务程序入口地址
002BH	定时/计数器 2 中断服务程序入口地址

在编写应用程序时,通常是将用户程序放在 0050H 后的程序存储器中,在上述入口地址处放一条无条件绝对转移指令,将程序转移到对应的用户程序中去。这就是我们在第 3 行用 ORG 这条伪指令将后面的程序放在 0050H 之后的原因。

第 6、7 行为两条 MOV 传送指令。MOV 传送指令的用法如表 2-4 所示。

表 2-4　　　　　　　　　　　　　　MOV 传送指令

指令格式	功能	示例	说明
MOV A,Rn	将 Rn 中的内容传送至 A	MOV A,R2	n=0~7
MOV A,dir	将 dir 单元中的内容传送至 A	MOV A,30H	
MOV A,@Ri	将 Ri 所指单元中的内容传送至 A	MOV A,@R0	i=0,1
MOV A,♯data	将立即数 data 传送至 A	MOV A,♯12H	data 为 0~255
MOV Rn,A	将 A 中的内容传送至 Rn	MOV R7,A	
MOV Rn,dir	将 dir 单元中的内容传送至 Rn	MOV R6,45H	
MOV Rn,♯data	将立即数 data 传送至 Rn	MOV R5,♯23H	
MOV dir,A	将 A 中内容传送至 dir 单元中	MOV 20H,A	
MOV dir,Rn	将 Rn 中的内容传送至 dir 单元中	MOV 30H,R4	
MOV dir2,dir1	将 dir1 单元中的内容传送至 dir2 单元中	MOV 40H,50H	
MOV dir,@Ri	将 Ri 所指单元中的内容传送至 dir 单元中	MOV 60H,@R1	
MOV dir,♯data	将立即数 data 传送至 dir 单元中	MOV 70H,♯56H	
MOV @Ri,A	将 A 中内容传送至 Ri 所指单元中	MOV @R0,A	
MOV @Ri,dir	将 dir 单元中的内容传送至 Ri 所指单元中	MOV @R1,45H	
MOV @Ri,♯data	将立即数 data 传送至 Ri 所指单元中	MOV @R0,♯45H	
MOV DPTR,♯data16	将 16 位立即数 data16 传送至 DPTR 中	MOV DPTR,♯1234H	data16 为 16 位数

为了表达的方便,在表 2-4 中,我们引入了 Rn、Ri、data、dir 等符号,这些符号代表的意义是:

Rn:寄存器 R0～R7　　　　　Ri:寄存器 R0、R1

dir:直接地址　　　　　　　data:数值

@Ri 中的@符:寄存器间接寻址符。

寄存器间接寻址的特点是,操作数在存储单元中,存储单元的址址存放在寄存器中,CPU 以寄存器的内容为地址,在存储器中寻找操作数。例如,指令"MOV @R0,A"中的目的操作数@R0 就是寄存器间接寻址。如果 R0=30H,该指令的含义就是将 A 的内容传送至片内 RAM 30H 中。

再如,下列程序段就实现了将片内 RAM 40H 单元的内容传送至 30H 单元中:

MOV　R1,♯40H　;1

MOV　30H,@R1　;2

其中,第 2 条指令的源操作数的寻址方式为寄存器间接寻址,目的操作数为直接寻址。

第 8 行"SJMP MAIN"是一条无条件转移指令。使程序转移到标号 MAIN 处,实现程序的循环。SJMP 是一条相对转移指令。相对转移指令的转移距离比较小,其目标处与转移指令的下一指令的首字节只能相距-128～+127 字节。也就是说只能实现 256 字节范围内的转移。在 51 单片机的指令中,还有两条无条件转移指令:LJMP 和 JMP 指令,它们的用法如下:

LJMP 指令:

格式:LJMP Label

功能:使程序转移到标号 Label 处,其中的 Label 可在 64 KB 范围内的任何地方,即可实现 64 KB 范围内的无条件转移。该指令的长度为 3 字节。

JMP 指令:

格式:JMP @A+DPTR

功能:使程序转移到由 A 和 DPTR 的和所给定的地址处。

例如,A=02H,DPTR=2000H,指令"JMP @A+DPTR"执行后,程序就转移到 2002H 单元去执行。

第 9 句 END 为伪指令,用来告诉汇编程序,源程序到此结束。该指令之后的程序代码将不被汇编程序所识别。每一个系统程序都必须有一条 END 伪指令,用来指示源程序的结束。

2.1.5　应用总结

MSC-51 单片机有 4 个并行输入/输出端口 P0～P3,在应用 P0～P3 端口时要注意以下几个问题:

①特殊功能寄存器 P0～P3 是 P0～P3 端口的锁存器(即 P0～P3 端口的映射寄存器),对特殊功能寄存器 P0～P3 写入一个数,就可以将该数从 P0～P3 端口输出;先对特殊功能寄存器 P0～P3 写入 FFH,再读端口,所读入的数据为 P1～P3 引脚上的输入

信号。

②端口作输出口时,如果 P0 口外接的是拉电流负载,则 P0 口的对应引脚上必须外接上拉电阻;如果 P0 口外接的是灌电流负载,则 P0 口的对应引脚上可以外接上拉电阻,也可以不接上拉电阻;如果使用的是 P1～P3 口作输出口,则 P1～P3 口的对应引脚上可以外接上拉电阻,也可以不接上拉电阻。

③P0～P3 口的驱动能力有限,其中 P0 口的每一位端口只能驱动 8 个 LSTTL 负载,P1～P3 口的每一位端口只能驱动 4 个 LSTTL 负载,如果负载过大,则需要在端口上外接驱动电路后方可接负载。

④单片机复位时,端口的每一位都被写入了 1,P0～P3 的各口线均输出高电平,P0～P3 口作输出口时,要保证单片机复位时,外设无输出动作。

⑤P0～P3 口作输出口时,输出具有锁存功能。

⑥P0～P3 端口可以作整字节操作,也可以采用位操作方式。在实际应用中,P3 口通常是有几条端口线设置了第二功能,而另外几条端口线处于第一功能运行状态,这时对 P3 口一般是采用位操作。

习　题

1. 单片机的 P1.0 口线控制一只发光二极管显示,发光二极管采用低电平有效控制,请画出其硬件电路。

2. 试画出用 P3.0 口线控制一位拨码开关的接口电路。

3. 试编程实现下列功能:

(1)将 P1 端口的 8 个引脚上的输入信号读至片内 RAM 30H 中。

(2)将 P2.0 口线上的输入信号读至 C 中。

(3)将片内 RAM 40H 单元中的内容从 P3 输出。

4. STC89C52 单片机的程序存储器中,有哪些地址被固定地作特定程序的入口地址,这些地址的作用是什么?

5. 阅读下列程序段,请指出程序段执行后 A 的内容是什么?

```
MOV   R0,#30H
MOV   30H,#5AH
MOV   A,@R0
```

6. 30H 与 #30H 的区别是什么?

7. 请按下列要求传送数据:

(1)将 R2 中的数据传送到 R3 中。

(2)将立即数 30H 传送至 40H 单元中。

(3)将 R1 中的数据传送到 R0 所指向单元中。

8. 已知片内 RAM 有关单元的内容如下:(20H)=60H,(30H)=10H,(40H)=20H,(50H)=40H,试写出下列程序段执行后各有关单元的内容。

```
MOV    R0,＃30H
MOV    @R0,40H
MOV    A,50H
MOV    R1,30H
MOV    B,@R0
MOV    PSW,@R1
```

9.下面的程序段是某应用程序中的一个片段,请指出指令 MOV DPTR,＃MAIN 执行后 DPTR 的内容是多少?

```
       ORG    0080H
MAIN：
       MOV    DPTR,＃1234H
       MOV    A,R2
       ……
       MOV    DPTR,＃MAIN
```

扩展实践

单片机的 $f_{osc}=11.0592$ MHz,P1 口接有 8 只按键开关,P3 口接有 8 只发光二极管控制电路,发光二极管采用低电平有效控制,请设计硬件电路,并编程实现用发光二极管指示按键是否按下。其中,用 Di 点亮指示 Si 按下。

2.2 跑马灯显示

基于实例 2-1 所介绍的并行口、发光二极管等硬件知识,本例练习和使用 P1 口控制输出设备,学习一些软件编程知识。通过本例的实践要求达到以下目标:

1.掌握条件转移指令、累加器的逻辑操作指令、CPU 控制指令和子程序调用指令的用法。

2.掌握循环结构的一般形式和循环程序的设计方法。

3.会编写延时程序。

4.会编写子程序。

2.2.1 实例功能

单片机的 P1 口作输出口使用,控制 8 只发光二极管,使发光二极管呈跑马灯方式显示。所谓跑马灯方式显示,是指:设 8 只发光二极管依次为 D1～D8,任何时刻都有且只有一只发光二极管被点亮显示,其中 t0 时间 D1 亮,t1 时间 D2 亮,t2 时间 D3 亮……t7时间 D8 亮,t8 时间 D1 亮……如此反复。

2.2.2 相关知识

本例所涉及的知识主要是一些软件程序编写知识,包括 51 单片机指令系统中的部分指令、循环程序结构、子程序以及延时程序等。

1.相关指令

（1）条件转移指令

共 8 条指令，都要进行条件测试。条件不满足时，程序顺序执行；条件满足时，程序转移至目标处（标号 label 处），转移目标处以条件转移指令的下一条指令的首字节地址为基础，在 $-128\sim+127$ 字节范围内。即条件转移指令都是相对转移指令。51 单片机的条件转移指令包括判 0 转移、比较转移和减 1 非 0 转移三种，其用法如表 2-5～表 2-7 所示：

表 2-5　　　　　　　　　　　　判 0 转移指令

指令	功能	示例
JZ　label	A 的内容等于 0，则转移至 label 处；否则顺序执行	JZ　ABC
JNZ　label	A 的内容不等于 0，则转移至 label 处；否则顺序执行	JNZ ABC

表 2-6　　　　　　　　　　　　比较转移指令

指令	功能	示例
CJNE A,dir,label	若 A 的内容不等于 dir 单元的内容，则转移至 label 处；否则顺序执行	CJNE A,30H,ABC
CJNE A,#data,label	若 A 的内容与数 data 不等，则转移至 label 处；否则顺序执行	CJNE A,#20H,ABC
CJNE Rn,#data,label	若 Rn 的内容与数 data 不等，则转移至 label 处；否则顺序执行（n=0～7）	CJNE R3,#50H,ABC
CJNE @Ri,#data,label	若 Ri 所指向单元的内容与数 data 不等，则转移至 label 处；否则顺序执行（i=0,1）	CJNE @R0,#40H,ABC

说明：

①CJNE 指令中对两数进行比较的实质是：操作数 1－操作数 2，指令执行后对进位位 C 有影响。操作数 1≥操作数 2 时，C=0；操作数 1＜操作数 2 时，C=1。

②在 CJNE 指令后再使用对 C 位进行判断的指令，可以实现判断两数大小。

③CJNE 指令都是 3 字节指令。

表 2-7　　　　　　　　　　　　减 1 非 0 转移指令

指令	功　能	示例
DJNZ Rn,label	Rn 中的内容减 1 并将结果存放在 Rn 中；若 Rn 中的内容不等于 0，则转移至 label 处，否则顺序执行	DJNZ R7,ABC
DJNZ dir,label	将 dir 单元的内容减 1，并将结果存放在 dir 单元中；若 dir 单元中的内容不等于 0，则转至 label 处，否则顺序执行	DJNZ 30H,ABC

说明：DJNZ 执行了两个操作，首先是减一后回存，然后判断减一后是否为 0，非 0 则转移，否则顺序执行。

（2）累加器 A 的逻辑操作指令

如表 2-8 所示。

表 2-8　　　　　　　　累加器 A 的逻辑操作指令

指令	功　能	示例
CLR　A	将 A 的内容清 0	CLR　A
CPL　A	将 A 的内容取反	CPL　A
RL　A	A7 ← A0（循环左移）	RL　A
RLC　A	C ← A7 ← A0（带进位循环左移）	RLC　A
RR　A	A7 → A0（循环右移）	RR　A
RRC　A	C → A7 → A0（带进位循环右移）	RRC　A
SWAP　A	将 A 中的低 4 位和高 4 位互换	SWAP　A

说明：

① 带进位位循环指令影响 C 和 P 标志位；CLR 指令影响 P 标志位；其他指令不影响任何标志。

② 利用累加器 A 求反指令，可进行求补操作。

③ 指令"RL A"和"RR A"的功能是将累加器 A 的内容循环左移或右移 1 位；指令"RLC A"和"RRC A"的功能是将累加器 A 的内容连同 C 位循环左移或右移 1 位。

④ 指令"RLC　A"可以将累加器 A 中的内容扩大 2 倍，但扩大之后不能超过 255。

⑤ 指令"RRC　A"可以将累加器 A 中的内容除以 2。

⑥ SWAP 指令主要用于有关 BCD 码数的转换操作中。

（3）CPU 控制类指令（如表 2-9 所示）

表 2-9　　　　　　　　CPU 控制类指令

指令	功能	示例
RET	子程序返回指令	RET
RETI	中断返回指令	RETI
NOP	空操作，产生一个机器周期的延迟	NOP

说明：

①RET 的操作过程是，将栈顶两个字节单元的内容弹出至 PC 中，使程序发生转移。该指令用在子程序的结束处，使程序返回至调用子程序指令（ACALL、LCALL 指令）的下一条指令处执行程序。

②RETI 除了具有 RET 指令的功能外，还可以开放中断逻辑。

2.循环程序结构

在一个程序中，若要反复执行操作，一般是将这种需要反复执行的操作设计成一个循环结构。

(1)循环结构的流程图

循环结构有"当"型(while 型)和"直到"型(do-while 型)两种形式,这两种形式的流程图如图 2-13 所示。

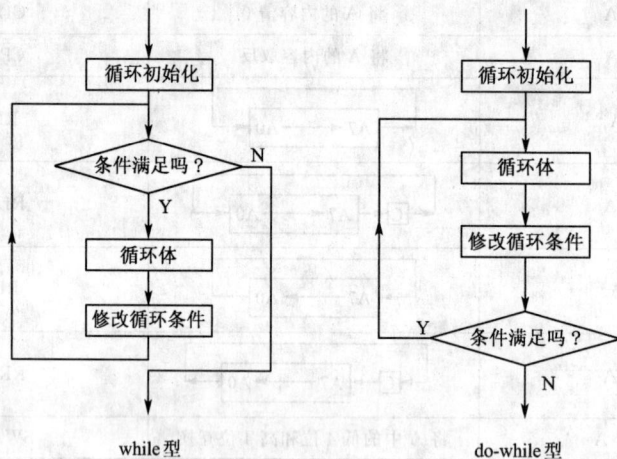

图 2-13　循环结构流程图

从图 2-13 中可以看出,循环结构包括循环初始化、循环条件判断、循环体和循环条件修改等 4 个部分。"当"型结构中,先进行条件判断,条件成立时,执行循环体部分,修改循环条件后再进行条件判断,如此反复,直至条件不成立时退出循环。显然,在这种结构中,循环体有可能一次也不执行。"直到"型结构中,先执行循环体,修改循环条件后再进行条件判断,如果条件满足,则再次进入循环,否则退出循环。"直到"型结构中,循环体至少要执行一次。

在循环结构的 4 个组成部分中,循环体是程序要反复执行的操作。循环初始化部分所要完成的工作是设定循环程序进入循环之前各相关变量的初始值。例如,设定地址指针的初始值、计数器的初始值等。循环条件修改部分所要完成的任务是循环执行一次后,对相关变量作相应的调整,使其值为进入下轮循环之前的值。例如,对地址指针作调整、对计数值作调整。循环条件判断部分是控制程序是否再次进入循环的部分。

(2)循环程序的设计方法

设计步骤如下:

① 进行循环体设计。对问题进行分析,抽象出程序要反复执行的操作。

② 选择控制循环的判断条件。对于循环执行次数已知的情况下,一般是选用计数器控制循环执行的次数,对于循环执行次数未知的情况,选择其他条件作为控制条件。

③ 设置初始条件。也就是要设置未进入循环之前各计数器或地址指针等的初始状态值。

④ 修改循环条件。这一部分所要完成的任务是,循环执行一次后,调整计数值、地址指针等变量的值。这一部分初学者很容易忽视,在程序中如果忘记这部分,则要么所编出的程序为死循环程序,要么是数据的读写出错。

2.2.3　搭建硬件电路

根据实例的功能要求,在单片机最小系统的基础上,我们在 P1 口上直接接上 8 只发光二极管控制电路,由于单片机复位时,P1 口输出全为高电平,为使单片机复位时,输出执行机构无输出,发光二极管的控制接口电路仍采用低电平有效控制。本例的硬件电路如图 2-14 所示。

在 MFSC-2 实验平台上,用 8 芯扁平数据线将 J3 与 J9 相接,就构成了本例的硬件电路。

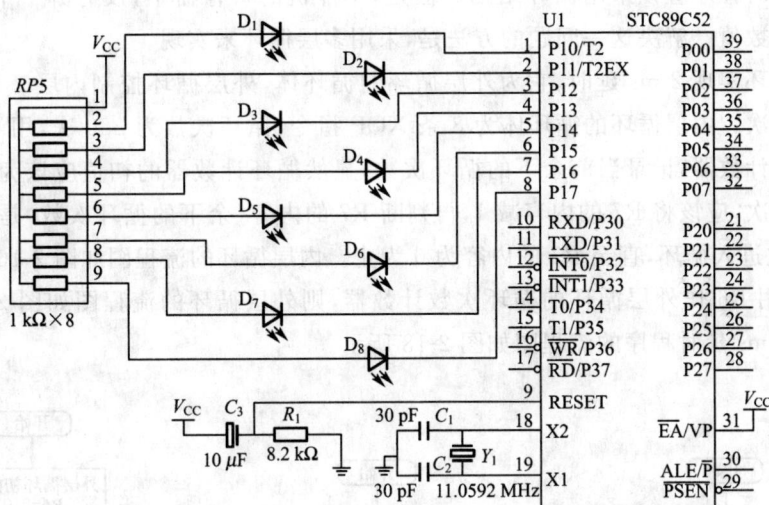

图 2-14　跑马灯硬件电路图

2.2.4　编写软件程序

1. 系统程序的流程图

由硬件电路可知,P1.i 引脚输出低电平时,D_{i+1} 就亮。由于 P1 口输出具有锁存功能,我们可以在单片机上电时将 P1 口的输出控制数据设为 FEH(11111110B),然后输出控制数据,过 500 ms(延时 500 ms)后,将控制数据左移一位得到新的控制数据,再从 P1 口输出新控制数据……如此反复就可以实现跑马灯显示控制了。系统程序的流程图如图 2-15 所示。

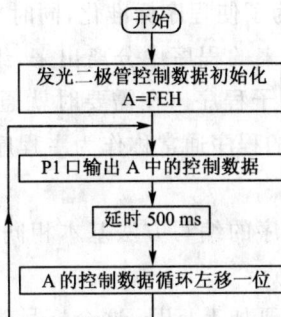

图 2-15　实例 2-2 流程图

2. 延时 500 ms 的处理

在单片机系统中,延时可以采用两种方法实现:软件延时和定时器延时。本例中采用软件延时方法。有关定时器延时方法我们在以后的实例中介绍。

软件延时的方法是,让 CPU 执行一段不做实质性工作的程序,该程序执行的时间就是软件延时的时间。一般是让 CPU 执行若干条 NOP 指令。

NOP 指令执行时间为 1 个机器周期。在本例中,1 条 NOP 指令执行时间为 $12/f_{osc}$ $=12/11.0592$ MHz≈ 1 μs,让 CPU 执行 500×1000 条 NOP 指令就可以实现 500 ms 延时。显然延时程序应该采用循环结构。但是,单片机的寄存器中,没有哪一个寄存器能装得下此计数值。解决这一问题的方法是,采用多层循环来实现。

内层循环实现 2 ms 延时,它为外层循环的循环体,外层循环控制内层 2 ms 延时程序执行 250 次。内层循环的循环体为 8 条 NOP 指令,循环次数为 250 次,用 R7 作内层循环的循环计数器,记录当前余下的循环次数,显然循环计数器的初值应该为 250,循环体每执行一次,应该将 R7 的内容减 1,再判断 R7 的内容(余下的循环次数)是否为 0,不为 0,则再次进入循环,直至 R7 的内容为 0 为止。内层循环的流程图如图 2-16 所示。同样地,我们用 R6 作外层循环的循环次数计数器,则外层循环的流程图如图 2-17 所示。完整的 500 ms 延时程序的流程图如图 2-18 所示。

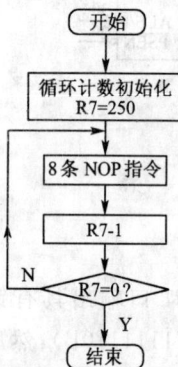

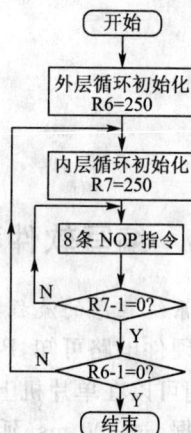

图 2-16 2 ms 延时程序流程图　　　图 2-17 外层循环流程图　　　图 2-18 500 ms 延时程序流程图

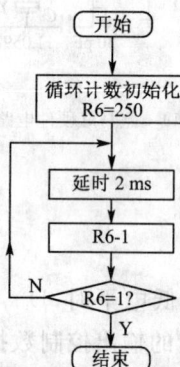

在单片机应用程序设计中,为了使程序标准化,同时也方便于程序的调试,通常是将一些功能相对独立的程序段从原来的程序中分离出来,组织成一个独立的小程序,这个独立的小程序也就是通常所说的子程序。在需要时就通过子程序调用指令 LCALL 或 ACALL 来调用它。调用子程序的程序通常称作为主程序。本例中,我们将延时 500 ms 的程序段编写成一个子程序。

子程序的编写方法与一般程序的编写方法基本相同,但为了能正确地调用子程序,在编写子程序时还要注意以下几点:

①子程序的第一条指令前面要加上标号,这个标号常称作为子程序名,它代表着子

程序的入口地址。在主程序需要调用子程序的地方采用如下指令调用子程序：

　　　　　LCALL　　　　子程序名

或　　　　ACALL　　　　子程序名

　　LCALL 指令为长调用指令，指令的长度为 3 字节。使用 LCALL 指令调用子程序时，子程序可放在 64 KB 程序存储器的任何地方，即可实现 64 KB 范围内的调用。

　　ACALL 指令为绝对调用指令，指令的长度为 2 字节。使用 ACALL 指令调用子程序时，要求紧接着 ACALL 指令后面的那一条指令的首字节与被调用子程序的入口地址（子程序名所代表的地址）在同一个 2 KB 范围内。这种要求与 AJMP 指令的要求相同。

　　②入口参数与出口参数。调用子程序时，调用之前在主程序中要按子程序的要求设置好子程序中各参数的值；子程序执行结束后若需要将执行结果返回给主程序，在主程序中要注意子程序的运算结果所存放的寄存器或存储单元的地址等，以便子程序调用结束后在主程序中能到对应的单元中读取运算结果。

　　③注意保护现场及恢复现场。子程序运行时需要使用一些寄存器或存储单元，如果主程序中也要使用这些资源，而且其中的内容在调用子程序的前后是不允许改变，那么在子程序中首先是要将这些寄存器或存储单元的内容压入堆栈中，实现现场保护。在子程序返回指令 RET 之前再将堆栈中的内容弹回到相应的寄存器或存储单元中。

　　④子程序的末尾必须是子程序返回指令 RET。

　　我们将 500 ms 延时子程序取名为 D500MS1，按照延时程序的流程图以及子程序编写的要求，延时子程序的源代码如下：

```
D500MS1:              ;子程序名
    MOV    R6,#250    ;外层循环计数值初始化,循环 250 次
DL1:                  ;2 ms 延时
    MOV    R7,#250    ;内层循环计数值初始化,循环 250 次
DL2:
    NOP               ;8 条 NOP 指令
    NOP
    NOP
    NOP
    NOP
    NOP
    NOP
    NOP
    DJNZ   R7,DL2     ;R7 的内容减 1,再判断其值是否为 0,不为 0,则转 DL2
    DJNZ   R6,DL1     ;R6 的内容减 1,再判断其值是否为 0,不为 0,则转 DL1
    RET               ;子程序返回
```

　　3. 完整的程序代码

```
    ORG    0000H      ;复位后,应用程序的入口地址
    LJMP   INIT
    ORG    0050H      ;0000H～0050H 处有固定用途,应用程序一般放在 0050H 之后
```

```
INIT:
    MOV     A,#0FEH        ;P1 口输出控制数据初始化
MAIN:
    MOV     P1,A           ;输出当前控制数据
    ACALL   D500MS1        ;延时 500 ms
    RL      A              ;控制数据左移一位
    SJMP    MAIN           ;跳转至 MAIN 处再循环
;--------------------------------------------------------------------------------
;500 ms 延时程序
D500MS1:
    MOV     R6,#250        ;外层循环计数值初始化,循环 250 次
DL1:                       ;2 ms 延时
    MOV     R7,#250        ;内层循环计数值初始化,循环 250 次
DL2:
    NOP                    ;8 条 NOP 指令
    NOP
    NOP
    NOP
    NOP
    NOP
    NOP
    NOP
    DJNZ    R7,DL2         ;内层循环次数没结束,转 DL2 重复
    DJNZ    R6,DL1         ;外层循环次数没结束,转 DL1 重复
    RET
    END                    ;通知汇编程序:源程序到此已结束
```

2.2.5　应用总结

　　当某一段程序需要重复执行多次时,通常采用循环结构程序。循环有"当"型和"直到"型两种形式,它们都包括循环初始化、循环条件判断、循环体和控制量的修改四个部分。进行循环程序设计时,首先是根据实际问题设计循环体的内容,然后根据循环体初次执行的条件设计初始化部分,最后确定控制变量的修改部分。

　　子程序是一个功能相对独立的小程序。采用子程序可以方便程序调试。子程序的开头要设计一个标号,以便主程序中调用子程序,子程序结尾要有返回指令 RET。子程序调用指令为 ACALL 和 LCALL。

　　程序的延时有软件延时和定时器延时两种,软件延时的方法是让 CPU 执行一段不做实质性工作的程序。软件延时会占用 CPU 的资源,实际应用多采用定时器延时。

　　对累加器 A 的内容左移 n 位(低位补 0),相当于把 A 的内容乘以了 2^n,对 A 的内容右移 n 位(高位补 0),所得的结果是 A 的内容除以 2^n 的商。实际应用常采取移位的方法来实现对 A 的内容乘以 2^n 或除以 2^n。

习 题

1. 判断下列指令中哪些是合法指令？哪些是非法指令？并说明原因（XYZ 为标号）。

(1)CJNZ　A,♯20H,XYZ　　　　　(2)CJNE　30H,40H,XYZ

(3)CJNE　R4,50H,XYZ　　　　　(4)CJNE　@R2,♯30H,XYZ

(5)CJNE　@R1,♯20H,XYZ　　　　(6)DJNE　R7,XYZ

(7)DJNZ　50H,XYZ　　　　　　(8)DJNZ　@R0,XYZ

(9)JZ　A,XYZ　　　　　　　　(10)RL　30H

2. 编程实现下列功能：

(1)设 R2 中的数小于 32，请将 R2 中的数乘以 8。

(2)将 R2R3 中的数除以 32。

3. 试编写一个延时 100 ms 的延时子程序。其中，子程序名为 D100MS，单片机的 $f_{osc}=6$ MHz。

扩展实践

单片机的 $f_{osc}=6$ MHz，P2 口接有 8 只发光二极管控制电路，请设计硬件电路并编程实现下列功能：

相邻两只发光二极管点亮呈跑马灯形式显示。

2.3　流水灯显示

学习目标

1. 掌握位状态判断指令、算术运算指令、存储器访问指令的用法。

2. 掌握分支结构形式，会编写单分支程序。

3. 会编写查表程序。

4. 会编写数值大小比较程序。

2.3.1　实例功能

单片机的 P3 口作输出口，控制 8 只发光二极管，使发光二极管呈流水灯方式显示。流水灯显示时，每个周期内发光二极管在不同时间内的显示情况如表 2-10 所示。

表 2-10　　　　　　　　　　流水灯中发光二极管显示情况

时间	点亮的发光二极管								时间	点亮的发光二极管						
t_0	D_1	D_2	D_3	D_4	D_5	D_6	D_7	D_8	t_8							
t_1		D_2	D_3	D_4	D_5	D_6	D_7	D_8	t_9	D_1						
t_2			D_3	D_4	D_5	D_6	D_7	D_8	t_{10}	D_1	D_2					
t_3				D_4	D_5	D_6	D_7	D_8	t_{11}	D_1	D_2	D_3				
t_4					D_5	D_6	D_7	D_8	t_{12}	D_1	D_2	D_3	D_4			
t_5						D_6	D_7	D_8	t_{13}	D_1	D_2	D_3	D_4	D_5		
t_6							D_7	D_8	t_{14}	D_1	D_2	D_3	D_4	D_5	D_6	
t_7								D_8	t_{15}	D_1	D_2	D_3	D_4	D_5	D_6	D_7

也就是说，t_0 时间内 8 个发光二极管都亮；t_1 时间内 D1 熄灭，其他 7 个都亮……t_8 时间内所有的发光二极管都熄灭；t_9 时间内 D1 亮，其他 7 个都不亮……t_{15} 时间内 $D_1 \sim D_7$ 亮，D_8 不亮；t_{16} 时间内 8 个发光二极管都亮……如此周而复始。

2.3.2 相关知识

本例所涉及的知识主要是一些软件程序编写知识和程序编写技巧，包括分支程序结构、查表程序设计方法、数值判断处理方法以及部分指令。各种处理方法和技巧，我们在软件程序编写部分讲解。

1. 分支结构

分支结构程序的特点是，程序对给定条件进行判断，根据不同的情况使程序发生转移，选择不同的程序入口。分支结构包括单分支和多分支两种。单分支结构的流程图如图 2-19 所示。单分支结构一般是用条件转移指令和位状态判断指令来实现程序转移。这些条件转移指令有 JZ、JNZ、CJNE、DJNZ。位状态判断指令有 JC、JNC、JB、JNB、JBC 等几条，位状态判断指令的用法如表 2-11 所示。

多分支结构可以用多个单分支来实现，其流程图如图 2-20 所示，也可以用散转程序来实现，有关散转程序的设计方法，我们将在实例 2-5 中介绍。

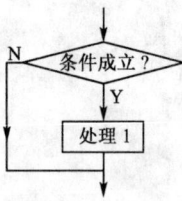

图 2-19 单分支结构流程图   图 2-20 用单分支实现多分支流程图

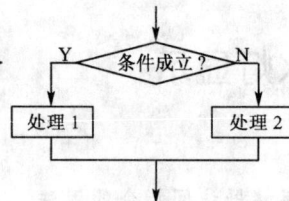

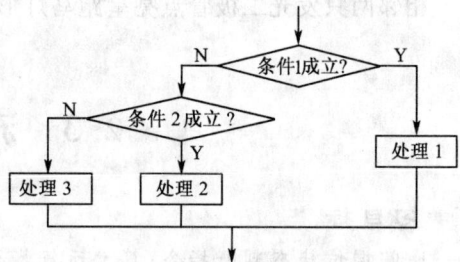

2. 相关指令

本例实现的过程中，需要用到位状态判断指令、算术运算指令和存储器访问指令，这些指令的用法如表 2-11、表 2-12、表 2-13 所示。

表 2-11 位状态判断指令

指令		功能	示例	
JC	label	C=1，转移至 label 处，否则顺序执行	JC	ABC
JNC	label	C=0，转移至 label 处，否则顺序执行	JNC	ABC
JB	bit，label	bit=1，转移至 label 处，否则顺序执行	JB	20H，ABC
JNB	bit，label	bit=0，转移至 label 处，否则顺序执行	JNB	30H，ABC
JBC	bit，label	bit=1，转移至 label 处，且将 bit 位清 0，否则顺序执行	JBC	40H，ABC

说明：表中，label 表示标号，bit 表示某一位。例如 30H 位、P 位等，以后的表示与此相同。

表 2-12　　　　　　　　　　　　　　算术运算指令

指　令	功　能	示　例
ADD　A,Rn	A 的内容与 Rn 的内容相加,和值存放在 A 中	ADD　A,R5
ADD　A,dir	A 的内容与直接地址 dir 单元的内容相加,和值存放在 A 中	ADD　A,30H
ADD　A,@Ri	A 的内容与 Ri 所指向单元中的内容相加,和值存放在 A 中	ADD　A,@R1
ADD　A,♯data	A 的内容与数 data 相加,和值存放在 A 中	ADD　A,♯40H
ADDC　A,Rn	A 的内容与 Rn 的内容以及 C 位相加,和值存放在 A 中	ADDC　A,R3
ADDC　A,dir	A 的内容与直接地址 dir 单元的内容以及 C 位相加,和值存放在 A 中	ADDC　A,40H
ADDC　A,@Ri	A 的内容与 Ri 所指向单元中的内容以及 C 位相加,和值存放在 A 中	ADDC　A,@R0
ADDC　A,♯data	A 的内容与数 data 以及 C 位相加,和值存放在 A 中	ADDC　A,♯50H
INC　A	A 的内容自加 1	INC　A
INC　Rn	Rn 的内容自加 1	INC　R7
INC　dir	dir 单元的内容自加 1	INC　30H
INC　@Ri	Ri 所指单元中的内容自加 1	INC　@R0
INC　DPTR	DPTR 的内容自加 1	INC　DPTR
SUBB　A,Rn	A 的内容减去 Rn 的内容再减去借位 C,结果存放在 A 中	SUBB　A,R3
SUBB　A,dir	A 的内容减去 dir 单元的内容再减去借位 C,结果存放在 A 中	SUBB　A,50H
SUBB　A,@Ri	A 的内容减去 Ri 所指向单元的内容再减去借位 C,结果存放在 A 中	SUBB　A,@R0
SUBB　A,♯data	A 内容减去数 data 再减去借位 C,结果存放在 A 中	SUBB　A,♯20H
DEC　A	A 的内容自减 1	DEC　A
DEC　Rn	Rn 的内容自减 1	DEC　R6
DEC　dir	dir 单元的内容自减 1	DEC　60H
DEC　@Ri	Ri 所指单元中的内容自减 1	DEC　@R0
MUL　AB	A 的内容乘以 B 的内容,积的高 8 位存放在 B 中,低 8 位存放在 A 中	MUL　AB
DIV　AB	A 的内容除以 B 的内容,商存放在 A 中,余数存放在 B 中	DIV　AB

说明:算术运算指令中,ADD、ADDC、SUBB、MUL、DIV 将对 PSW 的 C、AC、P、OV 位产生影响,ADD、ADDC 对 PSW 的影响是:

C 位:和的最高位(D7 位)产生了进位时,C=1,否则 C=0。

AC 位:和的半字节位(D3 位)产生了进位时,AC=1,否则 AC=0。

P 位:和中 1 的个数为奇数个,则 P=1,否则 P=0。

OV 位:两个操作数的符号(即 D7 位)相同,结果的符号相反,OV=1,否则 OV=0。

SUBB 对 PSW 的影响是:

C 位:差的最高位(D7 位)产生了借位时,C=1,否则 C=0。

AC 位:差的半字节位(D3 位)产生了借位时,AC=1,否则 AC=0。

P 位:差中 1 的个数为奇数个,则 P=1,否则 P=0。

OV 位:两个操作数的符号相反,差的符号与减数的符号相同,则 OV=1,否则 OV=0。

MUL 指令对 PSW 的 AC 位无影响,对 C、OV、P 三位均产生影响。其影响法则是:

C 位:总是被清 0。

OV 位:若部分积 B 的内容不为 0,则 OV＝1,否则 OV＝0。

P 位:部分积 A 中 1 的个数为奇数个,则 P＝1,否则 P＝0。

DIV 指令对 PSW 的 AC 位无影响,对 C、OV、P 三位均产生影响。其影响法则是:

C 位:总是被清 0。

OV 位:若除数(B)为 0,则 OV＝1,表示产生了溢出,此时指令执行后,A、B 中的值不变;若除数(B)不为 0,则 OV＝0。

P 位:部分积 A 中 1 的个数为奇数个,则 P＝1,否则 P＝0。

MUL、DIV 两指令的两个操作数之间无逗号分隔。

INC、DEC 指令中除操作数为 A 的指令对 PSW 的 P 位有影响外,其余不影响 PSW。

表 2-13 存储器访问指令

指 令	功 能	示 例
MOVC A,@A+DPTR	将程序存储器某单元的内容传送至 A 中,该单元的地址为 A 与 DPTR 的内容之和。	MOVC A,@A+DPTR
MOVC A,@A+PC	将程序存储器某单元的内容传送至 A 中,该单元的地址为 A 与 PC 的内容之和。	MOVC A,@A+PC
MOVX A,@Ri	将片外数据存储器某单元的内容传送至累加器 A 中,该单元地址的高 8 位在 P2 中,低 8 位地址在 Ri 中。	MOVX A,@R0
MOVX A,@DPTR	将片外数据存储器某单元的内容传送至 A 中,DPTR 的内容为该单元的地址。	MOVX A,@DPTR
MOVX @Ri,A	A 的内容传送至片外数据存储器的某单元中,该单元的高 8 位地址在 P2 中,低 8 位地址在 Ri 中。	MOVX @R1,A
MOVX @DPTR,A	将 A 中的内容传送至片外数据存储器某单元中,DPTR 的内容为该单元的地址。	MOVX @DPTR,A

2.3.3 搭建硬件电路

本例的硬件电路如图 2-21 所示。

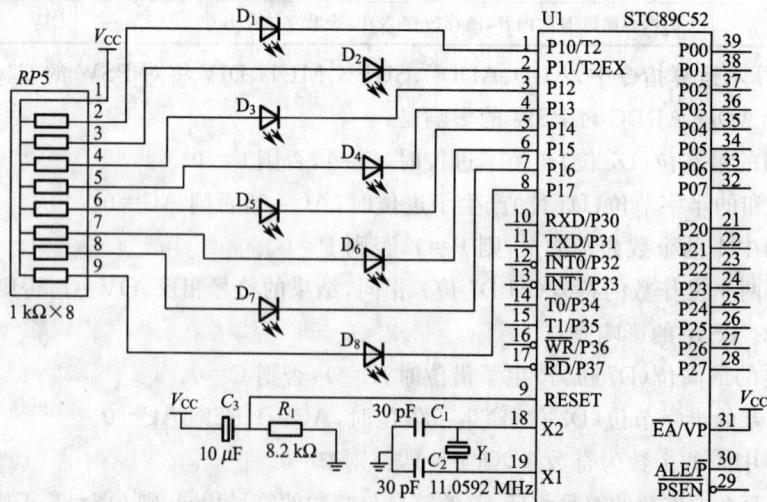

图 2-21 实例 2-3 硬件电路图

　　在 MFSC-2 实验平台上,用 8 芯扁平数据线将 J4 与 J9 相连,就构成了上述电路。

2.3.4　编写软件程序

　　宏观上,本例的系统程序与实例 2-2 相似。设实例功能中的 $t_0 \sim t_{15}$ 各时间段均为 500 ms,为了叙述方便,我们用 $t_0 \sim t_{15}$ 表示各个 500 ms 时间段的起始时刻,由于 P3 口输出具有锁存功能,我们可以在 t_i 时刻从 P3 口输出第 i 个 500 ms 时间段点亮发光二极管的控制数据,然后延时 500 ms,到达 t_{i+1} 时刻后再从 P3 口输出第 $i+1$ 个 500 ms 时间段的控制数据……时间到达第 16 个 500 ms 时刻,让 i 值为 0,输出第 0 个 500 ms 的控制数据。如此循环,就可以实现本例的输出显示。显然,编程的关键是如何获取各时间段的显示控制数据。

　　1. 流水灯显示控制数据

　　根据实例的功能要求和本例的硬件电路,各个 500 ms 时间段 P3 口输出的显示控制数据如表 2-14 所示。

表 2-14　　　　　　　　　　　　流水灯显示控制数据

时间	控制数据		点亮的发光二极管	时间	控制数据		点亮的发光二极管
	二进制	十六进制			二进制	十六进制	
t_0	00000000	00H	$D_1 D_2 D_3 D_4 D_5 D_6 D_7 D_8$	t_8	11111111	FFH	
t_1	00000001	01H	$D_2 D_3 D_4 D_5 D_6 D_7 D_8$	t_9	11111110	FEH	D_1
t_2	00000011	03H	$D_3 D_4 D_5 D_6 D_7 D_8$	t_{10}	11111100	FCH	$D_1 D_2$
t_3	00000111	07H	$D_4 D_5 D_6 D_7 D_8$	t_{11}	11111000	F8H	$D_1 D_2 D_3$
t_4	00001111	0FH	$D_5 D_6 D_7 D_8$	t_{12}	11110000	F0H	$D_1 D_2 D_3 D_4$
t_5	00011111	1FH	$D_6 D_7 D_8$	t_{13}	11100000	E0H	$D_1 D_2 D_3 D_4 D_5$
t_6	00111111	3FH	$D_7 D_8$	t_{14}	11000000	C0H	$D_1 D_2 D_3 D_4 D_5 D_6$
t_7	01111111	7FH	D_8	t_{15}	10000000	80H	$D_1 D_2 D_3 D_4 D_5 D_6 D_7$

　　2. 用查表法获取控制数据

　　表 2-14 中的控制数据有一定的规律性,可以像实例 2-2 那样用移位法(用带进位的移位法)来生成各时间段的控制数据,但其算法远比实例 2-2 中的复杂。本例中,我们采用查表法来获取这些控制数据。根据所建立的数据表格方式不同,查表法主要有顺序查表法、计算查表法和对分查表法三种。在此,我们采用计算查表法,这也是单片机应用中常采用的查表方法。

　　计算查表法要求表格中的数据项要按一定的次序存放,并且各个数据项在表格中所占用的存储空间相等,这样便于计算各数据项存放的地址。表 2-14 中的各控制数据均可用一个字节的存储单元存放,我们用伪指令 DB 将这些控制数据依据时间顺序事先存放在 CtrlTab 表格中,其建立方法如下:

　　CtrlTab: DB　00H,01H,……

　　这里的 CtrlTab 是标号,代表着表格的首字节单元的地址,也就是 00H 这个数据存放的地址,DB 是伪指令(见表 2-2),其后的 00H、01H 等为 DB 伪指令的数据项,DB 与数据项之间要用空格间隔,各数据项之间要用逗号间隔。采用上述方法建表后,表格中各数据项存放格式如图 2-22 所示。

由于每个数据项只占一个字节,第 i 个数据的地址 Addr 为

Addr=表首地址+i=CtrlTab+i　(0≤i≤15)

51 单片机指令系统中有两条指令用于查表操作:

MOVC　　A,@A+DPTR

MOVC　　A,@A+PC

这两条指令的含义是读取程序存储器中某单元的内容至
A 中,其中所读存储单元的地址为 A 与 DPTR/PC 的内容
之和。

地址		编号
CtrlTab+15	80H	15
⋮	⋮	⋮
CtrlTab+2	07H	2
CtrlTab+1	01H	1
CtrlTab	00H	0

图 2-22　表格结构示意图

将表首地址 CtrlTab 放入 DPTR 中,偏移地址 i 放入 A 中,执行指令"MOVC A,@A
+DPTR"后,A 中就得到了第 i 个 500 ms 时间内的控制数据。

设 i 值存放在 DisCnt 单元中,则实现读表操作的程序段如下:

MOV　　　　A,DisCnt　　　　;读取偏移地址

MOV　　　　DPTR,♯CtrlTab

MOVC　　　A,@A+DPTR

注意,CtrlTab 前面的 ♯ 不能去掉,因为 CtrlTab 为符号地址,也就是一个数。去掉
♯ 后其含义将变成:将一个 CtrlTab 地址单元的内容传送到 DPTR 中,而不是将一个立
即数传送到 DPTR 中。

3.流程图

用一个字节单元 DisCnt 作计数器,记录各个
500 ms 时间段的编号,显然 DisCnt 的内容也是本
例中各时间段的显示控制数据在表格中的偏移地
址。系统程序的流程图如图 2-23 所示。

4.流程图实现说明

流程图中判断计数值是否超过 15 的方法有两
种:减法判断、加法判断。

(1)减法判断

减法判断的方法是用计数值减去 16,判断是
否够减。

51 单片机的指令系统中,SUBB 指令为带借位
减指令,"SUBB A,♯16"的含义是,A 的内容减去
立即数 16 再减去借位 C 的值,并将差值存入 A
中,同时还要设置 C 位的值。如果够减,则结果为
正,C=0;否则结果为负,C=1。例如,指令执行前
A=16,C=1,则"SUBB A,♯16"执行后,A=
FFH,C=1;如果执行指令前,A=16,C=0,则指令执行后 A=0,C=0。因此,使用
SUBB 之前,先要将 C 位清 0,其实现程序段如下:

CLR　　　C　　　　　　　;C 位清 0

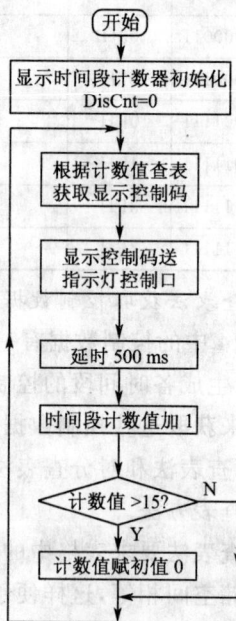

图 2-23　实例 2-3 流程图

```
    MOV     A,DisCnt          ;计数值传送至 A 中
    SUBB    A,#16             ;(A)-16-C→A
    JC      Lab               ;C=1(不够减,计数值不大于 15),则转移到 Lab 处
    MOV     DisCnt,#0         ;C=0(计数值大于 15),计数值回 0
Lab:    ……
```

（2）加法判断

方法是,用计数值加上 15+1 的补码,再判断结果是否产生了进位。数 X 的补码＝模值－X。其中单字节二进制数的模值为 256（2^8）,双字节二进制数的模值为 65536（2^{16}）。

51 单片机指令系统中,ADD 指令实现的是不带进位的加法,ADDC 指令实现的是带进位的加法。指令"ADD A,#data"的含义是,(A)+data→A,并设置 C 的值,如果和值超过了 255,则 C=1,和的低字节内容存入 A 中。指令"ADDC A,#data"的含义是(A)+data+C→A 并设置 C 的值,其结果与 ADD 一样。

用加法判断时,选用 ADD 指令,其程序段如下:

```
    MOV     A,DisCnt          ;计数值传送至 A 中
    ADD     A,#256-16         ;加上 15+1 的补码
    JNC     Lab               ;计数值不大于 15(C=0),则转移至 Lab 处
    MOV     DisCnt,#0         ;计数值大于 15,则计数值回 0
Lab:    ……
```

显然,用加法判断程序更精炼一些。工程上更多的是用加法判断,尤其是在 BCD 数比较和双字节二进制数比较中,加法判断的优势更加明显,本例中,我们采用加法判断。

5. 完整的程序代码

```
    LED_PORT  EQU  P3         ;1
    DisCnt    EQU  30H        ;2
    ORG       0000H           ;3 复位后,应用程序的入口地址
    AJMP      INIT            ;4
    ORG       0050H           ;5 0000H~0050H 处有固定用途,应用程序一般放在 0050H 之后
INIT:                         ;6
    MOV       DisCnt,#0       ;7 显示时间段计数器初始化
MAIN:                         ;8
    MOV       A,DisCnt        ;9
    MOV       DPTR,#CtrlTab   ;10
    MOVC      A,@A+DPTR       ;11
    MOV       LED_Port,A      ;12
    ACALL     D500MS          ;13 延时 500 ms
    INC       DisCnt          ;14
    MOV       A,DisCnt        ;15
    ADD       A,#256-16       ;16
    JNC       MAIN            ;17
    MOV       DisCnt,#0       ;18
    SJMP      MAIN            ;19 跳转至 MAIN 处再循环
```

```
;------------------------------------------------------------------------------------------
;500 ms 延时程序
D500MS:                        ;20
    MOV        R5,#4           ;21 外层循环计数值初始化,循环 4 次
DL1:                           ;22 2 ms 延时
    MOV        R6,#250         ;23 内层循环计数值初始化,循环 250 次
DL2:;
    MOV        R7,#250;
    DJNZ       R7,$;
    DJNZ       R6,DL2          ;27 内层循环次数没结束,转 DL2 重复
    DJNZ       R5,DL1          ;28 外层循环次数没结束,转 DL1 重复
    RET                        ;29
;------------------------------------------------------------------------------------------
CtrlTab:                       ;30 显示控制码表
    DB    00H,01H,03H,07H,0FH,1FH,3FH,7FH           ;31
    DB    0FFH,0FEH,0FCH,0F8H,0F0H,0E0H,0C0H,80H    ;32
    END                        ;33 通知汇编程序:源程序到此已结束
```

本例的 500 ms 延时程序与实例 2-2 的 500 ms 延时程序相比,省去了 NOP 指令,用 DJNZ 直接代替 NOP 指令。DJNZ 的执行时间为两个机器周期,相当于执行了两条 NOP 指令,本例的 500 ms 延时比上例更准确些。

2.3.5 应用总结

在实现本例功能的过程中,我们主要应用了查表获取数据,用加法判断计数值是否超界等方法,还应用了加减指令、条件判断指令等。

表格是单片机应用中一种常见的数据结构,查表的方法可以简化程序设计,对于一些无规则的数据的生成或者是需要使用很复杂的算法才能获得的数据,工程上常用查表法来实现。使用查表法时,要注意表格建立的要求及表中各数据存放地址的计算方法。在计算查表法中,如果表格中各数据项占 n 个字节(例如用 DW 定义的表格,每个数据就占两个字节),表首地址为 Tab,则第 i 个数据项的首字节地址 Addr=Tab+i×n。

判断一个数 X 是否大于等于 n,可以用 X+n 的补码,再判断是否产生了进位的方法来实现。

判断一个数 X 是否大于 n,可以用 X 加上 n+1 的补码,再判断是否产生了进位的方法来实现。

加法指令有 ADD、ADDC、INC 三类,其中 ADD、ADDC 对进位 C 有影响,而 INC 则不影响 C 位。

减法指令有 SUBB、DEC 两类,其中 SUBB 对 C 位有影响,而 DEC 对 C 位无影响。并且 SUBB 是带借位减,DEC 不能对 DPTR 进行减 1 操作。

在使用加减指令时一定要注意是谁与谁相运算,结果是多少,存放在何处,对各标志位是怎样影响的。

并行口 P3 口输出具有锁存功能,输入有读引脚与读锁存器之分,其操作与其他并口操作一样。

习　题

1.判断下列指令的正误,并指出错误的原因。

(1)JB　　　20H,ABC　　　　　(2)JC　　　C,ABC

(3)ADD　　30H,R2　　　　　　(4)DEC　　40H

(5)INC　　DPTR　　　　　　　(6)DIV　　A,B

(7)DEC　　DPRT　　　　　　　(8)MOV　　A,@DPTR

(9)MOVC　A,@DPTR　　　　　(10)MOVX　@R0,40H

(11)MUL　A,B　　　　　　　　(12)SUBB　40H,A

2.编程实现下列运算:

(1)R2R3+R4R5→R2R3　　　　(2)R2R3−R4R5→R2R3

(3)R2×R3→R2R3　　　　　　(4)R2÷R3 商存放到 R2 中,余数存放到 R3 中

3.用两种方法实现下列程序功能:

(1)若 A 的内容大于 20,则执行运算:R2+R3→R2,否则执行运算:R2−R3→R2。

(2)若片内 RAM　20H 的内容小于 30H 的内容,则将 A 的内容清 0,否则将 A 赋数 5AH。

4.设 P2=0FFH,R0=10H。扩展 RAM 中,(0010H)=20H,(0FF10H)=30H。指令"MOVX　A,@R0"执行后,A 中的内容是多少?

5.某程序段如下,该程序段执行后,A 的内容是多少?

MOV　　　A,♯02H

MOV　　　DPTR,♯TABLE

MOVC　　A,@A+DPTR

TABLE:

DB　　　　00H,02H,04H,06H,08H

扩展实践

单片机的 f_{osc}=11.0592 MHz,P2 口控制 8 只发光二极管显示,现需要 8 只发光二极管按如下方式显示:上电时,8 只发光二极管全亮,每过 0.5 s 后,被点亮的发光二极管中首尾两只熄灭,直至所有发光二极管都熄灭,然后是中间的两只被点亮,以后每隔 0.5 s 后都是与被点亮发二极管相邻的两只发光二极管被点亮,直至所有发光二极管都被点亮。如此周而复始。

2.4　按键计数显示

52 单片机的中断系统具有 6 个中断源,其中两个外部中断源,4 个内部中断源,它们在程序存储器中各有固定的中断入口地址,每一个中断源都可以选择两个优先级,可以

形成中断嵌套。两个特殊功能寄存器用于中断的管理和控制。本例将学习单片机的中断系统结构及其应用方法,着重介绍外部中断的应用方法。在本例的实践中,要求达到以下目标:

1. 掌握中断系统的结构。

2. 掌握位操作指令的用法。

3. 会编写外部中断的初始化程序。

4. 会采用查询方式和中断方式编写外部中断处理程序。

2.4.1　实例功能

用外部中断 INT0 对接入 $\overline{INT0}$/P32 引脚上的按键按下次数进行计数,P2 口作输出口使用,用来控制 8 只发光二极管,将计数值以二进制数的形式用发光二极管显示出来。其中,某位发光二极管点亮,表示该数位为 1;某位发光二极管熄灭,表示该数位为 0。

2.4.2　相关知识

1. 中断系统的结构

52 单片机中断系统的结构示意图如图 2-24 所示。各中断源的符号、产生中断的条件、中断请求标志如表 2-15 所示。

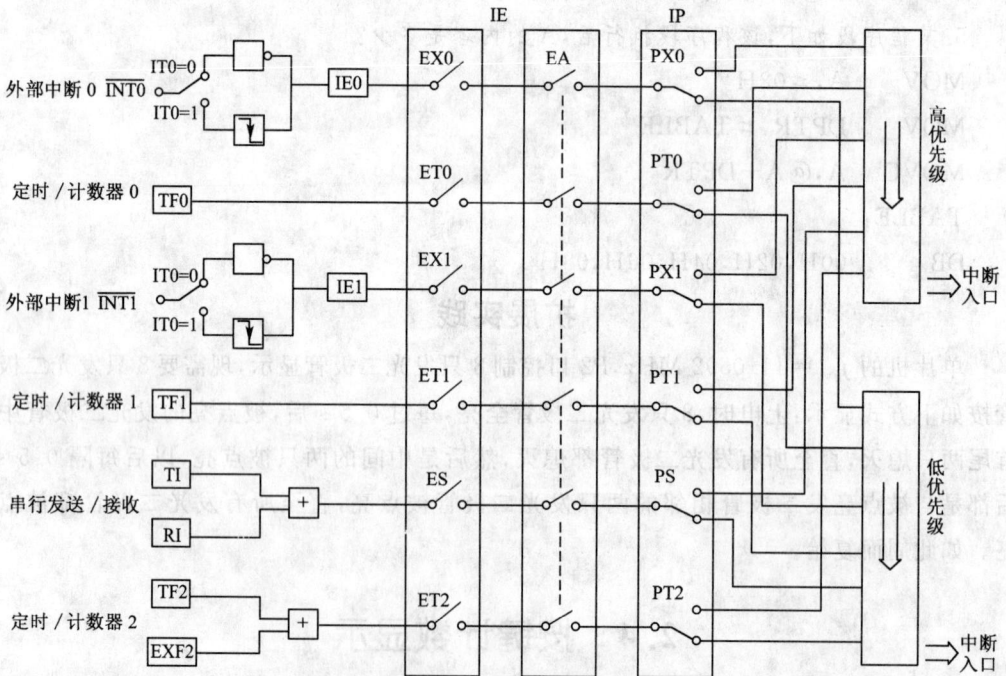

图 2-24　中断系统结构示意图

表 2-15　　　　　　　　　　　　各中断源产生中断的条件

中断源	符号	类型	产生中断条件	中断请求标志
外部中断 0	$\overline{\text{INT0}}$	外部	由 P3.2 口线引入，低电平或下降沿引起	IE0
定时/计数器 0	T0	内部	T0 回 0 溢出引起	TF0
外部中断 1	$\overline{\text{INT1}}$	外部	由 P3.3 口线引入，低电平或下降沿引起	IE1
定时/计数器 1	T1	内部	T1 回 0 溢出引起	TF1
串行 I/O 中断	TI/RI	内部	串口发送完一帧数据后 串口接收完一帧数据后	TI RI
定时/计数器 2	T2	内部	T2 回 0 溢出引起 T2EX 引脚产生负跳变引起	TF2 EXF2

2.中断系统中的特殊功能寄存器

与中断系统有关的特殊功能寄存器有 SCON、TCON、T2CON、IE、IP。其中，IE、IP 用来设置各中断源的打开与关闭以及中断的优先级（如图 2-24 所示），TCON 中有 4 位用于选择外部中断的触发方式、外部中断的中断请求标志位。SCON 用来管理串行 I/O 中断，T2CON 用来管理定时/计数器 2 中断，本例中，我们将要运用 IE、TCON 这两个特殊功能寄存器，有关 IP、SCON、T2CON 的详细内容我们将在后面的实例中介绍。

（1）中断允许控制寄存器 IE

特殊功能寄存器 IE 的主要功能是控制各中断源的打开与关闭，如图 2-24 所示。其字节地址为 A8H，各位都分配有位地址，可以位寻址。IE 的格式如下：

IE 的位：	D7	D6	D5	D4	D3	D2	D1	D0	
字节地址：A8H	EA	×	ET2	ES	ET1	EX1	ET0	EX0	IE
位地址：	AFH	AEH	ADH	ACH	ABH	AAH	A9H	A8H	

各位的含义如下：

EA：全局中断允许位。EA＝0：关闭全部中断；EA＝1：打开全局中断，此时各中断是否打开取决于对应的中断控制位的值。

ET2：定时/计数器 2 中断允许位。ET2＝0：关闭定时/计数器 2 中断；ET2＝1：打开定时/计数器 2 中断，对 MCS-51 单片机，该位无定义。

ES：串行 I/O 中断允许位。ES＝0：关闭串行 I/O 中断；ES＝1：打开串行 I/O 中断。

ET1：定时/计数器 1 中断允许位。ET1＝0：关闭 T1 中断；ET1＝1：打开 T1 中断。

EX1：外部中断 1 允许位。EX1＝0：关闭$\overline{\text{INT1}}$中断；EX1＝1：打开$\overline{\text{INT1}}$中断。

ET0：定时/计数器 0 中断允许位。ET0＝0：关闭 T0 中断；ET0＝1：打开 T0 中断。

EX0：外部中断 0 允许位。EX0＝0：关闭$\overline{\text{INT0}}$中断；EX0＝1：打开$\overline{\text{INT0}}$中断。

（2）定时器控制寄存器 TCON

TCON 的字节地址为 88H，各位都分配有位地址，其格式如下：

TCON 的位：	D7	D6	D5	D4	D3	D2	D1	D0	
字节地址：88H	TF1	TR1	TF0	TR0	IE1	IT1	IE0	IT0	TCON
位地址：	8FH	8EH	8DH	8CH	8BH	8AH	89H	88H	

其中,IT0、IE0、IT1、IE1 用于外部中断,TR0、TF0、TR1、TF1 用于定时/计数器 0、定时/计数器 1。IT0、IE0 用于外部中断 0,IT1、IE1 用于外部中断 1,两者含义相同,各位的作用如图 2-24 所示,含义如下:

ITi:外部中断触发方式选择控制位。

ITi=0:低电平触发;ITi =1:下降沿触发。

IEi:外部中断的中断请求标志位。

置 1 条件:$\overline{INTi}$引脚出现低电平(ITi=0 时)或出现下降沿(ITi=1 时)。

清 0 条件:①CPU 响应了$\overline{INTi}$中断,并进入对应外部中断服务程序中后,硬件电路自动将该位清 0。

②用指令将该位清 0。

TF0、TR0、TF1、TR1 用于定时/计数器 0 和定时/计数器 1。其具体含义见实例 2-6 中的有关内容。

2.4.3 搭建硬件电路

按键按下和释放都存在抖动现象,其波形如图 2-25 所示。抖动期一般为 5 ms～20 ms,抖动必须消除,否则会引起误动作。去抖动的方法有硬件去抖动和软件去抖动两种方法。本例中我们采用硬件去抖动,其方法

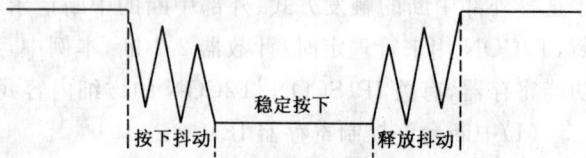

图 2-25 抖动波形图

是,用两个与非门交叉耦合的硬件电路来消除抖动。有关软件去抖动详见实例 3-3。本例的硬件电路如图 2-26 所示。

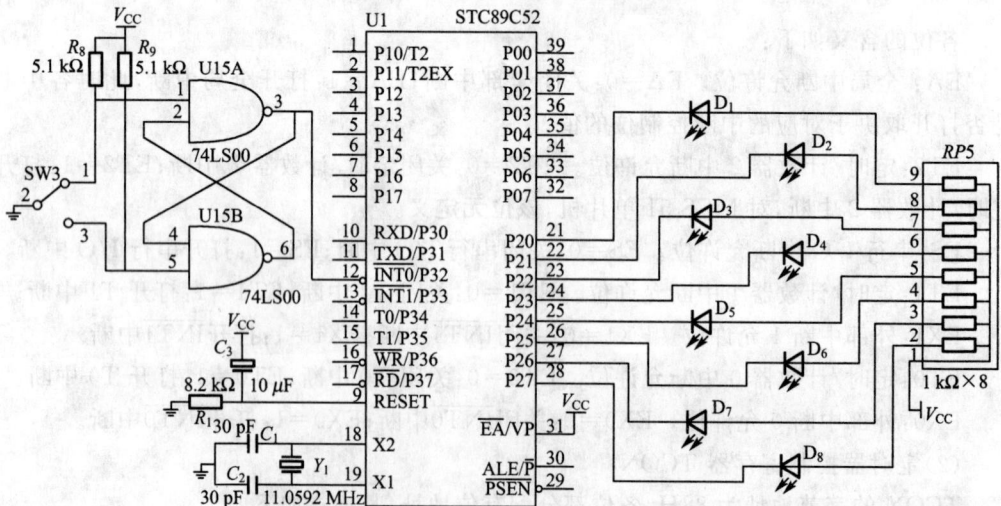

图 2-26 实例 2-4 硬件电路图

在 MFSC-2 实验平台中,用 8 芯扁平数据线将 J9 与 J3 相连,用 2 芯扁平数据线将 J4 的 3、4 脚与 J14 相连就构成了上述电路。

2.4.4 编写软件程序

根据功能要求,本例的软件程序应该实现以下功能:

①检测按键是否按下。

②当按键按下时,将按键计数值加 1,并将计数值送发光二极管显示。

其功能流程图如图 2-27 所示。

实现功能流程的方法有两种:查询方式、中断方式。

1. 查询方式

(1)查询方式实现方法

查询方式的实现方法是,查询 IE0 位是否为 1。

由前面介绍的相关知识可知,在下列情况下,硬件电路会自动地将特殊功能寄存器 TCON 的 IE0 位置 1:

①特殊功能寄存器 TCON 的 IT0=0 时,P3.2 引脚为低电平。

②TCON 的 IT0=1 时,P3.2 引脚出现由高电平到低电平的下降沿。

由硬件电路图可以看出,按键按下(SW3 拨到 3 时),U15A 的引脚输出低电平,即 P3.2 引脚为低电平,单片机会自动将 IE0 位置 1,提出中断请求。因此,IE0 位是否为 1,与按键是否按下相对应。必须指出的是,在外部中断关闭(EX0=0)或全局中断关闭(EA=0)的情况下,IE0 位被置 1 后,其状态将一直被保持下去,除非用户用指令将其清 0。所以,在查询到 IE0 为 1 后,还要用指令将 IE0 清 0,用以表示按键按下已得到了响应。

(2)查询方式的流程图

查询方式的流程图如图 2-28 所示。

在初始化中,我们将中断的触发方式设置为下降沿触发,可以防止同一次按键按下时(P3.2 引脚为低电平),IE0 位被多次置位。

(3)程序代码

查询方式的源程序如下:

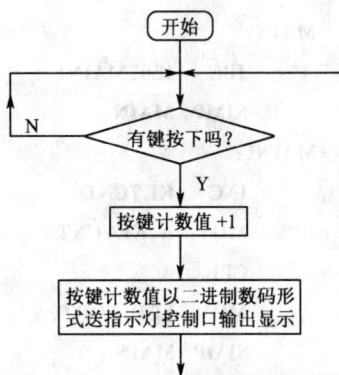

图 2-27 实例 2-4 功能流程图

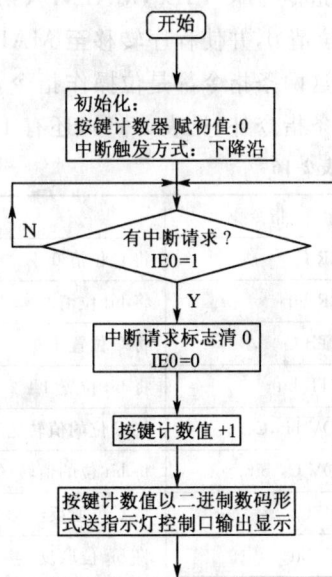

图 2-28 查询方式流程图

```
LED_Port    EQU    P2          ;1 定义发光二极管控制口
KEYCNT      EQU    30H         ;2 定义常量:按键计数器
    ORG   0000H                ;3 复位时系统程序的入口地址
```

```
        AJMP  INIT                    ;4 转入初始化程序中
        ORG   0050H                   ;5 实际程序放在 0050H 之后
INIT:                                 ;6 初始化程序
        MOV   KEYCNT,＃0              ;7 按键计数器初始化:初值为 0
        SETB  IT0                     ;8 IT0 位置 1:中断触发方式为下降沿触发
MAIN:                                 ;9
        JBC   IE0,MAIN1               ;10 有键按下(产生了中断请求)则清除 IE0 位后转 MAIN1
        SJMP  MAIN                    ;11 无键按下,则转 MAIN 再检查
MAIN1:                                ;12
        INC   KEYCNT                  ;13 按键计数值加 1
        MOV   A,KEYCNT                ;14 读按键计数值至 A 中
        CPL   A                       ;15 对 A 中按键计数值取反
        MOV   LED_PORT,A              ;16 计数值以反码形式输出显示
        SJMP  MAIN                    ;17 转 MAIN 处重新开始下一次检测
        END                           ;18 源程序到此结束
```

(4)代码说明

指令"SETB IT0"(第 8 行)的含义是将 IT0 位置 1。

指令"JBC IE0,MAIN1"(第 10 行)的含义是,判断 IE0 位是否为 1,如果为 1,则将 IE0 位清 0,并使程序转移至 MAIN1 处;如果为 0,则顺序执行第 11 行代码。

这两条指令都是位操作指令,MCS-51 单片机的位操作指令除了实例 2-3 中所介绍的 5 条指令外(见表 2-11),还有 12 条,它们的用法如表 2-16 所示。

表 2-16　　　　　　　　位操作指令的用法

指令	功　能	示例
CLR C	将 C 位清 0	CLR C
CLR bit	将 bit 位清 0	CLR IT0
SETB C	将 C 位置 1	SETB C
SETB bit	将 bit 位置 1	SETB IT0
MOV bit,C	将 C 位的值转送到 bit 位	MOV IT0,C
MOV C,bit	将 bit 位的值转送到 C 位	MOV C,IT0
CPL C	将 C 位取反	CPL C
CPL bit	将 bit 位取反	CPL IT0
ANL C,bit	C 位与 bit 位相与,结果存放在 C 中	ANL C,00H
ANL C,/bit	C 位与 bit 位的反相与,结果存放在 C 中(不改变 bit 位的值)	ANL C,/00H
ORL C,bit	C 位与 bit 位相或,结果存放在 C 中	ORL C,00H
ORL C,/bit	C 位与 bit 位的反相或,结果存放在 C 中	ORL C,/00H

第 14～16 行代码实现了"用发光二极管显示按键计数值"。在硬件电路中,发光二极管的接口电路采用低电平有效控制,P2.i＝0 时,D_{i+1} 亮;P2.i＝1 时,Di＋1 灭,即本例的发光二极管是以反码的方式进行显示,所以必须将计数值 KEYCNT 取反后,再写入

P2 口输出显示。在 51 单片机中只有"CPL A"这条指令可以实现对某一字节数取反功能,所以程序中用了第 14 条指令将 KEYCNT 内容传送至 A 中,再对 A 中的内容输出(第 15、16 行代码)。

2.中断方式

(1)中断的处理过程

1)CPU 响应中断的条件

CPU 响应某一中断的条件是:

①中断源发出了中断请求,对应的中断请求标志位为 1。

②全局中断允许位 EA=1,对应的中断允许位为 1。

③当前未响应同级或高级中断。

④不是在操作 IE、IP 中断控制寄存器,也不是在执行 RETI 指令。

⑤当前指令已被执行完毕。

2)中断的响应过程

某中断得到响应后,硬件电路会自动地完成下列工作:

①清除对应的中断系统请求标志(对于 IE0、IE1、TF0、TF1 这四个标志会自动清 0,但对于 RI/TI、TF2/EXF2 标志,不能自动清 0,要用软件清 0)。

②将 PC 的内容压入堆栈。

③把对应中断入口地址装入 PC 中,使程序转入相应的中断服务程序中去。

6 个中断源的中断入口地址如表 2-17 所示。

表 2-17　　　　　　　　　各中断源的中断入口地址

中断源	入口地址	中断源	入口地址
外部中断 0	0003H	定时/计数器 1	001BH
定时/计数器 0	000BH	串行 I/O 中断	0023H
外部中断 1	0013H	定时/计数器 2	002BH

3)中断的服务

中断的服务就是 CPU 响应中断后所要做的事情,它由用户在中断服务程序中规定,也是我们进行中断设计所要完成的主要工作。

4)中断的返回

CPU 执行到 RETI 指令时,进行中断返回。此时,硬件电路会自动从栈顶弹出两个字节的内容装入到 PC 寄存器中,CPU 继续执行被打断的程序,同时还开放中断逻辑。

5)中断服务程序的框架结构

从表 2-17 可以看出,各中断源的入口地址仅相差 8 B,实际的中断服务程序的长度一般都会超过 8 B。所以,实际编写中断服务程序时,一般是将真正的中断服务程序放在 0050H 以后,而在中断源入口地址处放一条无条件转移指令(AJMP 或 LJMP),使中断服务程序转移到真正的中断服务程序中去。例如,外部中断 0 的中断服务程序一般就采用如下的框架结构:

```
ORG    0003H        ;外部中断 0 的中断入口地址
```

```
        AJMP    Interrupt0          ;无条件转移到真正的中断服务程序中去
        ……
        ORG     0050H
Interrupt0: ……                      ⎫
                                     ⎬  真正的中断服务程序
        ……                          ⎭
        RETI                        ;中断服务返回
```

本例中,只涉及 INT0 这个中断,将 EA、EX0 位均设为 1 就开放了外部中断 INT0 和全局中断。这种情况下,IE0＝1 时,外部中断 INT0 向 CPU 请求中断,CPU 执行完当前正在执行的指令后会自动地将 IE0 清 0,并转到 0003H 地址处去执行程序,遇到 RETI 指令后,CPU 再转向被打断的程序处,继续执行被打断的程序。

(2)中断方式下程序流程图

采用中断方式实现本例功能,中断程序包括中断的初始化和中断服务两个部分。中断初始化用来设定中断的触发方式、开全局中断 EA、外部中断 EX0 等,中断初始化部分放在系统程序的初始化部分。中断服务程序处理的是中断请求标志位置 1 后(IE0＝1) CPU 所要完成的工作,本例中是计数值加 1 和计数值显示工作,本例的系统程序的流程图如图 2-29 所示。

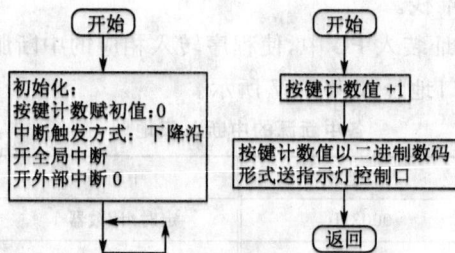

图 2-29   中断方式流程图

(3)程序代码

中断方式的源程序如下:

```
LED_Port    EQU     P2              ;1 定义发光二极管控制口
KEYCNT      EQU     30H             ;2 定义常量:按键计数器
            ORG     0000H           ;3 复位时系统程序的入口地址
            AJMP    INIT            ;4 转入初始化程序中
            ORG     0003H           ;5 外部中断 INT0 的入口地址
            AJMP    Interrupt0      ;6 转入真正的中断服务程序中
            ORG     0050H           ;7 实际程序放在 0050H 之后
Interrupt0:                         ;8 真正的中断服务程序
            INC     KEYCNT          ;9 按键计数值加 1
            MOV     A,KEYCNT        ;10 读按键计数值至 A 中
            CPL     A               ;11 对 A 中按键计数值取反
            MOV     LED_PORT,A      ;12 计数值以反码形式输出显示
```

```
            RETI                    ;13 中断返回
INIT：                              ;14 系统程序初始化
            MOV    KEYCNT，#0        ;15 按键计数器初始化:初值设为 0
            SETB   IT0              ;16 IT0 位置 1;中断触发方式为下降沿触发
            SETB   EA               ;17 开全局中断(EA 位设为 1)
            SETB   EX0              ;18 开外部中断 0(EX0 设为 1)
MAIN：                              ;19
            SJMP   $                ;20 停机重复执行 SJMP 指令
            END                     ;21 源程序到此结束
```

(4)代码说明

指令"SJMP $"(第 20 行)中的"$"的含义是,表示当前指令首字节存放的地址,19、20 行代码等价于:

MAIN：SJMP   MAIN

实际上,本例代码中第 19 行是多余的,只是为了说明程序结构问题我们才加上了一个标号 MAIN。

2.4.5 应用总结

中断即打断。CPU 在执行当前程序时,由于程序以外的原因,使 CPU 打断当前执行的程序,而转向另一程序中去执行,程序执行完毕后,再返回到原来被打断的程序中,从断点处继续执行原来的程序。

中断在单片机中应用非常广泛。52 单片机具有 6 个中断源,分外部中断源和内部中断源两种。51 单片机只有 5 个中断源,它不包含定时/计数器 T2 这个中断源。单片机中对中断的操纵和管理是通过读写对应的特殊功能寄存器来实现的。

中断的处理有查询方式和中断方式两种。在应用程序中,如果不开放中断,则采取查询方式进行处理。查询方式是通过查询对应的中断请求标志位是否为 1 来实现的。在查询方式中,要注意中断请求标志位不能自动清 0,当查询到中断请求标志位为 1 后,应该将中断请求标志位清 0,再进行中断请求后的处理,以阻止同一次中断请求被多次服务。

在应用程序中,如果开放了中断,则采用中断方式进行处理。中断处理包括中断初始化处理和中断服务处理两部分。真正的中断服务处理部分一般是放在 0050H 之后,而在中断入口地址处放一条无条件转移指令,使程序无条件地转向真正的中断服务程序中去。程序转向中断入口地址处是由硬件电路自动完成的。

在查询方式下,CPU 必须主动地检查是否有中断请求发生,从而决定是否进行中断请求服务。在中断方式下,CPU 进行中断请求服务是被动的,无中断请求时,CPU 可以处理其他正常事务,而不必理会当前是否有中断请求发生。因此中断方式有利于 CPU 进行多任务处理。工程上一般是采用中断方式。

52 单片机中,6 个中断源共有 8 个中断请求标志位,在中断方式下,其中 4 个中断请求标志位 IE0、IE1、TF0、TF1 在 CPU 响应中断请求后,具有自动清 0 功能,其他 4 个不具备此功能。在查询方式下,这 8 个标志位都不具备自动清 0 功能。

习　题

1. STC89C52 单片机有哪几个中断源? 它们的中断请求标志是什么? 产生中断请求的条件是什么?

2. 外部中断 1 的中断服务程序的入口地址是多少? 其含义是什么?

3. CPU 响应中断的条件是什么?

4. 采用中断方式处理外部事务时,其程序包括哪几部分? 各部分所要完成的工作是什么? 如何安排这几部分程序?

5. 中断服务程序的一般框架结构是怎样的?

6. 如果采用查询方式处理 INT0 的事务,应该查询哪一位? 为什么? 在进行中断处理时要注意什么?

7. 现要求开放外部中断 0,采用下降沿触发方式,请编写其初始化程序。

8. 请画出硬件去抖动电路图。

扩展实践

在实例 2-4 中,如果按键计数采用中断方式处理,中断的触发方式改为低电平触发,请改写程序,并将程序上载至 MFSC-2 实验平台中,缓慢地按动按键,观察实验现象,请分析产生这一现象的原因。

2.5　控制 CPU 的功耗

CMOS 型的单片机(如 AT89S52、STC89C52 等),不仅运行时功耗小,而且设有空闲和掉电两种低功耗工作方式,以便进一步降低功耗。本例将学习 CMOS 型 51 单片机的低功耗工作方式的特点、低功耗方式的进入和解除方法以及空闲方式的应用。在本例的实践中,要求达到以下目标:

1. 掌握低功耗工作方法的特点、设置方法和解除方法。

2. 掌握逻辑运算指令的用法。

3. 掌握应用 CPU 睡眠技术时系统程序的框架结构。

4. 会运用 CPU 睡眠技术进行抗干扰设计。

2.5.1　实例功能

本例与实例 2-4 一样,用外部中断 INT0 对接入 $\overline{\text{INT0}}$ 引脚的按键的按下次数进行计数。按键计数处理方式仍采用查询和中断两种方式,每次按键计数处理完毕后让 CPU 进入空闲状态,通过实验,我们可以发现两种不同的结果。为了观察到实验结果,我们仍

采用 P1 口控制 8 只发光二极管,用发光二极管显示按键按下的计数值,其中某位发光二
极管亮表示计数值的对应数位为 1。

2.5.2 相关知识

CMOS 型 51 单片机具有空闲(CPU 睡眠)和掉电两种低功耗方式。由特殊功能寄
存器 PCON 来管理。

1.低功耗工作方式的特点

在空闲方式下,CPU 停止工作(CPU 睡眠),但中断、串行口、定时/计数器均正常工
作。此时,单片机的 ALE 和 $\overline{PSEN}$ 引脚保持低电平,单片机内部的寄存器、特殊功能寄存
器、内部数据存储器 RAM 均保持原来的状态不变,外部其他端口也保持原来状态不变。

在掉电方式下,CPU、中断、串行口、定时/计数器等各功能部件都停止工作。此时,
ALE 和 $\overline{PSEN}$ 引脚都为低电平,内部数据存储器 RAM 及特殊功能寄存器 SFR 保持原来
内容不变,P0~P3 口的输出状态值保存在对应的特殊功能寄存器中。

2.低功耗工作方式的设置

特殊功能寄存器 PCON 为电源管理寄存器,用来控制和管理单片机的低功耗工作方
式,PCON 的格式如下:

	D7	D6	D5	D4	D3	D2	D1	D0	字节地址
PCON	SMOD	×	×	×	GF1	GF0	PD	IDL	87H

各位的含义如下:

SMOD:波特率加倍,用于设置串行通信时的波特率。

GF1、GF0:通用标志。

PD:掉电方式控制位。PD=1 启动掉电工作方式,此时时钟冻结。

IDL:空闲方式控制位。IDL=1 且 PD=0 时,工作于空闲方式下。

D6~D4 位:无定义。

单片机复位后,PCON 的值为 0XXX0000B,PCON 的字节地址为 87H,其中的各位
不具备位地址,因此只能通过字节方式访问 PCON 来设置 PD 位、IDL 位的值。使单片
机进入空闲方式的方法是用逻辑运算指令 ORL 将 PCON 的 IDL 置位 1(复位后 PD 位值
为 0),指令如下:

ORL PCON,♯01H   ;PCON 的 D0 位置 1,CPU 睡眠

用 ORL 指令将 PCON 的 PD 位置 1,就可以使单片机进入掉电方式,指令如下:

ORL PCON,♯02H   ;PCON.1=1,单片机处于掉电方式

注意:指令"MOV PCON,♯01H"也可以将 IDL 位置 1,但是它还将 SMOD 位
等都清 0,如果单片机应用中 SMOD 位应为 1,此时会更改 SMOD 位的值,从而导致串口
工作不正常,所以,一般是采用 ORL 指令,而不选用 MOV 指令。

3.低功耗工作方式的解除

单片机进入空闲方式状态后,CPU 停止工作,以后的程序是无法执行的。因此,低功
耗方式不能用软件指令来解除,只能依赖于硬件。

使单片机退出空闲方式的方法有两种。一是任何一种中断(外部中断、定时中断、串行中断)被响应后,硬件电路都会将 PCON 的 IDL 位清 0,从而使系统退出空闲工作方式。另一种方法是使单片机复位。单片机复位后,PCON=0×××0000B,硬件电路自动将 PCON 的 IDL 位清 0 而结束空闲工作方式。

值得注意的是,单片机复位后,各特殊功能寄存器及 CPU 内部的寄存器等都会被初始化,因此采用复位方法解除空闲方式后,系统的状态可能发生变化。

单片机进入掉电方式后,各功能部件都停止工作,所以解除掉电方式的唯一方法是硬件复位,复位后所有特殊功能寄存器的内容均被初始化,但是,RAM 中的数据不改变。

2.5.3 搭建硬件电路

本例的硬件电路与实例 2-4 中的硬件电路一样,其电路图如图 2-30 所示。

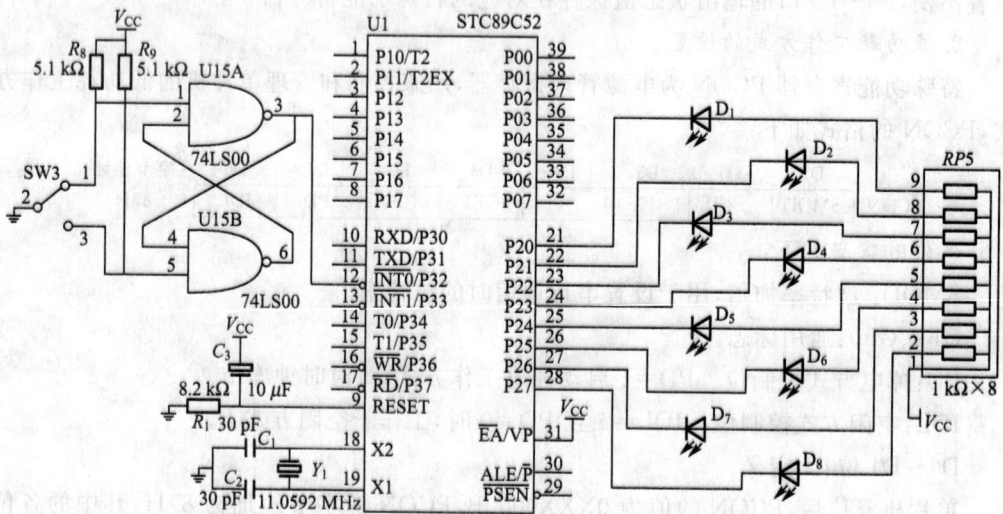

图 2-30　实例 2-5 硬件电路图

2.5.4 编写软件程序

1. 流程图

根据功能要求,本例的软件程序有两种,分别与实例 2-4 中的查询方式和中断方式相对应,它们与实例 2-4 中的两个程序的差别在于系统完成一次按键计数处理后,CPU 就进入空闲方式状态(CPU 睡眠),其查询方式的流程图如图 2-31 所示,中断方式流程图如图 2-32 所示。

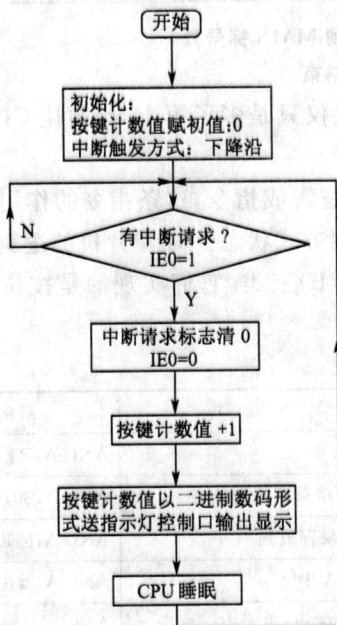

图 2-31 实例 2-5 查询方式流程图   图 2-32 实例 2-5 中断方式流程图

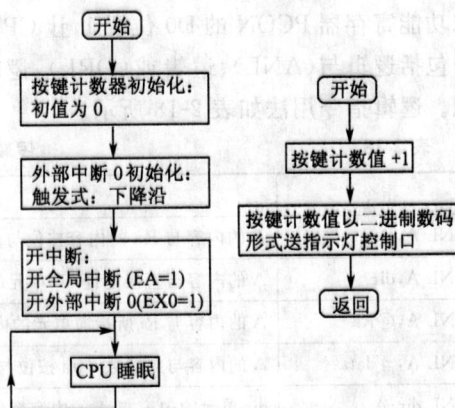

2.源程序代码

(1)查询方式的源程序

源程序如下:

```
LED_Port    EQU    P2         ;1 定义发光二极管控制口
KEYCNT      EQU    30H        ;2 定义按键计数器
            ORG    0000H      ;3 复位时系统程序入口地址
            AJMP   INIT       ;4 转入初始化程序中
            ORG    0050H      ;5 实际程序放在 0050H 之后
INIT:                         ;6 初始化程序
            MOV    KEYCNT,#0  ;7 按键计数值初始化(设为 0)
            SETB   IT0        ;8 把 IT0 置 1,即设置中断的方式为下降沿触发
MAIN:                         ;9
            JBC    IE0,MAIN1  ;10 当 IE0 为 1 时转到 MAIN1 标号处执行并把 IE0 清 0,
                             ;否则顺序执行
            SJMP   MAIN       ;11 无条件跳转到 MAIN 标号处
MAIN1:                        ;12
            INC    KEYCNT     ;13 按键计数值加 1
            MOV    A,KEYCNT   ;14 按键计数值取反
            CPL    A          ;15
            MOV    LED_PORT,A ;16 送发光二极管控制口输出显示

            ORL    PCON,#01H  ;17 PCON.0 位置 1,CPU 睡眠
```

```
SJMP    MAIN            ;18 无条件跳转到 MAIN 标号处
END                     ;19 源程序到此结束
```

该程序和实例 2-4 中的查询方式源程序相比,仅仅只是多了第 17 行的让 CPU 睡眠的指令。

程序中,第 17 行"ORL PCON,♯01H"是一条逻辑或指令,这条指令的作用是将特殊功能寄存器 PCON 的 D0 位置 1,让 CPU 进入空闲方式状态。51 单片机的逻辑运算指令包括逻辑与(ANL)、逻辑或(ORL)、逻辑异或(XRL)三类,它们实现的是按位运算功能。逻辑指令用法如表 2-18 所示。

表 2-18　　　　　　　　　　　　　　逻辑运算指令

指令	功　能	示例
ANL A,Rn	A 的内容与 Rn 的内容按位与,结果存放到 A 中	ANL A,R4
ANL A,dir	A 的内容与直接地址 dir 单元的内容按位与,结果存放到 A 中	ANL A,80H
ANL A,@Ri	A 的内容与 Ri 所指向单元的内容按位与,结果存放到 A 中	ANL A,@R1
ANL A,♯ data	A 的内容与立即数 data 按位与,结果存放在 A 中	ANL A,♯01H
ANL dir,A	dir 单元的内容与 A 的内容按位与,结果存放在 dir 单元中	ANL 30H,A
ANL dir,♯ data	dir 单元的内容与立即数 data 按位与,结果存放在 dir 单元中	ANL 80H,♯01H
ORL A,Rn	A 的内容与 Rn 的内容按位或,结果存放在 A 中	ORL A,R2
ORL A,dir	A 的内容与 dir 单元的内容按位或,结果存放在 A 中	ORL A,40H
ORL A,@Ri	A 的内容与 Ri 所指向单元的内容按位或,结果存放在 A 中	ORL A,@R0
ORL A,♯ data	A 的内容与立即数 data 按位或,结果存放在 A 中	ORL A,♯03H
ORL dir,A	dir 单元中的内容与 A 的内容按位或,结果存放在 dir 单元中	ORL 40H,A
ORL dir,♯ data	dir 单元中的内容与立即数 data 按位或,结果存放在 dir 单元中	ORL 20H,♯01H
XRL A,Rn	A 的内容与 Rn 的内容按位异或,结果存放在 A 中	XRL A,R4
XRL A,dir	A 的内容与 dir 单元的内容按位异或,结果存放在 A 中	XRL A,30H
XRL A,@Ri	A 的内容与 Ri 所指向单元的内容按位异或,结果存放在 A 中	XRL A,@R0
XRL A,♯ data	A 的内容与立即数 data 按位异或,结果存放在 A 中	XRL A,♯40H
XRL dir,A	dir 单元的内容与 A 的内容按位异或,结果存放在 dir 单元中	XRL 50H,A
XRL dir,♯ data	dir 单元的内容与立即数 data 按位异或,结果存放在 dir 单元中	XRL 50H,♯01H

按位运算的法则是,设二进制数 X 的各位为 X_0、$X_1 \cdots X_n$,二进制数 Y 的各位为 Y_0、$Y_1 \cdots Y_n$,二进制数 Z 的各位分别为 Z_0、$Z_1 \cdots Z_n$。

如果 $X \wedge Y = Z$,则 $Z_i = X_i \wedge Y_i$

如果 $X \vee Y = Z$,则 $Z_i = X_i \vee Y_i$

如果 $X \forall Y = Z$,则 $Z_i = X_i \forall Y_i$

逻辑与运算常用来将一个字节的某些位清 0,而保持其他位不变。其方法是,将该字节数与上一个立即数,该立即数按以下方法来设置:保持不变位设为 1,清 0 位设为 0。

例如,要将 A 的 D0、D1 位清 0,可以用以下指令来实现:

```
ANL    A,♯11111100B
```

逻辑或运算常用来将一个字节的某些位置 1,而保持其他位不变。其方法是,将该字节数或上一个立即数,该立即数按以下方法来设置:保持不变位设为 0,置 1 位设为 1。

例如,要将 A 中的 D0、D3 位置 1,可以用以下指令来实现:

ORL   A,#00001001B

逻辑异或运算常用来对一个字节的某些位取反,而保持其他位不变。其方法是,将该字节数异或一个立即数,该立即数按以下方法来设置:保持不变位设为 0,取反位设为 1。例如要将 A 的 D2、D3 位取反,可以用以下指令来实现:

XRL   A,#00001100B

(2)中断方式的源程序

源程序如下:

```
LED_Port   EQU   P2              ;1 定义常量
KEYCNT     EQU   30H             ;2 定义常量
           ORG   0000H           ;3 复位时系统程序入口地址
           AJMP  INIT            ;4 转入初始化程序中
           ORG   0003H           ;5 外部中断 0 的入口地址
           AJMP  Interrupt0      ;6 转入真正的中断服务程序中
           ORG   0050H           ;7 实际程序放在 0050H 之后
Interrupt0:                      ;8
           INC   KEYCNT          ;9 按键计数值加 1
           MOV   A,KEYCNT        ;10 计数值以反码形式输出
           CPL   A               ;11 寄存器 A 的内容取反
           MOV   LED_PORT,A      ;12 把 A 的内容传送给发光二极管控制口输出显示
           RETI                  ;13 中断返回
INIT:                            ;14
           MOV   KEYCNT,#0       ;15 按键计数值初始化(设为 0)
           SETB  IT0             ;16 下降沿有触发,把 IT0 置 1
           SETB  EA              ;17 EA 置 1,全局中断总允许开启
           SETB  EX0             ;18 EX0 置 1,外部中断允许开启
MAIN:                            ;19
;----------------------------------------------------------------
           ORL   PCON,#01H       ;20 CPU 进入睡眠状态(空闲方式)
;----------------------------------------------------------------
           SJMP  MAIN            ;21 无条件跳转到 MAIN 标号处
           END                   ;22 源程序到此结束
```

该程序和实例 2-4 中的中断方式的源程序相比,也仅仅是多了第 20 行的让 CPU 睡眠的指令。

2.5.5 实践结果及分析

将查询方式的源程序编译并生成 Hex 文件,用 ISP 软件将 Hex 文件上载至 MFSC-2 实验平台上的单片机中。我们会发现,不断地将键按下时,发光二极管只能显示计数值

1,也就是说,系统只能对按键的第一次按下作出反应,对以后的按键按下则不作反应。

发生这一现象的原因是,单片机执行第 17 行代码后,CPU 就进入了睡眠状态,CPU 停止工作,第 18 行指令就不能执行了,以后的按键按下就不能被识别和处理了。另外,CPU 睡眠时,片内 RAM、SFR 以及外部端口都保持原来的状态不变,所以发光二极管一直显示计数值 1。

将中断方式的源程序编译并上载至单片机中,我们会发现系统仍可对按键按下作正常的计数处理。

2.5.6   应用总结

本例的实验结果表明,CPU 进入睡眠状态后,CPU 停止工作,不再执行指令,但中断(包括外部中断、定时中断、串行中断)正常工作,并且中断可以将 CPU 唤醒。利用这一特性,在单片机应用程序设计中,通常是将系统的各执行程序(如本例中的按键计数并显示处理)放在中断中,让 CPU 完成系统初始化后就进入睡眠状态,每次中断服务完毕再进入睡眠状态。这样既可以保证系统的功能能够正常实现,又可以提高系统的抗干扰性。应用系统的主程序结构采用如下结构:

```
        ORG      0000H
        AJMP     INIT
        ORG      0050H
INIT:
        ……
MAIN:
        ORL      PCON,#01H
        SJMP     MAIN
```

习 题

1. 编写程序实现下列功能:
① 将 A 的 D0、D2 位清 0,其他位不变
② 将 R5 的 D2、D3 位置 1,其他位不变
③ 将 40H 单元的 D6、D7 位取反,其他位不变
④ 使 CPU 进入睡眠状态
⑤ 单片机进入掉电状态
2. 简述 CPU 睡眠状态的特点。
3. 简述单片机掉电状态的特点。
4. 简述用指令"MOV PCON,#01H"将 CPU 置于睡眠状态可能产生的后果。
5. CPU 睡眠技术可以提高单片机系统的抗干扰性,请说明应用 CPU 睡眠技术时,系统程序的框架结构。

2.6 发光二极管闪烁显示

MCS-51 单片机内部片内集成有两个可编程的 16 位定时/计数器：定时/计数器 0（T0）和定时/计数器 1(T1)。其主要功能是产生各种时标（定时）和记录外部事件的数量（计数），从本例开始，我们将用 4 个实例详细介绍 T0、T1 的应用特性和使用方法。在本例的实践中，要求达到以下目标：

1. 掌握定时/计数器的组成结构、工作方式、初值装入方法。
2. 能根据实际需要合理地选择定时/计数器的工作模式和工作方式。
3. 会计算定时/计数器的计数初值，并能正确地装入计数初值。
4. 会编写定时/计数器的初始化程序。
5. 会编写定时中断服务程序。

2.6.1 实例功能

单片机的 $f_{osc}=11.0592$ MHz，P1.0 口线作输出口，外接发光二极管的控制电路，定时/计数器 T0 作定时器使用，工作于方式 0，用于产生 10 ms 的基准时间，控制 P1.0 口线的输出，使发光二极管以 1 Hz 的频率闪烁显示。发光二极管闪烁时，每次点亮的时间和熄灭的时间均为 0.5 s。

2.6.2 相关知识

完成本例制作所需要的知识有定时/计数器的应用特性、使用方法和编程控制。其中编程控制将在软件程序编写中介绍。

T0、T1 是两个 16 位的可编程的加 1 定时/计数器，它们具有定时和计数两种运行模式和 4 种工作方式，其运行模式和工作方式受控于特殊功能寄存器 TMOD，其运行和停止受控于特殊功能寄存器 TCON。

1. T0 与 T1 的组成结构

T0、T1 的组成结构如图 2-33 所示，图中 i=0、1，表示 T0 或 T1 的参数标记，例如 TRi 就表示 T0 的运行控制位 TR0 和 T1 的运行控制位 TR1。图中，Ti、$\overline{INTi}$ 为单片机的外部引脚 T0/T1 和 $\overline{INT0}/\overline{INT1}$，C/$\overline{T}$、GATE 为特殊功能寄存器 TMOD 中的两位，TRi、TFi 为特殊功能寄存器 TCON 中的两位。从图中可以看出，T0、T1 主要由计数输入、计数器、计数溢出管理以及控制逻辑等几部分组成。

定时/计数器的输入有两种，由特殊功能寄存器 TMOD 的 C/$\overline{T}$ 位来管理。C/$\overline{T}=0$ 时，对振荡频率的 12 分频后的脉冲进行计数，定时/计数器工作于定时模式，实现的是定时功能，所以定时器的实质是对机器周期进行计数；C/$\overline{T}=1$ 时，对 Ti 引脚输入的外部脉冲进行计数，定时/计数器工作于计数模式，实现计数器功能。Ti 作计数器使用时，引脚 Ti 用作外部脉冲输入引脚，不能作普通的 I/O 端口使用，在其他情况下，可作普通 I/O 端口使用。

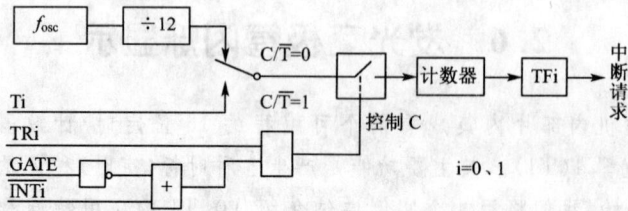

图 2-33　T0、T1 的基本结构

计数溢出管理具有使特殊功能寄存器 TCON 的 TFi 位自动置 1 和自动清 0 的功能。当计数器计数满发生溢出（即计到模值）时，自动使 TFi 位置 1，CPU 响应了对应的定时中断并且进入到定时中断服务程序中后，TFi 位被自动清 0。TFi 位也可以用程序指令清 0 或置 1。

控制逻辑由受控开关、特殊功能寄存器 TCON 的 TRi 位、TMOD 的 GATE 位、$\overline{\text{INTi}}$ 引脚以及门电路组成。控制 C＝1 时，受控开关闭合，计数脉冲被送往计数器，计数器对计数脉冲计数（计数器运行）；控制 C＝0 时，控制开关断开，计数器停止计数。从图中可以看出：

控制 C＝$(\overline{\text{GATE}} \vee \overline{\text{INTi}}) \wedge$ TRi

所以，GATE＝0 时，控制 C＝TRi

GATE＝1 且 TRi＝1 时，控制 C＝$\overline{\text{INTi}}$

实际应用中，常将 GATE 设为 0，用 TRi 控制计数器的开启和停止。

当需要测量外部脉冲宽度时，可将 GATE 设为 1，TRi 设为 1，外部脉冲从 $\overline{\text{INTi}}$ 引脚引入，用外部脉冲控制计数器的开启和停止。

2. 工作方式

定时/计数器有 4 种工作方式：方式 0、方式 1、方式 2、方式 3。除方式 3 外，T0 和 T1 的工作状态完全相同，在不同的工作方式下其计数器的构成不同。

(1)方式 0

13 位的工作方式，定时/计数器的结构与图 2-33 所示的基本结构相同，其中的计数器为 13 位的计数器，它由 TLi 的低 5 位和 THi 的 8 位组成，TLi 的高 3 位无效。方式 0 的计数器的结构如图 2-34 所示。

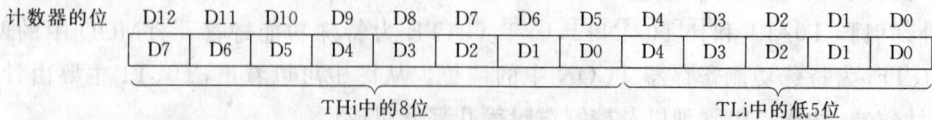

计数器的位	D12	D11	D10	D9	D8	D7	D6	D5	D4	D3	D2	D1	D0
	D7	D6	D5	D4	D3	D2	D1	D0	D4	D3	D2	D1	D0

THi 中的 8 位　　　　　　　　　　TLi 中的低 5 位

图 2-34　13 位计数器的结构图

定时/计数器工作时，计数脉冲输入至 TLi，TLi 作加 1 计数，当 TLi 的低 5 位发生由 11111B 变至 00000B 时，THi 加 1。由 TLi 和 THi 组成的 13 位计数器计满回 0 时，硬件电路自动将 TFi 置 1。

(2)方式 1

方式 1 是 16 位的计数方式。其结构与图 2-33 所示的基本结构相同，其中的计数器为 16 位计数器,它由 TLi 和 THi 组成,TLi 为计数器的低 8 位,THi 为计数器的高 8 位。

(3)方式 2

方式 2 是 8 位自动重装初值的计数方式。其结构如图 2-35 所示。在方式 2 下,计数器由 TLi 构成,THi 用来存放计数初值。定时/计数器启动后,计数脉冲输入至 TLi,TLi 作加 1 计数,TLi 计满回 0 时,硬件电路将 TFi 置 1,并向 CPU 请求中断,同时将 THi 中的计数初值自动装入 TLi 中,并在此初值的基础上重新计数。在实际应用中,启动定时/计数器之前,TLi 和 THi 要装入相同的计数初值。在方式 2 下,不需要用指令重装计数初值,使用比较方便,但计数范围比较小。

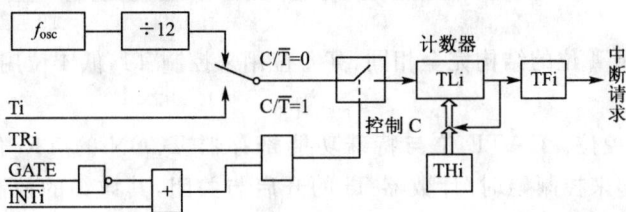

图 2-35　8 位自动重装初值方式结构

(4)方式 3

方式 3 是两个 8 位工作方式。这种方式的结构比较特殊,它仅适用于定时/计数器 0,如果将定时/计数器 1 设置成工作方式 3,则定时/计数器 1 处于关闭状态。工作方式 3 的结构示意图如图 2-36 所示。

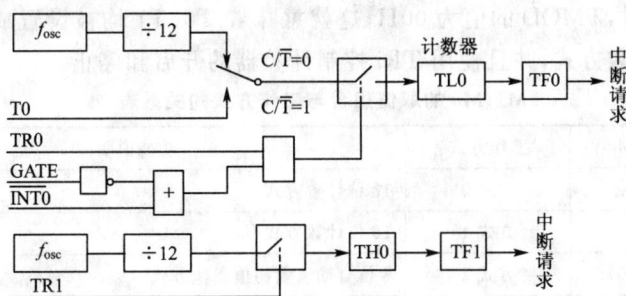

图 2-36　方式 3 结构示意图

由图可以看出,T0 工作于方式 3 时,定时/计数器 0 被分成 2 个独立的 8 位定时/计数器,第一个用 TL0 作计数器,第二个用 TH0 作计数器。用 TL0 作计数器的定时/计数器使用了原来 T0 的计数输入电路、计数溢出管理电路、控制逻辑电路以及中断源,其中断服务程序的入口地址为 000BH 并且具有定时和计数两种工作模式,既可以作定时器使用也可以作计数器使用;用 TH0 作计数器的定时/计数器只能作定时器使用,它用 TR1 位控制定时器的开启和停止,用 TF1 作回 0 标志,当 TH0 计数满回 0 时,硬件电路将 TF1 置 1 并向 CPU 请求中断,它占用 T1 的中断源,其中断服务程序的入口地址为 001BH。

由于 T0 工作在方式 3 时,要占用 T1 的资源,一般情况下不把 T0 设置成工作方式 3,仅当 T1 处于工作方式 2 并且不需要中断源时,才将 T0 设置成工作方式 3。

3. T0、T1 的控制寄存器

T0、T1 的运行受控于特殊功能寄存器 TMOD 和 TCON。

(1)模式寄存器 TMOD

特殊功能寄存器 TMOD 用于控制 T0、T1 的运行模式和工作方式,其字节地址为 89H,其中的各位不具备位地址,它只能以整字节方式访问,不可用位寻址对其中的某一位进行单独操作。TMOD 的格式如下:

	D7	D6	D5	D4	D3	D2	D1	D0
TMOD 字节地址:89H	GATE	C/$\overline{\text{T}}$	M1	M0	GATE	C/$\overline{\text{T}}$	M1	M0
			T1				T0	

TMOD 的高低 4 位的结构完全相同,高 4 位用来控制 T1,低 4 位用来控制 T0,各位的含义如下:

GATE 位:门控位。GATE 位与特殊功能寄存器 TCON 的 TRi 位以及外部引脚 $\overline{\text{INTi}}$的状态组合起来控制定时/计数器 Ti 的开启与关闭,其详细的控制方法已在"T0、T1 的组成结构"中作了介绍,在此不再赘述。

C/$\overline{\text{T}}$ 位:定时/计数器运行模式选择控制位。

C/$\overline{\text{T}}$=0:定时器模式,此时定时/计数器作定时器使用。

C/$\overline{\text{T}}$=1:计数器模式,此时定时/计数器作计数器使用。

M1、M0 位:工作方式选择控制位。它们的取值组合用来确定定时/计数器的工作方式。M1、M0 的取值组合与定时/计数器的工作方式之间的关系如表 2-19 所示。

单片机复位时,TMOD 的值为 00H,这就意味着 T0、T1 均被设置成为定时器,其工作方式为 13 位计数方式,并且使用 TRi 控制计数器的开启和停止。

表 2-19　　　　　　　　M1、M0 的取值组合与工作方式的关系表

M1	M0	工作方式	功能说明
0	0	方式 0	13 位计数方式
0	1	方式 1	16 位计数方式
1	0	方式 2	8 位自动重装初值工作方式
1	1	方式 3	将 T0 分成两个 8 位的定时计数器(T1 无此功能)

(2)控制寄存器 TCON

特殊功能寄存器 TCON 具有定时控制和外部中断控制两种功能。其字节地址为 88H,它的每位都分配有位地址,从低位到高位各位的位地址依次为 88H~8FH。它既可以以整字节方式来访问,也可以用位寻址方式对其中的某一位进行操作。TCON 的格式如下:

	D7	D6	D5	D4	D3	D2	D1	D0	
字节地址:88H	TF1	TR1	TF0	TR0	IE1	IT1	IE0	IT0	TCON
位地址	8FH	8EH	8DH	8CH	8BH	8AH	89H	88H	

其中,TF1、TR1 用于定时/计数器 1,TF0、TR0 用于定时/计数器 0,IE1、IT1 用于外部中断 1,IE0、IT0 用于外部中断 0。各位的含义如下:

TFi 位:定时/计数器回 0 标志位,也称作定时/计数器中断请求标志位。对应的计数

器计数满回 0 时,硬件电路自动将 TFi 置位 1,并向 CPU 提出中断申请,CPU 响应对应的定时中断,并进入中断服务程序中后,硬件电路自动将 TFi 清 0。

TRi 位:定时/计数器运行控制位。它与 GATE 位、$\overline{INTi}$引脚组合一起来控制定时/计数器的开启和停止。其详细的控制关系请参考"T0、T1 的组成结构"中的有关部分。

IEi、ITi 的含义我们已在实例 2-4 中作了详细介绍,在此不再赘述。

单片机复位时,TCON 的值为 00H,这就意味着上电时 T0、T1 均被停止。

4. 计数初值的装入

(1)计数初值的求法

T0、T1 开启时,它们的计数器都是在计数初值的基础上作加 1 计数,当计数满回 0 时,TFi 置 1。也就是说,当计数器计到模值时,TFi 被置 1,计数器发生溢出。此时,计数次数 N 与计数器的模值 M 以及计数初值 X 之间有如下关系:

$$M = N + X$$

不同计数方式下,计数器的模值是不同的,各种计数方式下的模值如下:

$$M = \begin{cases} 2^{13} = 2000H & \text{方式 0} \\ 2^{16} = 10000H & \text{方式 1} \\ 2^8 = 100H & \text{方式 2,方式 3} \end{cases}$$

对于模值为 M 的计数器,如果要计数 N 次后发生计数溢出(TFi 位置 1),则其计数初值 X 应为:

$$X = M - N$$

定时/计数器作计数器使用时,一般是已知计数次数要求计数初值,我们可以用上式计算得出计数初值。定时/计数器作定时器使用时,一般是已知定时时间 t,要确定计数初值 X。由于定时器的实质是对机器周期进行计数,每隔一个机器周期其计数值就加 1,因此,若要定时 t 时间,则计数器的计数次数 N 为:

N = t/MC = $(f_{osc} \times t)/12$,式中的 MC 为机器周期,f_{osc} 为晶振的振荡频率。

计数初值为:

X = M − N = M − $(f_{osc} \times t)/12$

对于模值为 M 的计数器,其计数次数 N 的取值范围为:

$$1 \leq N \leq M$$

当计数次数超出此范围时,我们应该引入软件计数器作辅助计数,其具体的实现方法我们将在后面介绍。

【例】 设单片机的晶振频率 $f_{osc} = 12$ MHz,现拟定用 T0 作 1 ms 定时器,试求其在方式 0 下的计数初值 X。

【解】 定时器的定时时长为 1 ms,则定时器的计数次数 N 为:

$$N = (f_{osc} \times t)/12 = (12 \times 10^6 \times 1 \times 10^{-3})/12 = 1000$$

方式 0 的模值为 2000H。

所以,计数初值 X = M − N = 2000H − 1000 = 1C18H

【例】 设单片机的晶振频率 $f_{osc} = 6$ MHz,现拟定用 T0 作 5 ms 定时器,问可以采用哪些工作方式,各种工作方式下的计数初值各是多少。

【解】 定时器的定时时长为 5 ms，其计数次数 N 为：

$N=(f_{osc}×t)/12=(6×10^6×5×10^{-3})/12=2500=9C4H$

方式 2 的模值 100H＜N＜方式 0 的模值 2000H

所以，可以直接用方式 0、方式 1，若选用方式 2 或者方式 3，则还需引入一个软件计数器。

选用方式 0 时，其计数初值 X 为：

$$X = M−N=2000H−9C4H =163CH$$

选用方式 1 时，其计数初值 X 为：

$$X = M−N=10000H−9C4H =F63CH$$

(2)计数初值的装入

不同的工作方式下，定时/计数器的构成不同，因此其初值的装入方法也不完全相同。

在方式 0 下，计数器为 13 位的计数器，它由 TLi 的低 5 位及 THi 构成，计数器的低 5 位二进制数为 TLi 中低 5 位二进制数，高 8 位二进制数为 THi 中的二进制数。因此，在装入计数初值时必须将初值的低 5 位数装入 TLi 的低 5 位中，将初值的高 8 位数装入 THi 中，其具体方法是：

将计数初值转换成 13 位的二进制数，截取其高 8 位二进制数并传送至 THi 中。

截取其低 5 位二进制数，并在这 5 位二进制数左端（高位）补上 3 位任意二进制数后形成一个字节的二进制数，再将此二进制数装入 TLi 中。实际应用中，一般是高 3 位补 0。

例如，假定通过计算求得计数初值为 1234H，T0 采用方式 0 工作，则把初值 1234H 转换成 13 位二进制数为：1 0010 0011 0100B。

截取其高 8 位二进制数为 1 0010 001B=91H。

截取其低 5 位二进制数为 1 0100B，高 3 位补上 0 后为 0001 0100B=14H。

因此，TH0 中应装入 91H，TL0 中应装入 14H。

在方式 0 下，将计数初值 1234H 装入 T0 的计数器中的程序段为：

```
MOV   TL0,#14H        ;计数初值的低 5 位数装入 TL0 中
MOV   TH0,#91H        ;计数初值的高 8 位数装入 TH0 中
```

在方式 1 下，计数器为 16 位的计数器，它由 TLi 和 THi 构成，TLi 为计数器的低字节，THi 为计数器的高字节。因此，在装入计数初值时，直接将计数初值的低字节数装入到 TLi 中，将计数初值的高字节数装入到 THi 中就可以了。

例如，设 T0 的计数初值为 1234H，采用方式 1 工作，则装入计数初值的程序段为：

```
MOV   TL0,#34H        ;计数初值的低字节数装入 TL0 中
MOV   TH0,#12H        ;计数初值的高字节数装入 TH0 中
```

在方式 2 下，计数器为 8 位自动重装初值的计数器，它用 TLi 作计数器，用 THi 保存计数初值。因此，计数初值既要装入到 TLi 中，还要装入到 THi 中，否则第二轮计数时，硬件电路会将 THi 中的 00H（复位后 THi 中的值）装入至 TLi 中，计数发生错误。

例如，T1 的计数初值为 23H，采用方式 2 工作，则装入计数初值的程序段为：

```
MOV   TL1,#23H     ;计数初值装入 TL1 中
```

MOV TH1,#23H   ；计数初值装入 TH1 中

在方式 3 下,T0 被分成两个独立的 8 位定时/计数器,它们的计数器分别为 TL0 和 TH0,其计数初值的装入方法比较简单,唯一要注意的是,TL0 与 TH0 相互独立,应该把计算得到的计数初值对应地装入到 TL0 与 TH0 中,切不可把它们的对应关系搞错了。

2.6.3 搭建硬件电路

本例的硬件电路比较简单,在单片机的最小系统的基础上,P1.0 口线外接发光二极管控制电路就完成了本例电路的搭建。本例的硬件电路如图 2-37 所示。

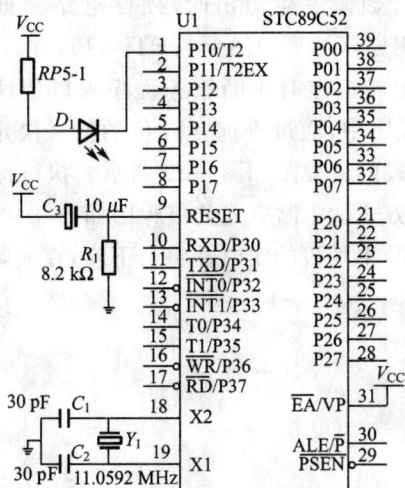

图 2-37 实例 2-6 硬件电路图

在设计外部接口电路时,必须保证上电复位时各执行机构无输出。由于单片机复位时,并行口输出高电平,所以本例的发光二极管的控制电路采用了低电平有效控制电路。

在 MFSC-2 实验平台上,用 2 芯扁平数据线将 J3 的 P10 脚与 J9 的 D0 脚相接就构成了上述电路。

2.6.4 编写软件程序

1.编程分析

按照功能要求,P1.0 口线上的输出波形如图 2-38 所示。将定时/计数器设置为定时模式,定时时长设为 500 ms,定时时间到后将 P1.0 取反就可以实现本例的功能要求。

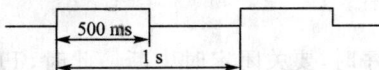

图 2-38 P1.0 口线上的波形图

2.定时/计数器的应用程序设计方法

MCS-51 单片机的定时/计数器具有两种模式和 4 种工作方式,总是在一定的初值的基础上作加 1 计数,计数满回 0 后发生溢出,硬件电路会自动将中断请求标志位 TFi 置 1。因此,定时/计数器的应用程序设计包括初始化程序设计和执行程序设计两个方面。

初始化程序一般安排在系统复位后所要执行的模块程序中。初始化程序所要完成的工作是,设置定时/计数器的运行模式、工作方式、计数初值,如果执行程序被安排在定时中断服务程序中,则在初始化程序中还要包括设置定时中断的优先级、开定时中断等。也就是设置特殊功能寄存器 TMOD、TCON、THi、TLi 以及 IE、IP 的值。在实际应用中,一般对 TCON、IE、IP 三个特殊功能寄存器采用位操作,只设置与 T0 或 T1 有关的位的值,以避免改变其他功能部件的工作状态。

执行程序所要完成的工作是,定时/计数器中的计数器发生回 0 溢出(即定时器定时到或者计数器计数到)时,CPU 所要完成的工作。这部分程序无固定的模式,要根据具体情况作具体处理。计数器计数满发生溢出时,硬件电路会自动地将 TFi 位置 1,并向 CPU 请求中断。如果系统开放了中断(EA=1,ETi=1),并且当前允许中断,则 CPU 执行完当前指令后就会自动地转向定时中断服务程序入口地址处去执行中断服务程序。所以执行程序可以放在主程序中,通过查询 TFi 位的值来决定执行程序是否被执行,这种方式叫查询方式,查询方式的流程图如图 2-39 所示。执行程序也可以放在定时中断服务程序中,这种方式叫中断方式。中断方式的流程图如图 2-40 所示。不过采用查询方式时,要占用 CPU 的大量时间,单片机的实时性将会下降,在实际应用中尽量少用。

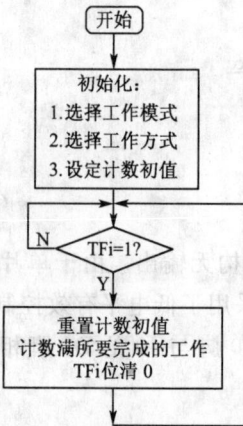

图 2-39　查询方式流程图　　　　图 2-40　中断方式流程图

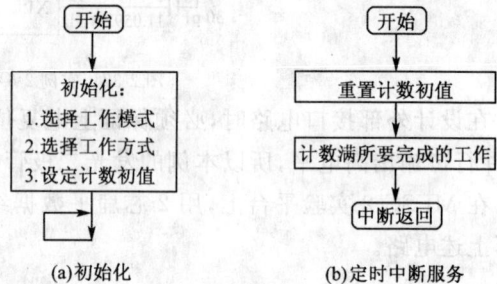

在编写执行程序时,还要注意以下几方面的问题:

①除方式 2 外,其他工作方式下,定时/计数器都不具备重装初值的功能。定时/计数器在计数满发生溢出时,计数初值是 0,如果还需计数,则在执行程序中需重装计数初值。

②采用查询方式编写程序时,要关闭定时中断。此时,TFi 位不具备自动清 0 功能,在执行程序中要用软件将 TFi 位清 0。

③采用中断方式编写程序时,必须在初始化程序中开放定时中断。在这种情况下,CPU 进入定时中断服务程序时,硬件电路会自动将 TFi 位清 0,执行程序中不必用软件将 TFi 位清 0。

④在方式 2 下,定时/计数器常作波特率发生器,此时不必编写定时中断服务程序,

初始化程序中也不必开定时中断。

　　⑤有关中断服务程序入口地址。000BH 是 T0 的中断服务程序的入口地址,001BH 是 T1 的中断服务程序的入口地址,当 T0 工作在方式 3 时,以 TH0 作计数器的定时中断服务程序的入口地址也是 001BH。中断服务程序一般不放在上述入口地址开始的存储空间中,而是放在 0050H 以后的存储空间中,在上述入口地址处一般放一条无条件转移指令,将程序转移到对应的中断服务程序中去。

　　⑥有关中断服务程序的理解。整个程序是一个周期固定的循环程序,定时中断服务程序是循环程序的循环体,定时中断服务程序的入口地址是循环体的入口处,循环的转移是由硬件电路实现的,当计数发生回 0 溢出时就转移到入口地址处去重复执行定时中断服务程序。

　　3.编程设计

　　按照前面分析,选 T0 作本例的定时/计数器,它应工作在定时模式下,定时时间为 500 ms,但是,系统的振荡频率为 11.0592 MHz,T0 工作在方式 1 下时,其最长的定时时间为:

$$T_{\max} = N \times MC = 2^{16} \times 12/f_{osc} = 2^{16} \times 12/(11.0592 \times 10^6) = 71.1 \text{ ms} < 500 \text{ ms}$$

　　显然,不可能用 T0 直接实现 500 ms 定时。解决问题的方法是:

　　让定时器定时一个较短的时间 T(例如 5 ms),引入一个软件计数器对定时器溢出次数进行计数,则定时器溢出 n 次时所对应的时间 t=n×T。定时 T 时间到后,对软件计数值进行判断,当软件计数满 t/T,则对应的时长为 t,此时我们可在程序中作 t 时间到的相应处理,如果软件计数不足 t/T,则表示时间不足 t,在程序中我们不作任何处理,这样我们就可以实现任何时长的定时。

　　选定 T0 的定时时长为 5 ms,软件计数为 TimCnt,则 TimCnt 计满 100 所对应的时长为 500 ms。

　　5 ms 定时的计数值 N=t/MC=(t×f_{osc})/12=(5 ms×11.0592 MHz)/12=4608=1200 H

　　T0 既可以选择方式 0,也可以选择方式 1。在此选择方式 0,其计数初值 X 为:

　　　　X=M−N=2000H−1200H=E00H=0 1110 0000 0000B

　　取高 8 位二进制数,其数为 01110000B=70H,取低 5 位二进制数并在高位补 3 个 0 后的数为 00H,所以,在初值装入时,TH0 中应写入 70H,TL0 中应写入 00H。

　　本例的流程图如图 2-41 所示。

　　4.源程序代码

　　实现流程图的代码如下:

```
;--------------------------------------------------------------
;存储器分配
TimCnt     EQU   30H              ;1  5 ms 定时溢出次数计数器
;--------------------------------------------------------------
    ORG      0000H               ;2  上电复位地址
    AJMP     INIT                ;3  转上电初始化
```

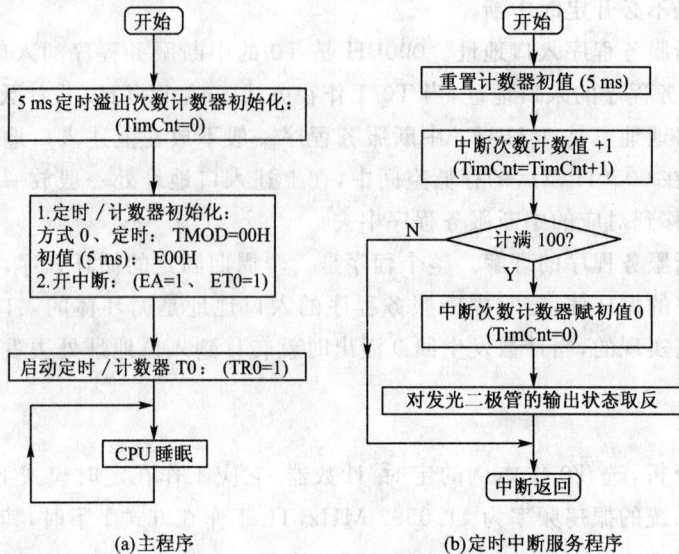

(a)主程序　　　　　(b)定时中断服务程序

图 2-41　实例 2-6 软件程序流程图

ORG	000BH	;4	T0 中断入口地址
AJMP	TIMER0	;5	转 T0 中断服务程序 TIMER0
ORG	0050H	;6	应用程序放在 0050H 之后

;---

INIT:	;上电初始化	7	
MOV	TMOD,#0	;8	设置 T0 的模式、工作方式:定时、方式 0
MOV	TH0,#70H	;9	置初值:E00H,定时 5 ms
MOV	TL0,#00H	;10	
SETB	ET0	;11	开 T0 定时中断
SETB	EA	;12	开全局中断
SETB	TR0	;13	启动定时器 T0

;---

MAIN:	;主程序	14	
ORL	PCON,#1	;15	CPU 睡眠
SJMP	MAIN	;16	转 MAIN

;---

TIMER0:	;T0 中断服务程序	17	
MOV	TL0,#00H	;18	重置计数初值:E00H(5 ms)
MOV	TH0,#70H	;19	
INC	TimCnt	;20	5 ms 溢出计数值加 1
MOV	A,TimCnt	;21	判断计数值是否计满 100
ADD	A,#256−100	;22	
JNC	TM1	;23	没满,转 TM1
MOV	TimCnt,#0	;24	已满,则计数值回 0
CPL	P1.0	;25	P1.0 口线取反后输出

```
    TM1:                        ;26
    RETI                        ;27  中断返回
;----------------------------------------------------------------------------------------------------
    END                         ;28  源程序结束
```

5.代码说明

①第 8 行代码"MOV　TMOD,♯0"可以省略。因为单片机复位时,TMOD 的值为 00H,此处加这一句只是为了让读者明确定时中断初始化的内容。由此可以看出,熟记特殊功能寄存器的复位值有利于编写和阅读程序。

②第 11 行和第 12 行代码用来开放 T0 中断和全局中断。ET0、EA 为中断允许寄存器 IE 的两位。对 IE 的操作,在初始化程序中可以整字节赋值,也可以用位操作指令按位赋值。但是,在系统程序的其他部分一般是采用位操作对其中的某些位赋值。

③第 22 行、23 行实现的是判断一个数是否大于等于另外一个数。计算机进行加法运算时具有溢出的特点,X－Y＝X＋(模值－Y),判断 X≥Y 是否成立可以通过判断 X＋(模值－Y)是否产生进位来实现,也可以通过判断 X－Y 是否够减来实现。但是,MCS-51 单片机中的减法指令为 SUBB,它是带借位的减,作不带借位减时,必须先用指令"CLR C"将 C 位清 0。而加法指令有两条:ADD、ADDC,ADD 为不带进位的加。因此用加法实现数的大小判断更为方便些。尤其是在多字节数比较和 BCD 码数比较中,其优势更为明显。

④第 25 行代码"CPL　P1.0"的含义是,读取 P1.0 输出锁存器中的内容,然后取反,再写入 P1.0 输出锁存器中进行输出。该指令执行后,P1.0 口线的输出就是原来输出的反状态。要注意的是,该指令具有"读-修改-写"功能,所读的内容是端口锁存器中的内容,而不是引脚上的内容。

2.6.5　应用总结

MCS-51 单片机片内集成有两个加 1 定时/计数器,可以作定时器使用,也可以作计数器使用。但是定时的实质是计数,它是对机器周期进行计数。定时/计数器有 4 种工作方式,各种工作方式的计数器长度、计数方式不一定相同,在学习定时/计数器时要注意它们各自的特点。

定时/计数器由 TMOD、TCON 两个特殊功能寄存器管理,其中 TMOD 用来设置工作方式、工作模式以及运行控制方式(是采用 TR 一位控制运行,还是由 TR 与 INTi 引脚组合控制)。TCON 用来标识计数是否发生了溢出以及控制计数器的运行。必须理解 TMOD、TCON 各位的含义。

定时/计数器的应用程序包括初始化程序和执行程序两部分。初始化程序放在单片机复位时所要执行的初始化程序中,所要完成的工作是,设置 TMOD 的值、计数初值以及相关中断允许位的值等。执行程序完成的任务是,计数满发生溢出时 CPU 所要完成的工作。执行程序可以放在定时中断服务程序中,也可以放在主程序中。放在主程序中时,是通过查询中断请求标志位 TF 是否为 1,来决定是否执行执行程序。采用查询方式编程时,要注意在执行程序中,要用软件将 TF 位清 0,无论是采用中断方式,还是采用查询方式,除方式2外,都要注意重置计数初值的问题。

定时器的定时时长有限,延长定时时长的方法是让定时器作基准时间定时,引入一个软件计数器,用软件计数器对定时器的溢出次数进行计数,然后判断溢出次数是否达到规定值,从而确定是否达到定时时间。

比较数的大小时,用加法判断可以方便程序的编写。其实现方法是,加上数的补码,然后判断是否产生了进位。

习 题

1. 标准的 MCS-51 单片机内部集成有几个定时/计数器? 每个定时/计数器有哪几种工作方式? 有哪几种工作模式? 它们由哪几个特殊功能寄存器来管理?

2. STC89C52 单片机的 $f_{osc}=6$ MHz,请利用 T0,采取中断方式,使得 P1.0 口线输出周期为 2 ms 的方波。

3. STC89C52 单片机的 $f_{osc}=12$ MHz,请利用 T1,采取中断方式,使得 P1.7 口线输出矩形波。矩形波的高电平宽为 100 μs,低电平宽为 300 μs。

4. STC89C52 单片机的 $f_{osc}=6$ MHz,若要求定时值为 0.1 ms,T0 工作在方式 0、方式 1 和方式 2,定时器的计数初值各为多少? 请实现装载对应初值的程序段。

5. T0、T1 的中断请求标志位各是什么? 它们被清 0 和置 1 的条件是什么? 它们的中断入口地址各是多少?

6. 设单片机的 $f_{osc}=6$ MHz,定时/计数器 T1 工作于方式 0,作 5 ms 定时器使用,请编写其初始化程序(使用中断方式)。

7. 简述用定时/计数器作长时间定时的方法。

8. 单片机的 $f_{osc}=12$ MHz,现需要作 1 s 的定时器使用,每隔 1 秒钟将片内 RAM 30H 单元的内容加 1,拟定用 T0 实现上述功能,选定 T0 工作在方式 0 下,请采用中断方式实现上述功能。

9. 如下程序段:

```
MAX      EQU   20H
DATA1    EQU   21H
MOV      DATA1,#10H
MOV      A,DATA1
ADD      A,#256-30H
JC       LARGER
MOV      MAX,#30H
SJMP     EXIT
LARGER:
MOV      MAX,DATA1
EXIT:
RET
```

问执行完上述程序段后片内 RAM 20H 单元的内容是多少?

2.7　蜂鸣器发音控制

● 学习目标

1. 掌握方式 1 的应用特性，能设计长时间的定时程序。
2. 掌握蜂鸣器的应用特性，会设计蜂鸣器的接口电路。
3. 会编写散转程序。
4. 会应用定时中断编写蜂鸣器的发音控制程序。

2.7.1　实例功能

单片机的 $f_{osc}=11.0592\ MHz$，定时/计数器 T1 工作在方式 1 下作定时器使用，控制 P1.7 口所接的蜂鸣器控制电路，使蜂鸣器发一长两短音，其中长音时间为 200 ms，短音时间为 100 ms，两发音间隔时间为 100 ms。

2.7.2　相关知识

1. 蜂鸣器的使用特性

蜂鸣器是一种电声转换器件，常见的蜂鸣器为 5 V 蜂鸣器，其外形结构如图 2-42 所示。在蜂鸣器的两个引脚上加上 5 V 电压，蜂鸣器就会发音。通电时间越长，蜂鸣器发音时间就越长，音调就越低；通电时间越短，蜂鸣器发音时间就越短，音调就越高；通电电流越小音量就越小。图中，长引脚为蜂鸣器的正极，使用时接 +5 V 电源，短引脚为负极，使用时接地。

图 2-42　蜂鸣器实物图

2. 蜂鸣器的控制接口电路

蜂鸣器是一种工作电流较大的器件，单片机的并行口不能提供足够的电流来驱动蜂鸣器工作，需要外加驱动电路后再接蜂鸣器。对于单个蜂鸣器，通常是采用工作在导通和截止状态的三极管来驱动。由于单片机复位时，各并行口均输出高电平，三极管又具有反相作用，为了保证单片机复位时，蜂鸣器不工作，工程上常用的蜂鸣器控制接口电路如图 2-43 所示。

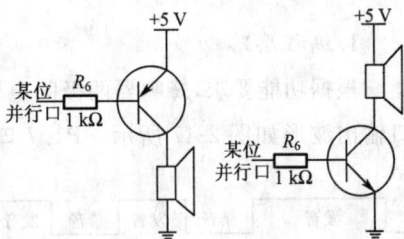

3. 定时/计数器 T0、T1 的工作方式 1

T0、T1 的工作方式 1 是 16 位的工作方式，其计

图 2-43　蜂鸣器控制接口电路

数器为 16 位的加 1 计数器，由 TLi 和 THi(i=0、1)组成，TLi 为计数器的低 8 位，THi 为计数器的高 8 位。其计数模值 $M=2^{16}=10000H$。作计数器使用时，是对 Ti 引脚上的外

部脉冲进行计数,作定时器使用时是对机器周期进行计数,每隔一个机器周期其计数值就加 1,计满模值后就发生计数溢出,TFi 位被置 1。如果定时时间为 t,则计数初值 X 为:

$$X = M - N = M - (f_{osc} \times t)/12$$

式中,M＝10000H,f_{osc} 为单片机的振荡频率。

2.7.3 搭建硬件电路

本例中,我们选用 9012 三极管作蜂鸣器驱动三极管,9012 是一个 PNP 型三极管,其引脚分布如图 2-44 所示。本例的硬件电路图如图 2-45 所示。

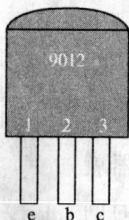

图 2-44　9012 引脚分布图

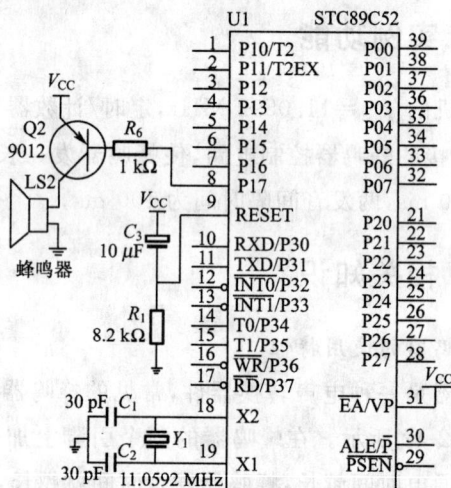

图 2-45　实例 2-7 硬件电路图

在 MFSC-2 实验平台上,用 8 芯扁平数据线将 J8 的 10 脚(SPK 引脚)与 J3 的 8 脚(P1.7 脚)相接就构成了上述电路。

2.7.4 编写软件程序

1.编程思路

根据功能要求,蜂鸣器两极间电压波形如图 2-46 所示,由硬件电路可知,对应的 P1.7口输出波形如图 2-47 所示。P1.7 口在各时间段的输出特点如表 2-20 所示。

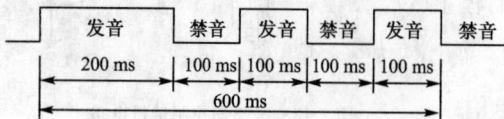

图 2-46　蜂鸣器两端电压波形

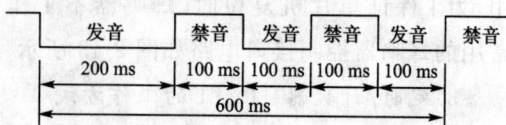

图 2-47　P1.7 口输出电压波形

表 2-20　　　　　　　　　　　　**P1.7 口的输出值的特点**

时间	P1.7 口输出值	蜂鸣器的状态	说明
第 0 个 100 ms	0	发音	发长音
第 1 个 100 ms	0	发音	
第 2 个 100 ms	1	禁音	中间停顿
第 3 个 100 ms	0	发音	发短音
第 4 个 100 ms	1	禁音	中间停顿
第 5 个 100 ms	0	发音	发短音
600 ms 以后	1	禁音	不发音

本例中,我们把定时/计数器 T1 作定时器使用,让其工作在方式 1 下,$f_{osc}=11.0592\,\text{MHz}$ 时,方式 1 下的最长定时时间不足 100 ms,我们采取让其定时器的定时时长为 10 ms,再引入一个软件计数器 TimCnt 对 10 ms 定时器溢出中断的次数进行计数的方法来实现 100 ms 定时。显然第 i 个 100 ms 时间内,TimCnt 的值为 $10i\sim10i+9$,TimCnt 除以 10 的商值(以下简称为商值),则恰好与 100 ms 时间单位的编号相同。

在 10 ms 定时中断服务处理程序中,首先是对 10 ms 中断次数计数值加 1,以表示时间又过了 10 ms,然后对计数值进行判断,当时间计满 600 ms,则使 P1.7=1,禁止蜂鸣器发音,然后关闭定时器。时间未满 600 ms 时,对商值进行判断,商值为 0、1、3、5 时,P1.7 =0,允许蜂鸣器发音,商值为 2、4 时,P1.7=1,禁止蜂鸣器发音。

2. 程序流程图

实现上述思想的流程图如图 2-48 所示。

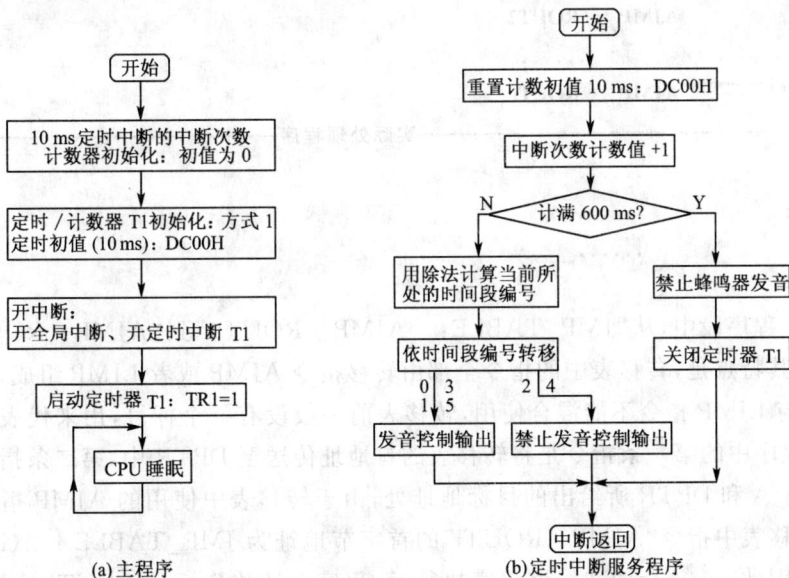

(a) 主程序　　　　　　　　　　　(b) 定时中断服务程序

图 2-48　程序流程图

3. 流程图的说明

本例中,我们将系统的功能程序(控制蜂鸣器发音的程序)放在定时中断服务程序中。主程序完成初始化后，就没有其他工作任务了，为了降低功耗，提高系统的抗干扰能力，在完成系统初始化后，我们让 CPU 进入睡眠状态，每隔 10 ms 后，定时中断将 CPU 唤醒一次，完成本次蜂鸣器控制后再进入睡眠状态。

定时/计数器的方式 1 不具备自动重装初值功能。计数器计满模值（方式 1：65536）后，TFi＝1，计数器值回 0，然后从 0 开始计数。所以在定时中断服务程序中，我们必须重装计数初值。否则，以后的定时时间不是 10 ms，而是 $65536 \times 12/f_{osc}$。

4. 流程图的实现

流程图中"依时间段编号转移"框为一个多分支程序。在单片机程序设计中，当某存储单元的可能取值为连续的自然数，每一个取值对应一个处理程序 ROUTi(i＝0,1,2……n)时，一般是用散转程序来实现。本例中也采用散转程序来实现多分支。

51 单片机指令系统中，有一条"JMP　@A＋DPTR"指令，其含义是，使程序发生转移，转移目标处的地址为 A 与 DPTR 的内容之和。例如，若（A）＝04H，（DPTR）＝2000H，指令"JMP　@A＋DPTR"执行后，程序转移至 2004H 处。

散转程序就是利用这条指令来实现的。散转程序一般包括三个部分：①依取值散转，②转移指令表，③实际处理程序。其结构如下面程序段所示。

```
;------------------------------------ 依取值散转 ------------------------------------
            MOV     DPTR,♯JMP_TABLE
            JMP     @A＋DPTR
;------------------------------------ 转移指令表 ------------------------------------
JMP_TABLE:  AJMP    ROUT0
            AJMP    ROUT1
            AJMP    ROUT2
            ……
            AJMP    ROUTi
;------------------------------------ 实际处理程序 ------------------------------------
ROUT0:          ……
ROUT1:          ……
            ……
ROUTn:          ……
```

在这个程序段中，从"JMP_TABLE：　AJMP　ROUT0"到"AJMP　ROUTi"也称为转移表，其特点是，转移表中的指令全部由转移指令 AJMP 或者 LJMP 组成，而且在表中 AJMP 与 LJMP 指令不能混合使用，转移表前一般设有一个标号，用来代表转移表的首地址。程序中的第一条指令是将转移表的首地址传送至 DPTR 中，第二条指令是使程序转移到由 A 和 DPTR 所给出的目标地址处，由于转移表中使用的 AJMP 指令为双字节指令，转移表中指令"AJMP　ROUTi"的首字节地址为 JMP_TABLE＋2i(i＝0,1,2,……,n)。因此，当(A)＝2i 时，该程序执行后，程序会转移到标号 ROUTi 处，这样就实现了根据 A 的取值实现多分支转移。当然，如果要实现依 i 值(i＝0、1、……)转移，还需在该程序段的前面加上对 A 中的数乘 2 的程序段，具体的代码请查源程序代码中第 33 行至 49 行代码。

5. 计数初值的计算及其装入

本例中 $f_{osc}=11.0592$ MHz,定时时间为 10 ms,采用方式 1,其模值 M=65536,因此,计数器初值 X 为:

$$X=M-(f_{osc}\times t)/12=65536-(11.0592\times10^6\times10\times10^{-3})/12=56320=\text{DC00H}$$

方式 1 的计数器是 16 位计数器,TLi 为计数器的低 8 位,THi 为计数器的高 8 位。应该将 00H 装入 TL1 中,将 DCH 装入 TH1 中,其实现程序段如下:

```
MOV    TH1,#0DCH
MOV    TL1,#00H
```

6. 源程序代码

根据流程图,本例的源程序代码如下:

```
TIMCNT   EQU    40H        ;1   10 ms 定时中断的中断次数计数器
SPK      EQU    P1.7       ;2   蜂鸣器控制口
         ORG    0000H      ;3   CPU 复位时应用程序入口地址
         AJMP   INIT       ;4
         ORG    001BH      ;5   定时/计数器 T1 的中断入口地址
         AJMP   TIMER1     ;6
         ORG    0050H      ;7   实际的应用程序放在 0050H 之后
INIT:                      ;8
         MOV    TIMCNT,#0  ;9   中断次数计数器赋初值 0
         MOV    TMOD,#10H  ;10  设置 T1 的模式、方式:定时,方式 1
         MOV    TH1,#0DCH  ;11  设置 10 ms 定时初值
         MOV    TL1,#00H   ;12
         SETB   ET1        ;13  开定时中断 T1
         SETB   EA         ;14  开全局中断
         SETB   TR1        ;15  启动定时器 T1
MAIN:                      ;16
         ORL    PCON,#1    ;17  CPU 睡眠
         SJMP   MAIN       ;18
TIMER1:                    ;19
         MOV    TH1,#0DCH  ;20  重置计数初值:10 ms
         MOV    TL1,#00H   ;21
         INC    TIMCNT     ;22  中断次数计数值加 1
         MOV    A,TIMCNT   ;23  计满 600 ms(计数值达 60)吗
         ADD    A,#256-60  ;24
         JNC    TM1        ;25  没满,转 TM1
         SETB   SPK        ;26  已满,关蜂鸣器
         CLR    TR1        ;27  停止 T1
         RETI              ;28  中断返回
TM1:                       ;29  未满 600 ms 时的处理
         MOV    A,TIMCNT   ;30  用除法计算当前所处的时间段编号
         MOV    B,#10      ;31  每个时间段 100 ms 对应计数值为 10
```

```
            DIV    AB          ;32   A 中的数除以 B 中的数,商保存在 A 中,余数保存在 B 中
            CLR    C           ;33   计算转移偏移地址
            RLC    A           ;34   转移表中的 AJMP 指令占两个字节,编号乘以 2 得偏移量
            MOV    DPTR,♯JMPTAB ;35   取转移表的首地址
            JMP    @A+DPTR      ;36   依发音时间段编号散转
    JMPTAB:                     ;37
            AJMP   EnSound      ;38   编号 0:0~99 ms
            AJMP   EnSound      ;39   编号 1:100~199 ms
            AJMP   DisSound     ;40   编号 2:200~299 ms
            AJMP   EnSound      ;41   编号 3:300~399 ms
            AJMP   DisSound     ;42   编号 4:400~499 ms
            AJMP   EnSound      ;43   编号 5:500~599 ms
    EnSound:                    ;44   允许发音处理
            CLR    SPK          ;45   蜂鸣器发音
            RETI                ;46   中断返回
    DisSound:                   ;47   禁止发音处理
            SETB   SPK          ;48   蜂鸣器禁音
            RETI                ;49   中断返回
            END                 ;50   源程序结束
```

7. 代码说明:

程序中,第 32 行"DIV AB"为除法指令,其含义是,A 中的数除以 B 中的数,其商保存在 A 中,余数保存在 B 中。51 单片机的乘除法指令中操作数之间都无逗号间隔,乘除法指令的用法详见表 2-12 所示。

例如,$(A)=5$ $(B)=2$ 指令"MUL AB"执行后的结果为:$(A)=0AH$,$(B)=00H$。指令"DIV AB"执行后,其结果为 $(A)=2$,$(B)=1$。

第 30~32 行代码用来计算当前所处时间段的编号,即实现对 TimCnt 的内容除以 10。

第 33~34 行代码用来计算转移偏移量。转移表中使用的转移指令为 AJMP,它是一个双字节指令。因此第 i 个 AJMP 指令的首字节地址 Addr=表首地址+2i=JMPTAB+2i。使用"JMP @A+DPTR"实现依 i 值转移,必须将转移表首地址 JMPTAB 放在 DPTR 中,将 i 值乘以 2 后放在 A 中。程序中,第 32 行代码执行后,A 中为时间段编号 i,C=0 时,将 A 的内容左移 n 位,等于是将 A 的内容乘以了 2^n。所以用 33、34 两行代码实现了对 A 中的编号乘以 2。

如果转移表中使用的是 LJMP 指令,由于 LJMP 指令是 3 字节指令,那么要实现依 i 值转移,应该将 i 值乘以 3,则 33、34 行代码应更换成如下代码:

```
    MOV    B,♯3
    MUL    AB
```

2.7.5 应用总结

蜂鸣器是一种电声转换器,两脚加上工作电压后就会发音。发音时间的长短,取决于通电时间的长短,发音音量的大小取决于其工作电流的大小。蜂鸣器的工作电流比较

大,单片机的并行口不能直接驱动蜂鸣器,使用时,一般用三极管驱动蜂鸣器。

定时/计数器的方式 1 是最常用的工作方式,它是 16 位的工作方式,其中 TLi 为其计数器的低 8 位,THi 为其计数器的高 8 位。

方式 1 是一种不具备自动重装初值的工作方式。使用时,一定要在中断服务程序中重装初值。

定时/计数器应用程序包括初始化程序和中断服务程序两部分。初始化程序用来完成对定时/计数器的工作方式、工作模式和计数初值的设置,同时还要开启中断、启动定时器;中断服务程序用来处理定时或计数到后 CPU 要处理的工作。

MCS-51 单片机的 T0、T1 的计数器均为加 1 计数器,其计数初值 X 与计数个数 N 的关系为 X＝M－N。其中 M 为各方式下的模值。对于方式 1,M＝65536。

应用指令"JMP　@A＋DPTR"可以设计散转程序,散转程序是单片机中常用的多分支程序。如果要实现依 i 值转移(i 的取值为 0、1、……、n),则转移指令表中 AJMP 或 LJMP 指令有 n＋1 条,AJMP 或 LJMP 转移目标地址为对应实际执行程序的入口地址。在转移指令表中 AJMP 和 LJMP 不可混用,在执行"JMP @A＋DPTR"指令之前,要将 i 值乘以 2(使用 AJMP 时)或 3(使用 LJMP 时)。

习 题

1. 画出蜂鸣器的控制接口电路。

2. 设片内 RAM 20H 单元的内容为 1,则执行完下列程序段后,A 中的内容是多少?

MOV	A,20H		MOV	A,＃0H
CLR	C		SJMP	EXIT
RLC	A		SUB1:	
ADD	A,20H		MOV	A,＃1H
MOV	DPTR,＃TABLE		SJMP	EXIT
JMP	@A＋DPTR		SUB2:	
TABLE:			MOV	A,＃2H
LJMP	SUB0		SJMP	EXIT
LJMP	SUB1		SUB3:	
LJMP	SUB2		MOV	A,＃3H
LJMP	SUB3		SJMP	EXIT
SUB0:			EXIT:RET	

2.8　秒表

学习目标

1. 掌握数码管的应用特性。

2. 掌握乘除法运算指令的用法,能运用除法实现数位的分离处理。

3.会设计数码管显示接口电路。

4.会运用定时中断编写数码管的静态显示程序。

2.8.1　实例功能

单片机系统的振荡频率 $f_{osc}=11.0592\ MHz$,定时/计数器 T0 工作在方式 0 下作定时器使用,P1 口控制一位数码管的显示。上电后系统从 0 开始计时,数码管显示计时秒的个位。

2.8.2　相关知识

完成本例所需要的知识主要是单片机与数码管的接口知识、定时/计数器的应用方法,其中定时/计数器的应用方法将在软件程序编写中介绍。

1.数码管的结构

数码管具有显示亮度亮、响应速度快的特点,是单片机应用系统中常用的显示器之一。常用的数码管为七段式数码管,它由七个条形发光二极管和一个小圆点发光二极管组成。七段式数码管的实物如图 2-49 所示,其引脚排列如图 2-50 所示。

图 2-49　数码管实物图

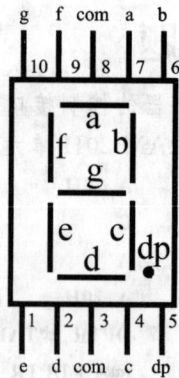

图 2-50　数码管引脚分布图

在引脚分布图中,com 脚为 8 个发光二极管的公共引脚,a～g 脚以及 dp 脚为 7 个条形发光二极管和圆点发光二极管的另一端引脚。按照公共端的形成方式,数码管分为共阳极数码管和共阴极数码管两种,它们的内部结构如图 2-51、图 2-52 所示。

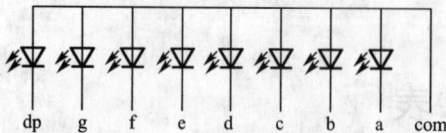

图 2-51　共阳极数码管内部结构图

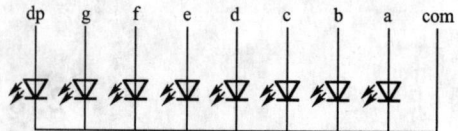

图 2-52　共阴极数码管内部结构图

共阴极数码管中,各发光二极管的阳极引出,分别为数码管的 a～dp 脚,发光二极管的阴极接在一起,由 com 引脚引出。

共阳极数码管中,各发光二极管的阴极引出,分别为数码管的 a～dp 脚,发光二极管的阳极接在一起,由 com 引脚引出。

2. 数码管的字符显示笔型码

共阴极数码管的公共端接地,其他各端输入不同的电平,数码管就显示不同的字符。例如,b、c 端输入高电平 1,笔段 b、c 就亮,数码管就显示字符"1"。共阴极数码管的显示笔型码如表 2-21 所示。

表 2-21　　　　　　　　　共阴极数码管显示笔型码

字符	dp	g	f	e	d	c	b	a	十六进制代码
0	0	0	1	1	1	1	1	1	3FH
1	0	0	0	0	0	1	1	0	06H
2	0	1	0	1	1	0	1	1	5BH
3	0	1	0	0	1	1	1	1	4FH
4	0	1	1	0	0	1	1	0	66H
5	0	1	1	0	1	1	0	1	6DH
6	0	1	1	1	1	1	0	1	7DH
7	0	0	0	0	0	1	1	1	07H
8	0	1	1	1	1	1	1	1	7FH
9	0	1	1	0	1	1	1	1	6FH
a	0	1	1	1	0	1	1	1	77H
b	0	1	1	1	1	1	0	0	7CH
c	0	1	0	1	1	0	0	0	58H
d	0	1	0	1	1	1	1	0	5EH
e	0	1	1	1	1	0	0	1	79H
f	0	1	1	1	1	0	0	0	71H

共阳极数码管显示字符时,公共引脚 com 接高电平,显示字符的笔型码为共阴极数码管的显示笔型码的反码。

3. 数码管的显示接口电路

数码管的显示接口电路有静态显示接口电路和动态显示接口电路两种形式。

(1)静态显示接口电路

电路的连接方法是,每位数码管用一个带有输出锁存功能的 8 位输出口控制,数码管的 a～dp 这 8 个段选引脚分别与 8 位输出口的各口线相接,数码管的位选引脚 com 接地或者接+5 V 电源。其中,共阴极数码管的位选脚接地,共阳极数码管的位选脚接正电源。用 P1、P2 口控制两位共阴极数码管的显示接口电路如图 2-53 所示。这种电路的特点是单片机一次输出显示后,显示就能保持下来,直到下次送新的显示数据为止。其优点是占用机时少,显示可靠,缺点是每位数码管需用一个并行输出口控制,硬件成本高。

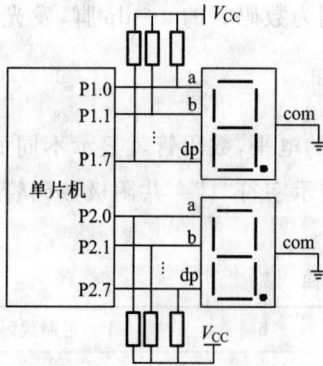

图 2-53 静态显示接口电路

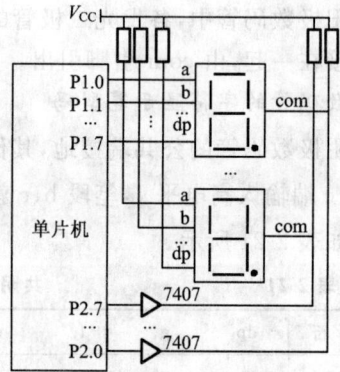

图 2-54 动态显示接口电路

（2）动态显示接口电路

电路的连接方法是,每位数码管的段选脚(a~dp 脚)并接在一起,然后与一个带有输出锁存功能的 8 位输出口相接,各位数码管的位选脚(com 脚)接至其他带有锁存功能的输出口上。由 P1、P2 口控制的 8 位数码管的动态显示接口电路如图 2-54 所示,图中 7407 起端口驱动作用。在这种电路中,单片机分时地对各数码管进行扫描输出,t_i 时间对 i 号数码管进行显示输出。利用人眼的视觉暂留特性,只要扫描足够快,人眼所看到的是各数码都在"同时"显示。这种电路使用硬件少,成本低,但占用机时多。

2.8.3 搭建硬件电路

按照功能要求,本例中只用一位数码管进行秒个位显示,数码管的接口电路采用静态显示接口电路。本例的硬件电路如图 2-55 所示。

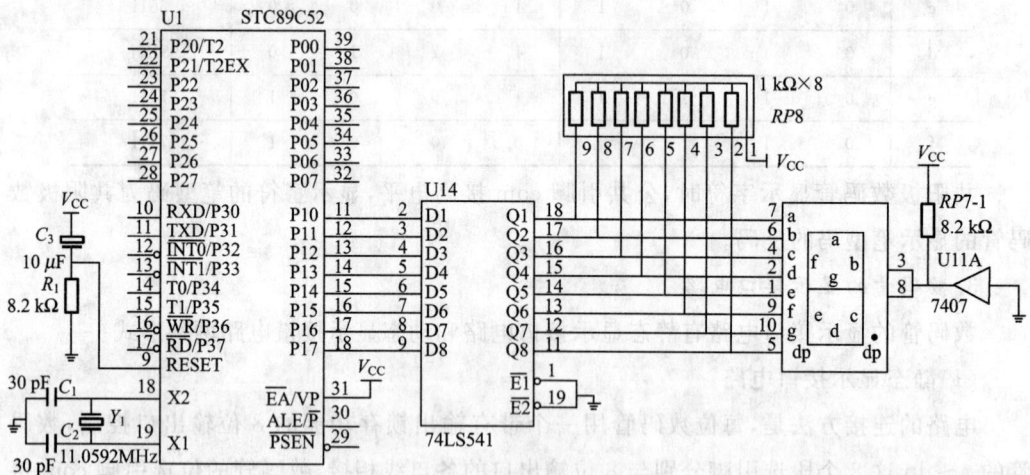

图 2-55 实例 2-8 硬件电路图

图中,单片机的 P1 口经 74LS541 驱动后与数码管的段选脚相接。74LS541 起端口驱动作用。

在 MFSC-2 实验平台上,用 8 芯扁平数据线将 J3 与 J15 相接,其中 J3 的 P10 脚对应

J15 的 D0 脚,用 2 芯线将 J18(地线)与 J12 的 C1 脚相接,就构成了上述电路。

2.8.4　编写软件程序

按照功能要求,本例的系统程序包括初始化、秒计数、秒个位分离和数据显示 4 个部分。在编写程序时,将秒计数、秒个位分离和数据显示这 3 部分放在定时中断服务程序中,用定时中断实现程序的循环执行,在主程序中 CPU 完成初始化后就进入睡眠状态。系统程序的流程图如图 2-56 所示。

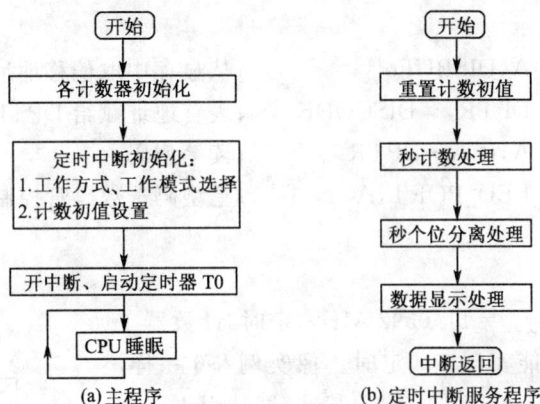

图 2-56　系统程序流程图

1. 数据显示处理

本例的数码管显示为静态显示,显示程序所要完成的任务是,获取待显示字符的笔型码,然后将该笔型码写入数码管的段选控制口。其实现方法是用查表程序实现的,实现步骤如下:

①在程序存储器中建立一个显示字符的笔型码表。建表时,每个笔型码占一个字节,数字 i 的笔型码存放在表格中第 i 个字节单元中,如图 2-57 所示。这样数字 i 的笔型码在笔型码表中的偏移地址为 i,刚好为数字本身。

图 2-57　笔型码表结构图

实现方法如下:

DISCODE:

　　DB　　3FH,06H,5BH,4FH,66H,6DH,7DH,07H,7FH,6FH

②对每个数码管分配一个字节的显示存储器(简称为显存),其作用是存放待显示字符的笔型码在笔型码表中的偏移地址。

③进行数据显示时,将表首地址赋给 DPTR,再从显存中读取偏移地址并赋给 A,然后用指令"MOVC　A,@A＋DPTR"读取笔型码,并写入段选控制口。

为每个数码管分配一个字节的显存,采取显存过渡,有利于显示程序独立,方便用定时中断实现数据显示。关于这一点,在实例 3-1 的学习中,我们将会有更深的体会。

数据显示程序如下:

```
DisPlay:;数据显示
    MOV     A,DISBUF0      ;从显存中取偏移地址
    MOV     DPTR,＃DISCODE  ;表首地址赋给 DPTR
    MOVC    A,@A＋DPTR      ;读笔型码
    MOV     LED_PORT,A     ;笔型码选数码管控制口
    RET
```

2.秒计数处理

系统的振荡频率 $f_{osc}＝11.0592\,MHz$,定时/计数器工作在任何方式下都不能实现 1 s 定时。像实例 2-6 一样,让定时器 T0 定时 10 ms,以 10 ms 为基准时间,引入一个软件计数器 TimCnt,TimCnt 用来对 10 ms 定时溢出次数计数,在程序中对 TimCnt 的值进行判断,当 TimCnt 计满100 次时,对应的时间为 1 s,将 TimCnt 的值回 0,并对秒计数器 SECOND 作加 1 处理,如果秒计数值达 60,则将秒计数值回 0。秒计数处理流程图如图 2-58 所示。

定时器定时时长为 10 ms,工作在方式 1,其计数初值为:$N＝M－t×f_{osc}/12＝10000H－10×10^{-3}×11.0592×10^6/12＝10000H－9216＝DC00H$

TH0 中应装入 DCH,TL0 中应装入 00H。

3.秒个位分离处理

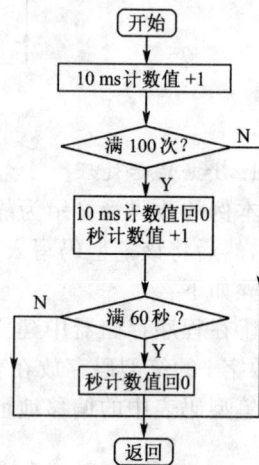

图 2-58　秒计数处理流程图

秒的个位、十位分离的方法是将秒计数值除以 10,则商值为秒的十位,余数为秒的个位。MCS-51 单片机中,除法指令为 DIV,其用法如下:

格式:DIV　AB

操作:A 中的数除以 B 中的数,商放在 A 中,余数放在 B 中。若除数为 0,则将 OV 置位,不进行除法运算。

注意,AB 之间无逗号分隔符。

秒个位分离可以直接使用除法指令。设秒计数值在 SECOND 单元中,下列程序执行后,B 中为秒个位,A 中为秒十位:

```
    MOV     A,SECOND
    MOV     B,＃10
    DIV     AB
```

4.源程序代码

本例完整的源程序代码如下：

```
;--------------------------------------------------------------------
LED_PORT      EQU   P1              ;1   数码管段选控制口
DISBUF0       EQU   30H             ;2   数码管的显存
TIMCNT        EQU   40H             ;3   10 ms 定时中断中断次数计数器
SECOND        EQU   41H             ;4   秒计数器
;--------------------------------------------------------------------
       ORG       0000H             ;5   CPU 复位时应用程序入口地址
       AJMP      INIT              ;6   转初始化程序 INIT
       ORG       000BH             ;7   定时中断 T0 的入口地址
       AJMP      TIMER0            ;8   转 T0 中断服务 TIMER0
       ORG       0050H             ;9   应用程序放在 0050H 之后
INIT:            ;初始化程序          10
       MOV       TIMCNT,#0         ;11  10 ms 定时中断中断次数计数器初始化
       MOV       SECOND,#0         ;12  秒计数器初始化
       MOV       TMOD,#01H         ;13  设置工作方式、工作模式:方式 1,定时
       MOV       TH0,#0DCH         ;14  设置计数初值:10 ms
       MOV       TL0,#00H          ;15
       SETB      ET0               ;16  开 T0 中断
       SETB      EA                ;17  开全局中断
       SETB      TR0               ;18  启动 T0
MAIN:            ;主程序              19
       ORL       PCON,#1           ;20  CPU 睡眠
       SJMP      MAIN              ;21  转 MAIN
TIMER0:          ;定时中断服务程序      22
       MOV       TH0,#0DCH         ;23  重置计数初值:10 ms
       MOV       TL0,#00H          ;24
       INC       TIMCNT            ;25  10 ms 计数值加 1
       MOV       A,TIMCNT          ;26  判断计数值是否达 100 次(整秒吗?)
       ADD       A,#256-100        ;27
       JNC       TM1               ;28  不满 1 s,转 TM1
       MOV       TIMCNT,#0         ;29  10 ms 计数值回 0
       INC       SECOND            ;30  秒计数值加 1
       MOV       A,SECOND          ;31  计满 60 秒吗?
       ADD       A,#256-60         ;32
       JNC       TM1               ;33  没满 60 秒,转 TM1
       MOV       SECOND,#0         ;34  秒计数值回 0
TM1:             ;分离秒个位          35
       MOV       A,SECOND          ;36  取秒计数值
       MOV       B,#10             ;37  除以 10
```

```
        DIV         AB                      ;38  秒个位在 B 中,秒十位在 A 中
        MOV         DISBUF0,B               ;39  秒个位写入显存中
        ACALL       DisPlay                 ;40  调用 DisPlay 子程序显示显存中的数
        RETI                                ;41  中断返回
;-----------------------------------------------------------------------------------
DisPlay:                ;数据显示             42
        MOV         A,DISBUF0               ;43 取偏移地址
        MOV         DPTR,♯DISCODE           ;44 取表首地址
        MOVC        A,@A+DPTR               ;45 查表得显示笔型码
        MOV         LED_PORT,A              ;46 笔型码送段选口输出
        RET                                 ;47 子程序返回
DISCODE:                ;显示笔型码表         48
        DB          3FH                     ;49  偏移地址 0
        DB          06H                     ;50  偏移地址 1
        DB          5BH                     ;51  偏移地址 2
        DB          4FH                     ;52  偏移地址 3
        DB          66H                     ;53  偏移地址 4
        DB          6DH                     ;54  偏移地址 5
        DB          7DH                     ;55  偏移地址 6
        DB          07H                     ;56  偏移地址 7
        DB          7FH                     ;57  偏移地址 8
        DB          6FH                     ;58  偏移地址 9
;-----------------------------------------------------------------------------------
        END         ;源程序结束
```

2.8.5 应用总结

数码管是单片机应用系统中常用的显示器,分为共阴极型和共阳极型两种。数码管与单片机的接口电路有静态显示接口电路和动态显示接口电路两种形式。在静态显示接口电路中,数码管的段选脚接并口,位选脚接地(共阴管)或接+5 V 电源(共阳管)。动态显示接口电路中,各数码管段选脚并接在一起,并与并口相接,各位选脚分别接至其他并口的各输出口线上。静态显示中,各数码管一直点亮,动态显示中,各数码管轮流点亮,任何时候都只有一个数码管被点亮显示。

数码管静态显示程序的实现方法是,用查表程序读取显示字符的笔型码,再将笔型码从段选口输出,其中的笔型码表建立要讲究一定方法,通常的做法是:0~9 的笔型码放在笔型码表的开头部分,并且 i 的笔型码放在表格中第 i 个单元中。这样,数字 i 就是其笔型码在表中的偏移地址。

定时/计数器的定时时长有限,如要作长时间定时,一般的作法是,让定时/计数器作基准时间定时,用软件计数器对基准时间计数,在程序中对计数值进行判断。

乘除法指令是单片机的算术运算指令之一,这两条指令的操作数在 A、B 中,书写指令时要注意 A、B 之间无逗号分隔符,应用这两条指令时要注意其含义。

习 题

1. 画出两片共阳极数码管采用静态显示方式显示时与单片机的接口电路。

2. 设 f_{osc}＝6 MHz，定时/计数器 T0 工作在方式 1 下作 10 ms 定时器使用，试计算其计数初值，编写 T0 初始化程序。

3. 设 f_{osc}＝6 MHz，定时/计数器 T1 工作在方式 0 下作 10 ms 定时器使用，试编写 T1 初始化程序。

4. 设 f_{osc}＝12 MHz，简述定时/计数器作 1 s 定时的处理方法。

5. 片内 RAM 30H 中存放有一个数，编程实现将该数个、十、百位分离出来分别存放到 40H、41H、42H 中。其中个位数存入 40H 中。

6. 设片内 RAM 30H 中存放有一个不大于 9 的数，单片机的 P2 口接有一位共阳极数码管，现需用数码管显示 30H 中的数，请编程实现上述要求。

扩展实践

单片机的 f_{osc}＝11.0592 MHz，P2 口接有一位共阴极数码管，要求设计电路，编程实现下列显示：

数码管循环显示字符 A~F，循环显示时，每个字符显示时间为 500 ms。

2.9 脉冲计数

学习目标

1. 掌握定时/计数器的计数模式，会设置计数初值。
2. 能正确设置中断的优先级别。
3. 能正确读取计数器的计数值。
4. 会编写双字节无符号数的减法程序。

2.9.1 实例功能

单片机系统的 f_{osc}＝11.0592 MHz，定时/计数器 T1 作计数器使用，对 T1/P3.5 引脚输入的 f＝2 Hz 的脉冲进行计数。P1 口外接一位共阴极数码管显示电路，用来显示输入脉冲的个位值。P2.0 口线上接有蜂鸣器发音电路，用来对脉冲计数值的十位值进行报警提示，脉冲计数值的十位值为奇数时，蜂鸣器发音报警，十位值为偶数时，蜂鸣器停止发音。定时/计数器 T0 作 10 ms 定时器，每隔 10 ms 就将脉冲计数值读出并显示一次。

2.9.2 相关知识

本例所涉及到的新知识主要有定时/计数器作计数器使用、中断优先级管理以及一些编程处理方法。

1. 定时/计数器作计数器使用

T0、T1 具有定时和计数两种模式，由特殊功能寄存器 TMOD 来管理，通过对 TMOD 的 C/$\overline{T}$ 位(即 TMOD. 2 位或 TMOD. 6 位)进行设置，可使定时/计数器作计数器使用。当 TMOD. 6＝1 时，T1 作计数器使用，对 T1/P3. 5 引脚上的输入脉冲计数；TMOD. 2＝1 时，T0 作计数器使用，对 T0/P3. 4 引脚上的输入脉冲计数。定时/计数器作计数器使用时，除了计数脉冲的来源不同外，其工作方式和使用方法与定时/计数器作定时器使用时相同，但在使用中还有几个必须注意的问题。

(1)对外部输入脉冲的要求

定时/计数器工作于计数模式时，单片机至少需要两个机器周期才能识别一次外部输入信号。若前一个机器周期内采样值为 1，当前机器周期内采样值为 0，则计数值加 1，否则计数值保持不变。因此，作计数器使用时，要求输入信号的频率不得高于 $f_{osc}/24$，并且要求脉冲信号的高、低电平持续时间不得少于一个机器周期。也就是说单片机的最高计数频率为 $f_{osc}/24$。对于 12 MHz 的单片机系统而言，系统只能对不高于 0.5 MHz 的外部输入脉冲进行计数。

(2)计数脉冲数的计算

定时/计数器计数时，是在一定的初值基础上作加 1 计数的。因此，计数值为 N 时，所计得的脉冲数 X 为：

$$脉冲数 X＝计数值 N－初值$$

(3)计数值的读取

MCS-51 单片机不具备读一个字的指令，不可能在同一时刻同时读 THi 和 TLi 中的计数值。读取计数值要分两种情况使用不同方法来读取。

1)定时/计数器处于停止状态时，直接读取 THi 和 TLi 中的值，所读值为当前计数值。

2)定时/计数器处于运行状态时，直接读取 THi 和 TLi 中的值，所读值与当前计数值不一定相同，有时还存在重大错误。由于在读数的过程中，其计数器处于运行状态，有可能出现读第一个字节时尚未产生低字节向高字节进位，而读第二个字节时却已经产生了低字节向高字节进位，在这种情况下，无论是先读 THi 再读 TLi，还是先读 TLi 再读 THi，读数都会出错。例如 T0 工作于方式 1 作定时器使用，当前计数值为 12FFH，要将当前计数值读至片内 RAM 30H、31H 中，用下列程序段先读 TH0，再读 TL0，所读得的值不是 12FFH，而是 1201H，结果存在重大错误。

```
MOV    30H,TH0
MOV    31H,TL0
```

如果用下列程序段先读 TL0 再读 TH0，所读取的值为 13FFH，结果仍存在重大错误。

```
MOV    31H,TL0
MOV    30H,TH0
```

为了避免读数出现重大错误，考虑到 TLi 比 THi 变化快，读计数值所采用的一般方法是,先读 TLi,再读 THi,再读一次 TLi,根据前后两次所读 TLi 的值对 THi 的值进行修正。若第二次所读入的 TLi 值比第一次小,表明 TLi 已向 THi 产生了进位,此时,所读 THi 的数据比其实际值大 1,在程序中应将所读得的 THi 值减 1。若第二次读得的 TLi 值不比第一次小,则表明读数正确。下面的程序能将 TH0 和 TL0 中的内容读到片内 RAM 30H、31H 中。

```
RDTM:
    MOV     30H,TL0         ;读 TL0
    MOV     31H,TH0         ;读 TH0
    MOV     A,TL0           ;再读 TL0
    CLR     C
    SUBB    A,30H           ;两次读 TL0 值比较
    JNC     RDTM1           ;若第二次所读数不小于第一次则结果正确
    DEC     31H             ;否则,将所读高字节内容减 1
RDTM1:
    RET
```

(4)定时/计数器的实时性

定时/计数器启动后,当计数满回 0 溢出时,如果当前定时中断和全局中断均已开放(即 EA=1,对于 T0,ET0=1,对于 T1,ET1=1),则内部硬件电路将自动地向 CPU 请求中断,但是,从计数满回 0 溢出请求中断到 CPU 响应中断并作处理却存在着时间上的延迟,这种延迟随中断请求的现场环境不同而不同,一般至少延迟 3 个机器周期,这就给实时处理带来误差。大多数应用场合下,这种误差可以忽略不计,但对于某些实时性要求比较高的场合,这种误差就不可忽略了。

减少这种计数误差的办法是,在中断服务程序中对 THi、TLi 重置计数初值时,将 THi、TLi 从回 0 溢出又重新从 0 开始继续计数的值读出,并补偿到原来的计数初值中去进行重新设置计数初值。例如,设定时/计数器 T0 的计数初值的低字节数为 LOW,高字节数为 HIGH,可以采用以下方法进行补偿:

```
    CLR     EA              ;禁止中断
    MOV     A,TL0           ;读 TL0 中已计数的值
    ADD     A,#LOW          ;加上计数初值的低字节值
    MOV     TL0,A           ;设置低字节计数初值
    MOV     A,#HIGH         ;原来计数初值的高字节送 A
    ADDC    A,TH0           ;高字节计数初值补偿
    MOV     TH0,A           ;置高字节计数初值
    SETB    EA              ;开中断
```

2.中断的优先级管理

系统中只开放了一个中断时,可以不考虑中断优先级问题,如果系统中开放的中断数不止一个,就存在着多个中断源同时向 CPU 请求中断服务问题,这时,必须确定 CPU 优先响应哪个中断,也就是必须设定中断优先级问题。MCS-51 单片机的中断系统具有两级中断优先级,其结构如图 2-24 所示,D 由特殊功能寄存器 IP 来管理,用来设置各中断源的中断优先级。IP 的字节地址为 B8H,各位分配有位地址,IP 的格式如下:

字节地址:B8H	D7	D6	D5	D4	D3	D2	D1	D0
	×	×	×	PS	PT1	PX1	PT0	PX0
位地址:	BFH	BEH	BDH	BCH	BBH	BAH	B9H	B8H

各位的含义如下：

D7～D5:保留位。对于 STC89C52 单片机而言,D6、D7 位保留,D5 位为 PT2 位,它是定时中断 T2 的中断优先级控制位。PT2=1:高优先级,PT2=0:低优先级。

D4(PS) 位:串行中断优先级控制位。PS=1:高优先级,PS=0:低优先级。

D3(PT1) 位:定时/计数器 1 中断优先级控制位。PT1=1:高优先级,PT1=0:低优先级。

D2（PX1）位:外部中断 1 中断优先级控制位。PX1=1:高优先级,PX1=0:低优先级。

D1(PT0) 位:定时/计数器 0 中断优先级控制位。PT0=1:高优先级,PT0=0:低优先级。

D0(PX0) 位:外部中断 0 中断优先级控制位。PX0=1:高优先级,PX0=0:低优先级。

由上可以看出,Di=1 时,对应的中断源为高优先级,Di=0 时,对应的中断源为低优先级。

复位时,IP=00H,也就是说各中断的优先级处于同一级别,并且同为低优先级。在MCS-51 单片机中,高级中断可以打断低级中断服务而形成中断嵌套,低级中断不能打断高级中断服务形成中断嵌套,同级中断之间也不能形成中断嵌套。如果几个同级中断同时向 CPU 提出中断请求,则 CPU 按以下顺序响应:

外部中断 0 → 定时/计数中断 T0 → 外部中断 1 → 定时/计数中断 T1 → 串行中断

例如,系统中开放了 T0、T1、INT0 三个中断,如果要求这三个中断同时向 CPU 提出中断请求时,CPU 按 T1、INT0、T0 顺序响应中断请求,则应将 PT1 设为 1,PT0、PX0 设为 0,实现的程序段为:

SETB　　　　PT1　　　　;T1 设为高优先级

2.9.3　搭建硬件电路

根据功能要求,本例的硬件电路如图 2-59 所示。

图中,U10(CD4060)及其外围电路组成了脉冲发生电路,用来产生频率为 32.768 kHz的脉冲信号。CD4060 是具有 14 级分频功能的脉冲发生器,其 Q14 端输出频率为振荡频率的 $1/2^{14}$ 的脉冲信号。本电路中,Q14 端输出信号频率为 2 Hz。

在 MFSC-2 实验平台上,用 8 芯扁平数据线将 J3 与 J15 相接,其中 J3 的 P10 脚对应J15 的 D0 脚,将 J18(地)与 J12 的 C1 脚相接,将 J11 的 2 Hz 脚与 J4 的 P35 脚相接,将 J6的 P20 引脚与 J8 的 SPK 引脚相接,就构成了上述电路。

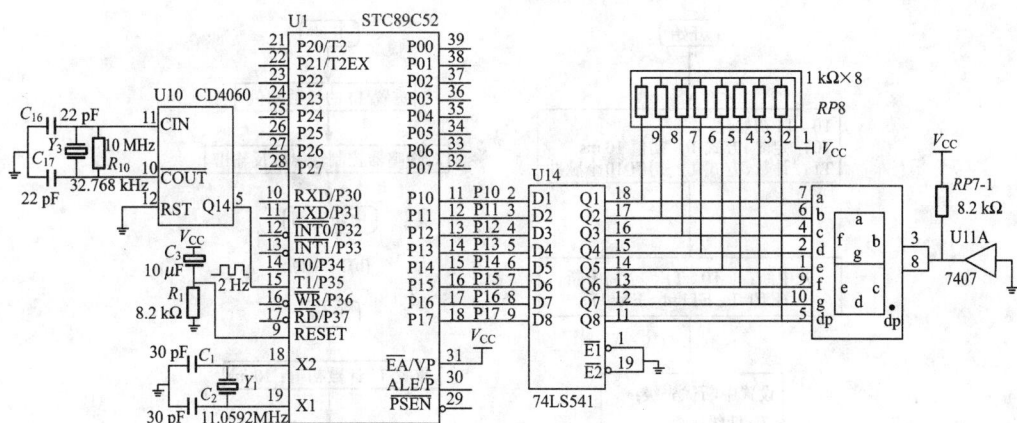

图 2-59　实例 2-9 硬件电路图

2.9.4　编写软件程序

1.编程思路

根据功能要求,本例所要完成的任务是:①对输入脉冲计数,②数码管显示计数值的个位,③脉冲计数满奇数个 10,则蜂鸣器发音,满偶数个 10,则蜂鸣器禁音。用 T0、T1 两个定时/计数器可实现上述功能:T1 作计数器,对输入脉冲进行计数,其计数容量设为10,则每计满 10 个脉冲就发生计数溢出。上电初始化时,将蜂鸣器的输出状态设为禁音状态,将蜂鸣器输出控制放在 T1 中断中,每次输出时都是对蜂鸣器输出状态取反后输出。这样就实现了输入脉冲为奇数个 10 时,蜂鸣器发音报警,为偶数个 10 时蜂鸣器禁音。T0 作 10 ms 定时器,在 T0 中断中读取 T1 的计数值并计算当前所计脉冲个数,然后分离出脉冲数的个位值并送数码管段选口显示输出。

为了保证 T1 每次计满 10 个脉冲后,CPU 都能及时地对 T1 中断作出处理,避免计数脉冲丢失,T1 中断必须能打断其他中断服务。所以在初始化程序中应该将 T1 设为高优先级中断,T0 设为低优先级中断。

本例的流程图如图 2-60 所示。

2.流程图实现说明

(1)T0 的计数初值

按硬件电路图,系统的 $f_{osc}=11.0592$ MHz,T0 采用方式 1,工作于定时模式,定时时间为 10 ms,则其计数初值 X 为:

$$X=模值-t/MC=10000H-t\times f_{osc}/12=10000H-10\times10^{-3}\times11.0592\times10^{6}/12=DC00H$$

因此,初始化程序和 T0 中断服务程序中,TH0 中应装入 DCH,TL0 中应装入 00H。

(2)T1 的计数初值

T1 工作于方式 1,计数模式,计数容量为 10,其计数初值 X 为:

$$X=模值-计数容量=10000H-10=FFF6H$$

所以,在 T1 初始化程序和 T1 中断服务程序中,TH1 中应装入 FFH,TL1 中应装入F6H。其实现程序段详见源代码中第 15、16 行和第 42、43 行。

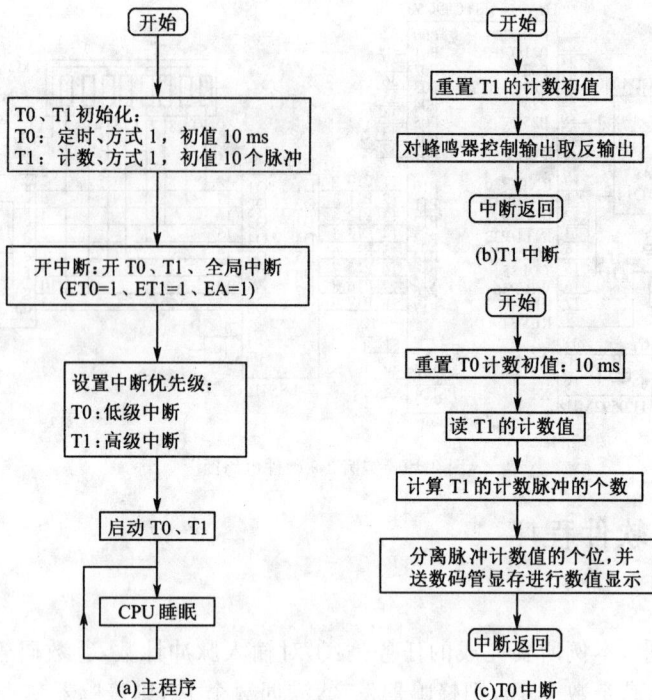

图 2-60　实例 2-9 软件程序流程图

（3）脉冲个数计算

脉冲个数＝计数值－计数初值

T1 采用方式 1 计数，计数值为双字节数，因此需用双字节无符号数减法程序实现脉冲数的计算。

双字节无符号数减法程序的编写方法是：①被减数的低字节减去减数的低字节，得差值的低字节。注意这一步运算时为不带借位的减法运算。②被减数的高字节减去减数的高字节以及低字节减所产生的借位，得差值的高字节。注意这一步运算为带借位减。

设被减数在 R6R7 中，减数在 R4R5 中，其中 R6、R4 中分别存放被减数和减数的高字节数，差值存放在 R6R7 中，则 R6R7－R4R5→R6R7 的运算程序如下：

```
DSUB:
    MOV     A,R7        ;取被减数的低字节
    CLR     C           ;借位位清 0
    SUBB    A,R5        ;减去减数的低字节(不带借位减)
    MOV     R7,A        ;差的低字节存入 R7 中
    MOV     A,R6        ;取被减数的高字节
    SUBB    A,R4        ;减去减数的高字节(带借位减)
    MOV     R6,A        ;差的高字节存入 R6 中
    RET
```

本例的脉冲数计算详见源程序代码的第 31 行～37 行。

（4）分离脉冲数的个位值

T1 的计数容量为 10，所以前面所计算出来的脉冲数一定小于 10。因此，差值的低字节数就是脉冲数的个位值。在编写程序时，可以直接将脉冲数的低字节送入显存中显示。这一过程的实现，详见源程序代码中的第 38 行。

3. 源程序代码

本例完整的源程序代码如下：

```
;-----------------------------------------------------------------------
;实例 2-9 脉冲计数
LED_PORT      EQU   P1              ;1 数码管段选控制口
SPK_PORT      EQU   P2.0            ;2 蜂鸣器控制口
DISBUF0       EQU   30H             ;3 数码管的显存
       ORG    0000H                 ;4 复位入口地址
       AJMP   INIT                  ;5 转初始化程序 INIT
       ORG    000BH                 ;6 定时中断 T0 的入口地址
       AJMP   TIMER0                ;7 转 T0 中断服务 TIMER0
       ORG    001BH                 ;8 定时中断 T1 的入口地址
       AJMP   TIMER1                ;9 转 T1 中断服务 TIMER1
       ORG    0050H                 ;10 应用程序放在 0050H 之后
;-----------------------------------------------------------------------
INIT:         ;初始化程序             11
       MOV    TMOD,#51H             ;12 T1:方式 1、计数,T0:方式 1、定时
       MOV    TH0,#0DCH             ;13 设置 T0 的计数初值:10 ms
       MOV    TL0,#00H              ;14
       MOV    TH1,#0FFH             ;15 设置 T1 的计数初值:10 个脉冲
       MOV    TL1,#0F6H             ;16
       SETB   ET0                   ;17 开 T0 中断
       SETB   ET1                   ;18 开 T1 中断
       SETB   PT1                   ;19 设置中断优先级:T1:高优先级
       SETB   EA                    ;20 开全局中断
       SETB   TR0                   ;21 启动 T0
       SETB   TR1                   ;22 启动 T1
;-----------------------------------------------------------------------
MAIN:         ;主程序                 23
       ORL    PCON,#1              ;24 置 CPU 睡眠
       SJMP   MAIN                  ;25 转 MAIN
;-----------------------------------------------------------------------
TIMER0:       ;T0 中断服务            26
       MOV    TH0,#0DCH            ;27 重置 T0 计数初值:10 ms
       MOV    TL0,#00H             ;28
       MOV    R7,TL1               ;29 读 T1 计数值至 R6R7 中
       MOV    R6,TH1               ;30
```

```
        MOV       A,R7              ;31 减去初值(FFF6H)得所计得脉冲数
        CLR       C                 ;32
        SUBB      A,#0F6H           ;33
        MOV       R7,A              ;34
        MOV       A,R6              ;35
        SUBB      A,#0FFH           ;36
        MOV       R6,A              ;37
        MOV       DISBUF0,R7        ;38 脉冲数的个位数送显存
        ACALL     DISPLAY           ;39 调用 DISPLAY 进行数据显示
        RETI                        ;40 中断返回
;---------------------------------------------------------------
TIMER1:           ;T1 中断服务          41
        MOV       TH1,#0FFH         ;42 重置计数初值:10 个脉冲
        MOV       TL1,#0F6H         ;43
        CPL       SPK_PORT          ;44 蜂鸣器控制口取反输出
        RETI                        ;45 中断返回
;---------------------------------------------------------------
DISPLAY:          ;数据显示            46
        MOV       A,DISBUF0         ;47 取偏移地址
        MOV       DPTR,#DISCODE     ;48 取表首地址
        MOVC      A,@A+DPTR         ;49 查表得显示笔型码
        MOV       LED_PORT,A        ;50 笔型码送段选口输出
        RET                         ;51 子程序返回
;---------------------------------------------------------------
DISCODE:                            ;显示笔型码表
    DB  3FH,06H,5BH,4FH,66H,6DH,7DH,07H,7FH,6FH
;---------------------------------------------------------------
    END
```

2.9.5　应用总结

定时/计数器工作在计数模式时,用来对外部输入脉冲进行计数,计数器的工作方式和用法与定时器的用法相同。用计数器对外部脉冲计数时,其计数过程由硬件完成,不需要软件计数,因而可减轻 CPU 的工作负担。这一点与用外部中断对脉冲计数不同。

定时/计数器对外部脉冲计数时,对输入脉冲有一定要求,使用时要保证输入信号的频率不高于 $f_{osc}/24$,并且脉冲信号的高低电平持续时间不得少于一个机器周期。

对处于运行状态的计数器进行读数时,直接读取 THi 和 TLi 中的值,所读值与当前计数值不一定相同,读计数值所采用的一般方法是,先读 TLi,再读 THi,再读一次 TLi,根据前后两次所读 TLi 的值对 THi 的值进行修正。

当系统中开放的中断不止一个时,需要设置各中断源的优先级。中断源的优先级设置方法是,将特殊功能寄存器 IP 的对应位设为 0 或者 1。其中设为 0 时,该中断源为低

优先级中断,设为 1 时,该中断源为高优先级中断。

双字节减法程序的编写方法是,先对低字节数作不带借位减,再对高字节数作带借位减。

习　题

1. T0 工作于方式 0,作计数器使用,计数初值为 1314H,其计数容量为多少?计数值为 2305H 时,所计脉冲数为多少?

2. T1 工作于方式 0,作计数器使用,每计满 100 个脉冲就产生一次计数中断。如果 T1 采用高优先级中断,请写出 T1 初始化程序。

3. 在什么情况下必须设定中断源的优先级?如何设置中断源的优先级?

4. 在实例 2-9 中,如果用 T0 作计数器,T1 作 10 ms 定时器,是否还需要将 T0 中断设为高优先级中断?为什么?

5. T0 作计数器使用,工作于方式 1,写出读取 T0 计数值的程序段。设所读出的计数值保存在片内 RAM 40H、41H 中。

扩展实践

单片机系统的 f_{osc}=11.0592 MHz,定时/计数器 T0 工作在方式 0 下,作计数器使用,对外部输入脉冲进行计数。P0 口接有 8 个发光二极显示电路,P1 口外接一位共阴极数码管显示电路,用发光二极管和数码管显示当前输入脉冲数,其中数码管显示脉冲数的个位值,发光二极管显示脉冲数 10 的倍数。T1 作 10 ms 定时器使用,用来控制数据的显示输出。试设计硬件电路、编写软件程序,并在 MFSC-2 实验平台上验证设计结果。

2.10　看门狗定时器的应用

看门狗定时器也称为系统程序运行监视器,现代增强型 51 单片机(包括 52 单片机)中一般都集成有看门狗定时器。本例将介绍 STC89C52 单片机的看门狗定时器的管理和应用。在本例的实践中,要求达到以下目标:

1. 掌握看门狗定时器的应用特性。

2. 能正确管理 STC89C52 单片机的看门狗。

3. 会编写看门狗的喂狗程序。

4. 会运用看门狗进行抗干扰设计。

2.10.1　实例功能

单片机的 P1.0 口控制一只发光二极管,上电后对发光二极管的显示状态取反,延时 500 ms 后启动看门狗,以后每隔一定时间喂一次狗,喂狗的时间间隔不同发光二极管的显示情况也不同。当喂狗的时间间隔大于看门狗复位周期时,看门狗定时器引起系统复位,发光二极管闪烁。当喂狗的时间间隔小于看门狗的复位周期时,看门狗定时器不会引起系统复位,发光二极管不闪烁。

2.10.2 相关知识

1.看门狗的原理

看门狗定时器也是一个定时器,但是与单片机内部的定时/计数器不同,它本身可以独立工作,基本上不依赖于 CPU。看门狗定时器启动后,如果看门狗的定时时间到,则看门狗会强制单片机复位。在实际应用中,一般是每隔一定的时间喂一次狗,喂狗的实质是将看门狗定时器的计数值清 0。只要喂狗的时间间隔小于看门狗定时器的定时时间(也称为看门狗的复位周期),看门狗就不会引起单片机复位,系统程序可以正常运行。但是,当干扰使单片机陷入死循环,出现死机情况时,单片机就不能喂狗了,看门狗就会强制单片机复位,将程序纳入正常轨道。

2.管理 STC89C52 片内看门狗的特殊功能

STC89C52 单片机片内看门狗定时器由特殊功能寄存器 WDT_CONTR 来管理,其字节地址为 E1H。WDT_CONTR 的结构如下:

D7	D6	D5	D4	D3	D2	D1	D0
—	—	EN_WDT	CLR_WDT	IDLE_WDT	PS2	PS1	PS0

各位的含义如下:

D7、D6:保留未用。

D5(EN_WDT):看门狗允许控制位。

$$EN\_WDT = \begin{cases} 0:禁止看门狗(复位值) \\ 1:启动看门狗 \end{cases}$$

D4(CLR_WDT):看门狗定时器的计数值清 0 控制位。该位设为 1 时,看门狗定时器的计数值清 0,尔后自动地将此位恢复为 0。

D3(IDLE_WDT):CPU 处于空闲方式下(CPU 睡眠时),看门狗计数模式选择控制位。

$$IDLE\_WDT = \begin{cases} 0:CPU 睡眠时不计数 \\ 1:CPU 睡眠时继续计数 \end{cases}$$

D2~D0(PS2、PS1、PS0)位:看门狗定时器预分频值控制位。这三位实际上是用来设定看门狗的定时时长,即复位周期。预分频值如表 2-22 所示。

看门狗的复位周期 = (N × 预分频值 × 32768)/f_{osc}

其中,f_{osc}:单片机的振荡频率

表 2-22　　看门狗定时器预分频值

PS2	PS1	PS0	预分频值
0	0	0	2
0	0	1	4
0	1	0	8
0	1	1	16
1	0	0	32
1	0	1	64
1	1	0	128
1	1	1	256

$$N = \begin{cases} 12:12 时钟模式时 \\ 6:6 时钟模式时 \end{cases}$$

说明:传统的 51 单片机为每个机器周期占 12 个时钟周期,这种模式称为 12 时钟模式,STC89C52 单片机为了降低单片机对系统的电磁干扰,设置了 12 时钟模式和 6 时钟模式(每个机器周期 6 个时钟)两种时钟模式,用户在使用 ISP 软件烧录程序时可在 ISP 软件中选择时钟模式。

2.10.3　搭建硬件电路

实现本例功能的硬件电路如图 2-61 所示。

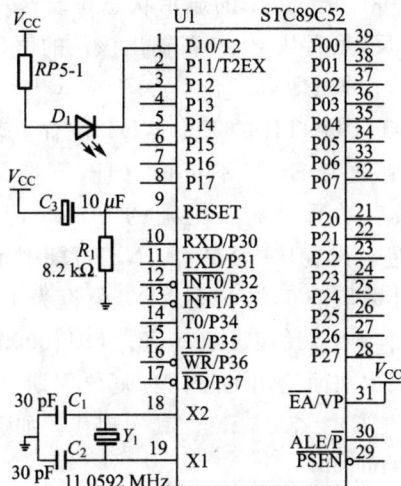

图 2-61　实例 2-10 硬件电路图

在 MFSC-2 实验平台中,用 2 芯扁平数据线将 J3 与 J9 相接就可以实现上述电路。

2.10.4　编写软件程序

1. 流程图

本例程序的流程图如图 2-62 所示。

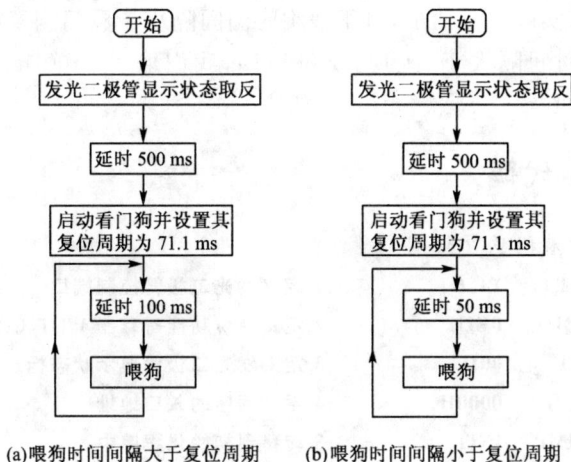

(a) 喂狗时间间隔大于复位周期　　　(b) 喂狗时间间隔小于复位周期

图 2-62　程序流程图

2. 对 D1 的显示状态取反

对 D1 的显示状态取反，不能用"CPL　P1.0"指令来实现。其原因是，每次单片机复位后，P1.0 的状态始终是输出高电平状态，是一个固定状态，它并不能记录复位之前 D1 的状态。例如本次复位之前，如果 D1 的显示状态为亮态，那么 P1.0 在复位之前的状态为 P1.0=0，复位后 P1.0=1，执行"CPL P1.0"后，P1.0=0，发光二极管亮，并没有实现对 D1 的显示状态取反。

对 D1 的显示状态取反的实现方法是，利用单片机复位时不改变片内 RAM 的值这一特点，选取位地址区的某一位记录 D1 的显示状态。设这一位为 D1_STATUS 位，复位后，对 D1_STATUS 位取反，然后从 P1.0 口输出该位的值。

3. 启动看门狗及喂狗

将特殊功能寄存器 WDT_CONTR 的 EN_WDT 位置 1 就启动了看门狗。但是，由于 WDT_CONTR 的字节地址为 E1H，不可位寻址，不能采取用位操作指令直接将 EN_WDT 位置 1 的方法来启动看门狗。正确的方法是，用字节传送 MOV 指令将 WDT_CONTR 的各位同时进行设置，一般是将 EN_WDT 位设为 1，同时将 CLR_WDT 位设为 1，以便将看门狗的计数值清 0，将 EN_WDT 位设为 1，根据选定的复位周期大小设置 PS2、PS1、PS0 的值。本例中，我们设定其值为 00110000B，时钟模式为 12 时钟，振荡频率为 11.0592 MHz。根据前面给出的看门狗复位周期公式可知，复位周期 T 为：$T=(12\times2\times32768)/11.0592\times10^6=71.1$ ms。其实现代码如下：

MOV　WDT_CONTR,＃00110000B

需要说明的是，MedWin 工具软件中，不包括非标准 51 单片机的特殊功能寄存器的定义，用户必须在程序的开头处用如下方法对 WDT_CONTR 特殊功能寄存器进行定义。

WDT_CONTR　　EQU　　0E1H

喂狗的实质是将看门狗定时器的计数器的初值清为 0，并启动看门狗，其方法与启动看门狗一样。

4. 延时时间

本例的功能要求实际上是两个，对于喂狗时间间隔小于看门狗复位周期，我们取 $t=50$ ms；对于喂狗时间间隔大于看门狗复位周期，我们取 $t=100$ ms，只需要调用两次 50 ms 延时子程序即可。

2.10.5　源程序代码

1. 喂狗时间大于看门狗复位周期

```
LED_PORT      BIT     P1.0        ;1 定义发光二极管控制端口
WDT_CONTR     EQU     0E1H        ;2 定义特殊功能寄存器 WDT_CONTR
D1_STATUS     BIT     00H         ;3 定义发光二极管显示状态标志
              ORG     0000H       ;4 系统程序的入口地址
              AJMP    INIT        ;5 转移到初始化程序中
              ORG     0050H       ;6 真正的应用程序放在 0050H 之后
```

```
        ;--------------------------------------------------------------------
INIT:                                   ;7 初始化程序
        CPL     D1_STATUS       ;8 D1 的状态取反
        MOV     C,D1_STATUS     ;9 取反后的状态送发光二极管控制口显示输出
        MOV     LED_PORT,C      ;10
        ACALL   D500MS          ;11 调用 500 ms 延时程序,延时 500 ms
        MOV     WDT_CONTR,#00110000B
                ;12 EN_WDT=1,CLR_WDT=1,IDLE_WDT=0,PS2=PS1=PS0=0
                ;复位周期为 71.1 ms
        ;--------------------------------------------------------------------
MAIN:                                   ;13 主程序
        ACALL   D50MS           ;14 调用 D50MS 子程序,延时 50 ms
        ACALL   D50MS           ;15 调用 D50MS 子程序,延时 50 ms
        MOV     WDT_CONTR,#00110000B  ;16 喂狗
        SJMP    MAIN            ;17 无条件地转移到 MAIN 处
        ;--------------------------------------------------------------------
D50MS:                                  ;18 50 ms 延时子程序
        MOV     R6,#100         ;19 外层循环计数器赋初始值 100
DL1:    MOV     R7,#250         ;20 内层循环计数器赋初始值 250
        DJNZ    R7,$            ;21 R7 减 1,若不为 0 则继续减判断
        DJNZ    R6,DL1          ;22 R6 减 1,若不为 0 则转 DL1
        RET                     ;23 子程序返回
        ;--------------------------------------------------------------------
D500MS:                                 ;24 500 ms 延时子程序
        MOV     R5,#10          ;25 循环计数器赋初始值 50
DL2:    ACALL   D50MS           ;26 调用 D50MS 子程序
        DJNZ    R5,DL2          ;27 R5 减 1,若不为 0,则转 DL2 继续
        RET                     ;28 子程序返回
        END                     ;29 源程序结束
```

2. 实验现象

将上述源代码编译生成 Hex 文件,并烧录入单片机中后,我们会发现,发光二极管不停地闪烁。

3. 现象分析

看门狗的复位周期为 71.1 ms,100 ms 延时程序尚没有执行完毕,看门狗定时时间到,强制系统复位,跳转至 MAIN 处的指令"SJMP MAIN"(第 17 行代码)根本没有执行,系统实际执行程序的流程图如图 2-63 所示。所以 D1 闪烁。

4. 喂狗时间间隔小于看门狗复位周期

将"喂狗时间大于看门狗复位周期"源程序中的第 15 行代码注释掉,这样喂狗时间间隔为 50 ms,看门狗的复位周期为 71.1 ms,生成 Hex 文件后,再上载至单片机中,结果为指示灯不闪烁。其原因是,喂狗时间间隔小于看门狗复位周期,看门狗不引起系统复位,发光二极管的状态保持不变。

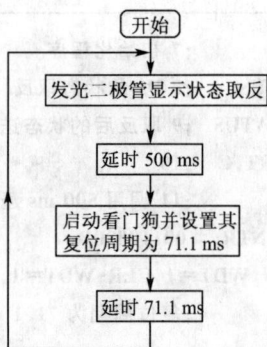

图 2-63   执行程序的流程图

2.10.6   应用总结

喂狗时间间隔小于看门狗复位周期时,看门狗不引起单片机复位,系统程序可正常执行,否则看门狗将引起单片机复位。

单片机应用系统设计中,一般都使用看门狗,让看门狗复位周期略大于系统程序执行的最长时间,应用系统程序为一结构循环,通常在循环体的某一处喂狗一次,这样可保证正常情况下看门狗不引起系统复位,程序正常运行,当干扰使系统陷入死循环后,看门狗可强制单片机复位,将程序纳入正常轨道。

看门狗复位周期选择得越短越好,这样可以尽早地纠正失控的程序,如果系统程序执行的最长时间比较长(这种程序一般是含有许多延时子程序),可以利用定时/计数器将时间分成小片段,采取分时复用技术将一轮程序执行时间缩短。

单片机片内的看门狗并不是 51 单片机的标准部件,不同型号的单片机,其管理看门狗的特殊功能寄存器不同,开发工具也不一定有此 SFR 的定义。编程时可采取用 EQU 伪指令自定义这些不被支持的特殊功能寄存器。

习 题

1. 简述喂狗的方法,并举例说明。

2. 选用 MedWin 作开发工具时,实际选用的单片机是 STC89C52,如果需要使用看门狗定时器,在程序中如何处理管理看门狗定时器的特殊功能寄存器?

3. 实例 2-10 中,为什么不能用"对 P1.0 取反"的方法实现对发光二极管的显示状态取反操作?请指出实现对发光二极管的显示状态取反操作的正确方法。

4. 根据实例 2-10 的实践结果,总结用看门狗定时器防止单片机死机的实现方法。

扩展实践

在开启看门狗的条件下实现实例 2-8 的功能。

2.11   软件抗干扰实例

在单片机应用中,经常出现在实验室研制成功的产品在实践中却不能正常工作的现象,其中的一个主要原因就是,单片机系统承受不了外部的干扰。因此,在单片机应用中,提高系统的抗干扰能力非常重要。抗干扰的措施有硬件措施和软件措施,一般是软硬兼施。硬件措施主要是采用看门狗,软件措施主要有指令冗余、软件陷阱等。本例中,我们通过一个干扰影响实例观察干扰的后果,然后在此例的基础上加上冗余指令和软件陷阱后再观察干扰的影响,最后介绍软件抗干扰的一般方法。通过本例的学习,达到以下目标:

1. 掌握指令冗余抗干扰方法,会用冗余指令进行抗干扰设计。

2. 掌握软件陷阱的构成及其插入位置,会在系统软件中设置软件陷阱。

3. 会编写相关程序实现将跑飞程序纳入正常轨道。

2.11.1   干扰的影响

单片机用程序计数器 PC 记录下一条指令的操作码存放的地址,读指令一般分几步来进行,首先是到 PC 所指向的程序存储单元中读取指令码,然后分析操作码,根据读取的指令的特点,读取随后的 0~2 个字节单元中的内容(单字节指令不再读,双字节指令再读一个字节,三字节指令再读两个字节内容),形成一条完整的指令后执行指令,并自动地调整 PC 的值,使其指向下一条指令的操作码所在单元。正常情况下,PC 值是按程序规定的轨道进行变化的,单片机就按照事先编写的程序有序地运行着。但是,当干扰破坏了程序计数器 PC 的内容后,系统就会发生混乱。请看下面的实例:

```
      MOV       74H,A        ;F574H         (1)
      LJMP      XYZ          ;020540H       (2)
ABC:
      ……
      RET
      ORG       0540H
XYZ:
      ……
      RET
```

程序中,指令后的注释是对应指令的指令编码,其中第一个字节是指令的操作码,后面的是指令的操作数。

标号 ABC 之前的指令在 Hex 文件中对应的代码为 F574020540H,假定单片机要执行的下条指令是程序中的第 1 条指令,这时 PC 的内容是第 1 条指令的操作码 F5H 所存放单元的地址。在读指令操作码之前,如果干扰使 PC 的值加 1,单片机所读得的操作码就会是 74H 而不是 F5H,单片机就会把操作数 74H 当作操作码来分析执行,74H 是双字节指令"MOV A,♯data"的操作码,单片机就会将下一个字节的内容 02H 读取出来,

拼成一条完整的指令，7402H 对应的汇编指令是"MOV A, ♯ 02H"。下一字节的内容
05H 是指令"INC dir"的操作码，于是单片机就会把 0540H 当作一条指令来执行，对应指
令为"INC 40H"。020540H(LJMP XYZ)这条指令被冲散了。单片机实际执行的程序
如下：

```
        MOV      A, ♯ 02H      ;7402H
        INC      40H           ;0540H
    ABC:
        ……
        RET
        ORG      0540H
    XYZ:
        ……
        RET
```

显然，其后果是：

①破坏了存储单元的内容。A 中的内容被改为 02H，片内 RAM 40H 中的值加 1。

②改变了程序的流向。单片机应该是执行子程序 XYZ 不执行子程序 ABC，而实际
执行的结果是，执行了子程序 ABC 而没有执行子程序 XYZ。

如果 ABC 是一个执行机构输出控制子程序，系统就会在本不该输出的时候却控制
外部执行机构作动作输出，其后果更加严重。

如果 ABC 是一个系统状态修改控制子程序，系统就会进入一个不该进入的状态。
由于 ABC 与 XYZ 是等地位的子程序，如果不再出现干扰的话，程序不会陷入死循环状
态，不会引起看门狗复位，看门狗的复位纠偏功能得不到发挥，这种错误将得不到纠正。

同样地，如果是单片机在读 LJMP 指令操作码时，干扰使 PC 值加了 1，也会使程序
偏离正常轨道，出现上述后果。在此我们不再做详细地分析了，读者不妨自己分析其中
的结果。

2.11.2　抗干扰程序设计

1.程序的修改

我们在上述程序中加上几条指令，修改程序：

```
        MOV      74H, A        ;F574H       (1)
        NOP                    ;00H         (2)
        NOP                    ;00H         (3)
        LJMP     XYZ           ;020540H     (4)
        NOP                    ;00H         (5)
        NOP                    ;00H         (6)
        LJMP     ERR           ;02ERR       (7)
    ABC:
        ……
        RET
```

```
        ORG     0540H
XYZ:
        ……
        RET
```

现在的程序在原来的"LJMP XYZ"指令之前加上了两条 NOP 指令,在其后加上了两条 NOP 指令和一条 LJMP 指令。其中第 2、3 条指令只产生了两个机器周期的延时,第 5、6、7 条指令处为程序的断裂处,正常情况下这 3 条指令是不会执行的。新程序的功能与原来程序的功能完全一样,但是新程序的抗干扰能力要强得多。

1～7 条指令在 Hex 文件中对应的代码为 F5740000020540000002ERR。同样是单片机读取第 1 条指令的操作码之前,干扰使 PC 的值增加了 1,这时单片机实际执行的"MOV A,♯data"指令的操作数是第 2 条指令 NOP 的操作码,不再是 LJMP XYZ 指令的操作码了,单片机实际执行的程序如下:

```
        MOV     A,♯00H      ;7400H      (1)
        NOP                 ;00H        (2)
        LJMP    XYZ         ;020540H    (4)
        ……
        ORG     0540H
XYZ:
        ……
        RET
```

转移指令 LJMP 之前的两条 NOP 指令保证转移指令 LJMP 不被前面的执行指令冲散,提高了 LJMP 指令被执行的可靠性,程序能沿正常轨道运行。

显然,在转移指令之前加上两条多余的 NOP 指令可以提高系统的抗干扰能力,这种方法就叫做指令冗余抗干扰。

同样地,如果是在读第 2 条或者第 3 条指令时,PC 值增加了 1,由于 NOP 指令是单字节指令,也不会导致后面的 LJMP 指令被冲散。

如果是在读第 4 条指令 LJMP 的操作码前,PC 值增加了 1,操作码 02H 将不被读取,实际执行程序是:

```
        MOV     74H,A       ;F574H      (1)
        NOP                 ;00H        (2)
        NOP                 ;00H        (3)
        INC     40H         ;0540H      (4)
        NOP                 ;00H        (5)
        NOP                 ;00H        (6)
        LJMP    ERR         ;02ERR      (7)
        ……
```

LJMP 指令被拆散,程序直冲而下,第 5、6、7 条指令就会捕捉到程序执行错误信息,并将程序转移到 ERR 处进行出错处理,避免了事态的扩大。

显然,在转移指令 LJMP 之后所加的两条 NOP 指令和一条 LJMP 指令可以保证正常时这些指令不被执行,当程序跑飞后可以捕捉到跑飞程序,这里所加的两条 NOP 指和一条 LJMP 指令就是软件陷阱。

2. 冗余指令插入的位置

在一条指令前加上两条 NOP 指令可以保证这条指令不会被前面冲下来的失控程序冲散,并能被完整地执行,从而使程序走上正轨,但是冗余指令不能加得太多,否则会明显地降低程序正常运行效率。一般是在一些对程序流向起决定性作用的指令前和对系统的工作状态起至关重要作用的指令前插入两条 NOP 指令,这些指令有:

RET、RETI、ACALL、LCALL、SJMP、AJMP、LJMP、JZ、JNZ、JC、JNC、JB、JNB、JBC、CJNE、DJNZ 和类似于 SETB　EA 等设置系统状态指令。

3. 软件陷阱设置的位置

软件陷阱一般安排在以下四处:

①未使用的中断向量区。凡是未使用的中断,在其中断入口地址处都安排软件陷阱,将真正的应用程序放在 0050H 之后。当干扰打开了这些中断后,系统可以及时地捕捉到错误的中断。例如,系统中外部中断 0 没有使用,就可以这样安排程序:

```
ORG      0000H      ;系统程序入口地址
AJMP     INIT       ;引向初始化程序
ORG      0003H      ;外部中断 0 的入口地址
NOP                 ;软件陷阱
NOP
LJMP     EER
ORG      000BH      ;定时中断 T0 的入口地址
LJMP     TIMER0     ;引向 T0 服务程序
NOP                 ;软件陷阱
NOP
LJMP     ERR
ORG      0013H      ;外部中断 1 的入口地址
……
```

②表格的前后。表格有两类,一类是数据表格,一类是散转表格。表格中间是不允许打断的,所以只能在表格的前后加入由两条 NOP 指令和一条 LJMP ERR 指令所组成的软件陷阱。但是,如果表格太长,有可能跑飞来的程序在中途再次飞走,这时最后的陷阱就不一定能捕捉到失控的程序,这只能依赖于其他地方的软件陷阱或冗余指令了。

③程序的断裂处。下列指令之后通常是程序的断裂处:AJMP、SJMP、LJMP、RET、RETI,通常是在这些指令之后加上软件陷阱。

④未使用的程序存储器空间。未使用的程序存储器空间,一般保持在初始状态,其内容为 FFH,对应于单字节指令"MOV R7,A"。程序跑飞到这部分区域后,就不会发生跳转。一般是在一些固定的地址处设置一个陷阱。例如,单片机系统有 8 KB 的 ROM,系统程序只占用了 3 KB,我们就可以这样设置陷阱:

```
ORG      1000H
NOP
NOP
```

```
    LJMP        ERR
    ORG         1FFBH
    NOP
    NOP
    LJMP        ERR
```

4. 跑飞程序纳入正轨

将跑飞程序纳入正常轨道,不能简单地使用无条件指令将捕捉到的跑飞程序转移到 0000H。51 单片机中用了两个不对用户开放的中断优先级触发器(也称中断激活标志)记录两级中断的响应情况,CPU 响应中断时,将对应的中断优先级触发器置 1,阻止 CPU 响应同级和低级中断,然后进入中断服务程序,执行 RETI 指令后,就会将优先级触发器清 0,以便 CPU 响应同级或低级中断请求。当程序跑飞发生在中断服务程序中时,除了要将捕捉到的跑飞程序引向 0000H 处外,还要将中断优先级触发器清 0。否则,程序虽然纳入了正轨,但单片机不能响应同级和低级中断,系统仍不能正常工作。

能使中断优先级触发器清 0 的方法只有两种:单片机复位和执行 RETI 指令,前者为硬件方法,看门狗抗干扰就是使用这种方法,后者为软件方法。将跑飞程序纳入正轨的正确方法是,让 CPU 执行两条 RETI 指令,并使程序返回到 0000H 处。其实现程序如下:

```
ERR:
    CLR     EA                  ;关中断                                          1
    MOV     DPTR,#ERR1          ;取子程序 ERR1 的入口地址                         2
    PUSH    DPL                 ;ERR1 的入口地址压入堆栈                          3
    PUSH    DPH                 ;                                               4
    RETI                        ;中断优先级触发器清 0,程序返回至 ERR1 处           5
ERR1:
    CLR     A                   ;准备返回地址:0000H                              6
    PUSH    ACC                 ;系统的入口地址压入堆栈                            7
    PUSH    ACC                 ;                                               8
    RETI                        ;中断优先级触发器清 0,程序返回至 0000H 处          9
```

这里的标号 ERR 是前面介绍的软件陷阱中转移指令的转移目标地址。程序中,第 1 条指令为关中断指令,其目的是为了防止干扰使中断开放后,中断将捕捉到的跑飞程序抓走。

第 2~4 条指令的作用是,保证单片机执行了第 5 条 RETI 指令后,能进入子程序 ERR1 中。CPU 执行 RETI 指令时,将从栈顶弹出两个字节的内容至 PC 中,使程序发生转移,转移目标处的地址为栈顶两个字节单元的内容,其中栈顶元素为目标地址的高字节。因此,我们必须将标号 ERR1 的低字节先压入堆栈中,然后再将其高字节压入堆栈中,切不可将其先后顺序弄错了。

第 7 条指令是将 A 的内容压入堆栈。PUSH 指令的格式是"PUSH dir",其操作数只能是直接地址,不能是寄存器,"PUSH A"是非法的。ACC 是累加器 A 的映射寄存器。对 ACC 的操作结果与对 A 的操作结果相同,但是 ACC 是一个特殊功能寄存器的名称,是一个符号地址。所以,可用"PUSH ACC"代替将 A 的内容压入堆栈的功能。

2.11.3 应用总结

干扰改变 PC 的内容后,有可能使单片机把非指令操作码当作指令操作码来译码执行,程序运行就会出错,如果类似于 LJMP 这样对程序的流向起决定性作用的指令被冲散后,程序就会跑飞。

软件抗干扰的方法通常是用指令冗余抗干扰,用软件陷阱捕捉跑飞程序。在一条指令前加上两条 NOP 指令可以保证该指令不被前面失控的程序冲散。冗余指令一般加在对程序流向起决定性作用的指令前。

两条 NOP 指令和一条 LJMP 指令就构成了软件陷阱,软件陷阱一般放在未使用的中断向量区、表格的前后、程序的断裂处和未使用的程序存储器空间。在软件陷阱中的 LJMP 指令中,转移目标处一般是专门的出错处理程序(如 ERR 程序)的入口处。

在跑飞程序的出错处理中,首先是要关中断,然后利用堆栈和 RETI 指令清除两级中断优先级触发标志,并使程序转移至系统入口 0000H 处,将跑飞程序纳入正轨。

习 题

1. 在工程上常用指令冗余抗干扰,冗余指令由什么组成? 系统程序中,常在哪些指令前面加冗余指令?

2. 下面的程序段为某应用程序中的一个片段,请按工程上的要求插入冗余指令和软件陷阱:

```
        MOV     30H,A
        LJMP    XYZ
ABC:    ……
        RET
XYZ:    ……
        RET
```

3. 软件陷阱由哪些指令组成? 一般安排在哪些地方? 请列举例子。

4. 编程实现将跑飞程序纳入正常轨道。

项目 3 | 人机交互处理

键盘和显示器是人和计算机进行对话的常用设备。本项目将用 6 个实例重点介绍工程上常用的键盘和显示接口设计方法。通过本项目的实践,要求达到以下目标:

1. 能设计数码管扫描显示接口电路。
2. 能编写数码管静态扫描显示程序,并能进行消隐处理。
3. 能编写多个数码管静态与闪烁显示的混合显示程序。
4. 会设计矩阵式、独立式键盘接口电路。
5. 会应用定时中断实现键盘扫描处理。
6. 会编写单功能键、多功能键解释处理程序。

3.1 数码管扫描显示

3.1.1 实例功能

单片机的定时/计数器 T0 用作定时器,控制扫描显示时间,P1、P2 两个并行口控制 6 位数码管显示输出,使 6 位数码管依次显示数字 0、1、2、3、4、5。其中,P1 口作显示数据输出口(段选口),P2 口作控制 6 位数码管点亮发光的控制口(位选口)。

3.1.2 相关知识

完成本例所需要的知识主要有扫描显示和集成数码管。

1. 扫描显示原理

人眼具有视觉暂留特性,当外部事物变化的速度超过 48 次/秒(即变化频率超过 48 Hz)后,人眼就感觉不到事物的变化,看到的是连续不变的景象。例如,电风扇在高速运行时,我们所看到的扇页是一个圆盘。用两个并行口控制多个数码管显示时,就是利用人眼的这一特性,对各数码管进行分时扫描显示。其方法是,将显示时间划分为若干个小片段 T0、T1…Tn-1、Tn,在各时间段内只点亮一个数码管,其中 Ti 时间内点亮第 i 号数码管并显示 i 号数码管应该显示的数据。所有数码管显示一遍后,就完成了一轮扫描显示,然后重新开始下轮扫描显示。在数码管扫描显示的过程中,每一个数码管都是快速地闪烁显示,只要其闪烁频率大于 48 Hz,人眼看到的就是稳定显示。

2. 集成数码管

为了方便印刷电路板的制作,许多数码管制作企业常将多位数码管集成在一起,形成集成数码管,常见的集成数码管有 2 位、3 位和 4 位数码管等几种。集成数码管也有共阴极、共阳极之分,MFSC-2 实验平台所用的数码管为 3 位集成的共阴极数码管,这种数码管的外形结构如图 3-1 所示,其引脚分布如图 3-2 所示。其制作原理是,将几个分立数码管的段选引脚 a、b、c…dp 并接在一起,形成集成数码管的段选引脚 a、b、c…dp,再将各分立数码管的控制引脚引出来,形成集成数码管的控制引脚 cm₁、cm₂…这些引脚叫做位选脚。3 位数码管内部接线图如图 3-3 所示。当某个位选脚选通(共阴:接低电平,共阳:接高电平),各段选引脚输入显示数据的笔型码时,这位数码管就显示对应字符。

图 3-1　三位集成数码管外形图

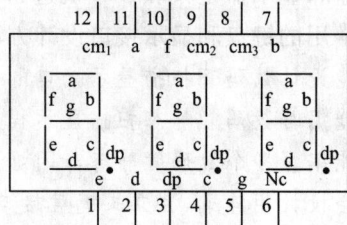

图 3-2　三位集成数码管引脚分布

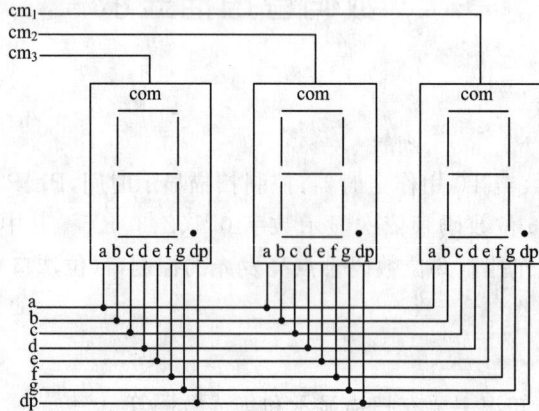

图 3-3　三位集成数码管内部接线图

3.1.3　搭建硬件电路

本例的硬件电路如图 3-4 所示。图中,74LS541(U14)和 7407(U11)起驱动放大作用,用来提高 P1 口、P2 口的带负载能力。两片三位数码管 U12、U13 的段选线并接在一起(即 U12 的 a 脚与 U13 的 a 脚相接,它们的 b 脚相接……),然后接至 74LS541 的输出脚 $Q_1 \sim Q_8$,各片的位选引脚直接与 7407 相接。P1 口作段选控制,用于输出显示数据,控制点亮数码管的笔段显示。P2 口作位选控制,用于输出点亮数码管的控制数据,控制各位数码管的亮灭。

在 MFSC-2 实验平台中,用 8 芯扁平数据线将 J3 与 J15、J6 与 J12 相接,就构成了上述电路。

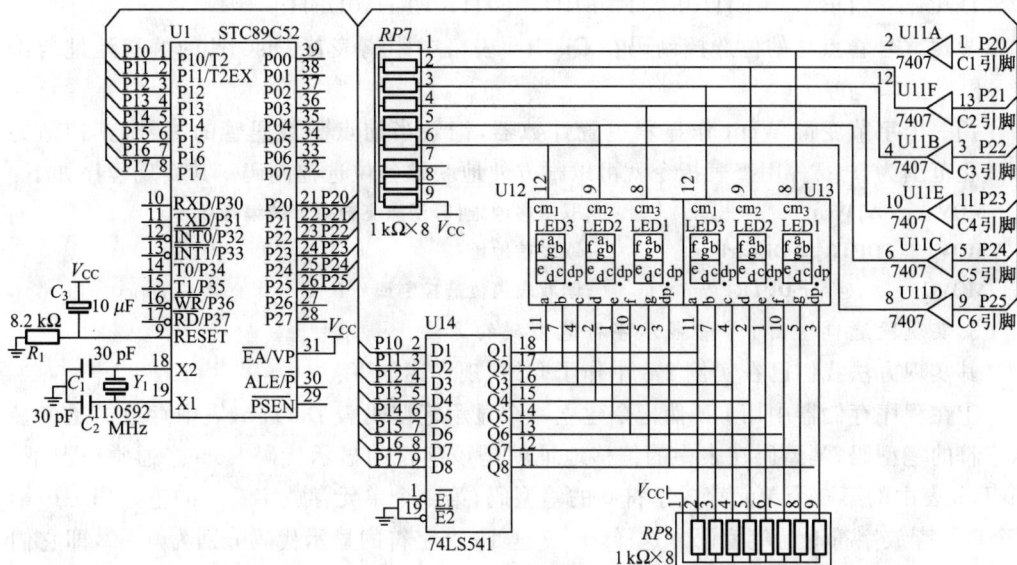

图 3-4 实例 3-1 硬件电路图

3.1.4 编写软件程序

1.编程思路

将扫描数码管进行编号,从右至左依次为 0~5,该编号与时间片段的编号是一致的。设一轮扫描期内,各时间片段依次为 T0~T5,按照功能要求,Ti 时间内,位选口 P2 输出 i 号管点亮的位选控制码,点亮 i 号管,然后段选口 P1 输出 i 号管显示数据的笔型码,延时 t 时间(数码管点亮时间为 t)后进入 t_{i+1} 时间,重复上述过程,控制下一个数码管显示。例如,1 号管显示数据1,使 1 号管点亮的位选控制码为 FDH,则 T1 时间应该先使 P2口输出 FDH,然后再从 P1 口输出 1 的笔型码。实现这一思路的流程图如图 3-5 所示。

2.位选控制码及其获取方法

根据硬件电路,在一轮扫描显示期内,P2 口输出的控制码如表 3-1 所示。

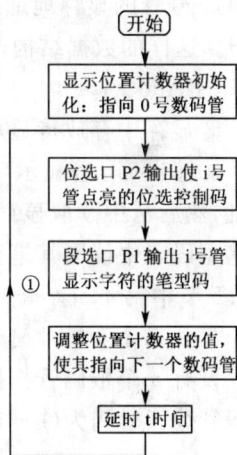

图 3-5 总体流程图

表 3-1   位选控制码表

控制数据	点亮的数码管	控制数据	点亮的数码管
FEH	0 号管	F7H	3 号管
FDH	1 号管	EFH	4 号管
FBH	2 号管	DFH	5 号管

建立一个字节数据表格 DisCtrl,依点亮数码管编号顺序,将控制数据存放在 DisCtrl表格中,所建立的表格如下:

DisCtrl：　DB　　0FEH,0FDH,0FBH,0F7H,0EFH,0DFH

显然,i 号管点亮的位选控制码在 DisCtrl 表格中距离表首 DisCtrl 的偏移地址与编号 i 相等。

用一个字节变量 Wcnt 作显示位置计数器,记录当前点亮数码管的编号,其初值为 0,变化范围为 0~5。用查表指令就可以很方便地获取各位选控制码。其实现程序如下:

```
MOV      A,Wcnt              ;取偏移地址(等于点亮数码管的编号)
MOV      DPTR,♯DisCtrl       ;取表首地址
MOVC     A,@A＋DPTR          ;读取表内位选控制码
```

3.实现段选口输出 i 号管显示字符笔型码的方法

其实现方法我们已在实例 2-8 中作了介绍,现详述如下:

①在程序存储器中用 DB 伪指令建立一个显示笔型码表 DisTab,表中存放的是各显示字符的笔型码,笔型码在表中的偏移地址就是该字符的显示代码 Code。通常情况下,DisTab 表中的第 0 个单元存放字符 0 的笔型码,第 1 个单元存放字符 1 的笔型码……第 9 个单元存放字符 9 的笔型码。这样,0~9 这 10 个字符的显示代码分别为 0~9,即它们的笔型码在 DisTab 中的偏移地址为 0~9。本例所建的显示笔型码表见 3.1.5 节中第 64 行~75 行代码。

②在 RAM 中开辟一片连续的存储区,作为各数码管的显示存储器(简称为显存),各显存地址依据数码管的编号按地址增的方式进行分配,每个数码管的显存占一个字节。本例中有 6 个数码管,用 30H~35H 单元作为数码管的显存。其中,0 号管的显存地址为 30H,1 号管的显存地址为 31H……5 号管的显存地址为 35H,显存的首地址 DFistAdd＝30H。这样的数据结构,在一些文献中常称为线性表结构。显然,i 号管的显存地址 Add＝DFistAdd＋i。

③显存中存放待显示字符的显示代码 Code。

④输出 i 号管显示字符笔型码时,先根据公式 Add＝DFistAdd＋i 计算 i 号管的显存地址,然后从中读取显存代码,再以该代码为偏移地址用"MOVC A,@A＋DPTR"指令从笔型码表中读取其笔型码,将笔型码送段选口显示输出即可。这一过程的实现代码如 3.1.5 节中第 44 行~50 行代码所示。

4.数码管点亮时间计算

设有 n 个数码管扫描显示,在一轮扫描显示中,各个数码管点亮时间均为 t,则每个数码管熄灭时间为 $(n-1)t$,数码管闪烁频率为

$$f=\frac{1}{(n-1)t+t}=\frac{1}{nt}$$

人眼要感觉到数码管"稳定"显示,则 $f \geqslant 48\ \mathrm{Hz}$

所以,　　　　　　　　　　　　　$t \leqslant \dfrac{1}{48n}$

本例的数码管为 6 个,将 $n=6$ 代入上式得:

一轮扫描显示中,各数码管点亮时间 $t \leqslant 3.472\ \mathrm{ms}$。我们取 $t=3\ \mathrm{ms}$。

5.用定时/计数器 T0 实现 3 ms 定时扫描显示

用 T0 实现 3 ms 定时扫描显示的方法是:

① 在定时模式下,定时时长为 3 ms,开放定时中断及全局中断。

② 把总体流程图(图 3-5)中循环体内除"延时 t 时间"这个框以外的其他部分放在 3 ms 定时中断服务程序中。

3 ms 定时中断服务的过程是:每隔 3 ms 硬件电路自动地使程序跳转至中断服务程序的入口处去执行一次中断服务程序,相当于一个延时 3 ms 的循环程序。这里的延时 3 ms 时间是利用两次中断服务之间的时差来完成的,而循环跳转流程线(图 3-5 中的流程线 ①)是由硬件电路自动完成的。这两点请读者务必注意。

我们把控制数码管显示输出部分单独设计成一个子程序,其名为 Display。本例的细化流程图如图 3-6 所示。

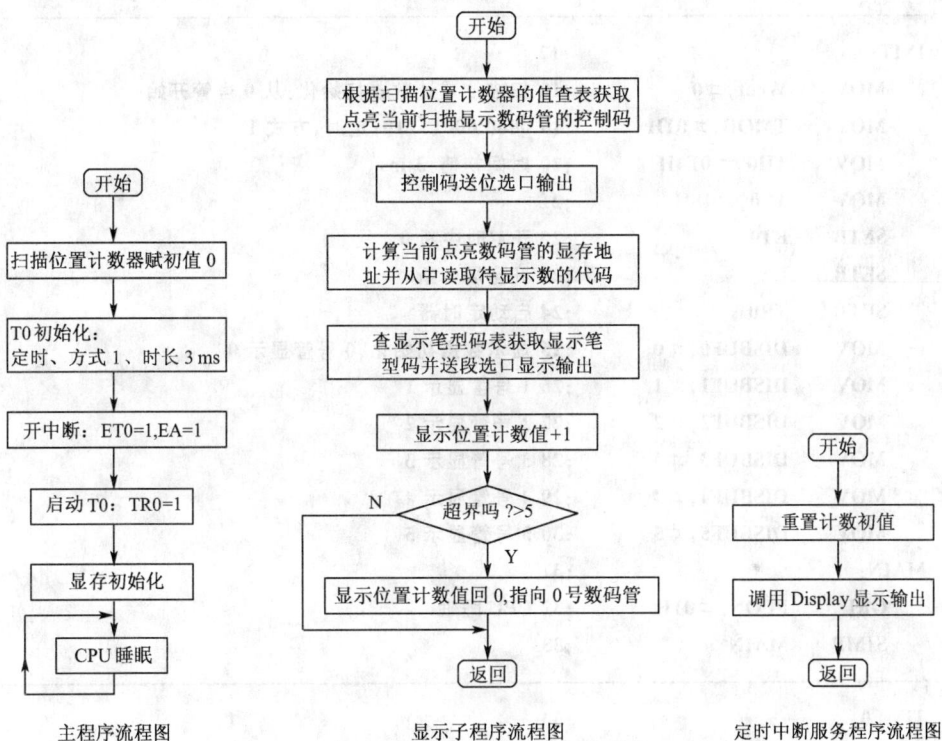

图 3-6　实例 3-1 的实际流程图

3.1.5　程序代码

本例的源程序代码如下:

```
DCount      EQU     6       ;1 数码管总数
PORT_S      EQU     P1      ;2 段选口
PORT_B      EQU     P2      ;3 位选口
DFISTADD    EQU     30H     ;4 显存首地址
DISBUF0     EQU     30H     ;5  0 号数码管显存
DISBUF1     EQU     31H     ;6  1 号数码管显存
DISBUF2     EQU     32H     ;7  2 号数码管显存
```

DISBUF3	EQU	33H	;8　3 号数码管显存
DISBUF4	EQU	34H	;9　4 号数码管显存
DISBUF5	EQU	35H	;10　5 号数码管显存
Wcnt	EQU	40H	;11　显示位置计数器

;--

	ORG	000H	12
	AJMP	INIT	;13
	ORG	000BH	;14
	AJMP	TIME0	;15
	ORG	0050H	;16

;--

INIT:			;17
	MOV	Wcnt,#0	;18 扫描位置计数器初始化:从 0 号管开始
	MOV	TMOD,#01H	;19 0000 0001　T0:定时,方式 1
	MOV	TH0,#0F4H	;20 时间初值:3 ms
	MOV	TL0,#48H	;21
	SETB	ET0	;22 开定时中断 0
	SETB	EA	;23 开全局中断
	SETB	TR0	;24 启动定时器
	MOV	DISBUF0,#0	;25 显示数据初始化,0 号管显示 0
	MOV	DISBUF1,#1	;26 1 号管显示 1
	MOV	DISBUF2,#2	;27 2 号管显示 2
	MOV	DISBUF3,#3	;28 3 号管显示 3
	MOV	DISBUF4,#4	;29 4 号管显示 4
	MOV	DISBUF5,#5	;30 5 号管显示 5
MAIN:			;31
	ORL	PCON,#01H	;32 CPU 睡眠
	SJMP	MAIN	;33

;--

TIME0:			;34
	MOV	TH0,#0F4H	;35 重置计数初值
	MOV	TL0,#48H	;36
	LCALL	DISPLAY	;37 显示输出
	RETI		;38

;--

DISPLAY:			;39
	MOV	A,Wcnt	;40 查表读取当前点亮数码管的控制码
	MOV	DPTR,#DISCTRL	;41
	MOVC	A,@A+DPTR	;42
	MOV	PORT_B,A	;43 控制码送位选口
	MOV	A,#DFISTADD	;44 计算当前点亮数码管的显存地址
	ADD	A,Wcnt	;45
	MOV	R0,A	;46 指针指向当前点亮数码管的显存

```
        MOV     A,@R0              ;47 读显示代码
        MOV     DPTR,#DISTAB       ;48 取显示码表首地址
        MOVC    A,@A+DPTR          ;49 查表获得其笔型码
        MOV     PORT_S,A           ;50 笔型码送段选口显示输出
        INC     Wcnt               ;51 显示位置计数值加 1
        MOV     A,Wcnt             ;52 取位置计数值
        MOV     B,#DCount          ;53 取数码管总数
        DIV     AB                 ;54
        MOV     Wcnt,B             ;55
        RET                        ;56
;-------------------------------------------------------------------------------
DISCTRL:                           ;57 显示位置控制码表
        DB      0FEH               ;58 0 号数码管显示
        DB      0FDH               ;59 1 号数码管显示
        DB      0FBH               ;60 2 号数码管显示
        DB      0F7H               ;61 3 号数码管显示
        DB      0EFH               ;62 4 号数码管显示
        DB      0DFH               ;63 5 号数码管显示
;-------------------------------------------------------------------------------
DISTAB:                            ;64 显示笔型码表
        DB      3FH                ;65 0 的笔型码        代码 0
        DB      06H                ;66 1 的笔型码        代码 1
        DB      5BH                ;67 2 的笔型码        代码 2
        DB      4FH                ;68 3 的笔型码        代码 3
        DB      66H                ;69 4 的笔型码        代码 4
        DB      6DH                ;70 5 的笔型码        代码 5
        DB      7DH                ;71 6 的笔型码        代码 6
        DB      07H                ;72 7 的笔型码        代码 7
        DB      7FH                ;73 8 的笔型码        代码 8
        DB      6FH                ;74 9 的笔型码        代码 9
        DB      00H                ;75 灭的笔型码        代码 10
        END                        ;76
```

说明：程序代码中，第 25～30 行分别向 6 个数码管的 6 个字节显存中写入了数 0～5，用来完成显示数据初始化，使程序实现扫描显示数字 0～5。当然如果向这 6 个单元中写入其他数，例如写入 9、8、7、6、5、4 这 6 个数，则 6 个数码管会分别显示数字 9～4。从这里可以看出本例程序的通用性和灵活性。

3.1.6　实验结果及程序改进

将源程序编译并生成 Hex 文件，然后上载至 MFSC-2 实验平台中，我们可以看到 6 个数码管从右至左依次稳定地显示数字 0～5。

在实验中，我们还会发现，i 号数码管会高亮度地显示 i 号数码管应显示的数据，同时

还会显示 i−1 号数码管显示数据的影子,只是这些影子的亮度暗一些而已。例如,0 号管显示的是 0,1 号管显示的是 1,我们实际看到的是,1 号管中除了清晰地显示 1 外,还可以看到 0 的影子。这种现象通常叫做显示"拖尾"现象。

产生"拖尾"显示的原因是,P2 口的位选数据与 P1 口的段选数据不能同时输出,P2口输出使 i 号管点亮的控制数据时,P1 口输出数据(P1 口锁存数据)仍是原来 i−1 号管显示数据笔型码,所以数码管会显示前一个点亮数码管的显示数据。P1 口输出 i 号管显示数据笔型码后,i 号管才正常显示。由于正常显示时间长一些,所以正常显示的字符要亮一些。当然,如果在程序中,先作段选输出,再作位选输出,则 i 号管会以较暗方式显示i+1号管的显示数据,其原因请读者自行分析。

对于先作位选输出再作段选输出的程序,消除"拖尾"现象的方法是,先从段选口输出使数码管熄灭的笔型码(共阴:00H,共阳:FFH),再作正常的位选输出和段选输出。

对于先作段选输出再作位选输出的程序,消除"拖尾"的方法是,先从位选口输出使所有数码管熄灭(即不选中数码管)的控制数码,再作正常的段选输出和位选输出。

本例中,采用的是先作位选输出,再作段选输出,在源程序的第 39 行与 40 行之间加上以下代码,就可以消除"拖尾"现象:

```
MOV          Port_s,#0          ;段消隐输出
```

3.1.7　应用总结

利用人眼的视觉暂留特性,采取分时显示可以实现用两个并行口控制多个数码管扫描显示,扫描显示可以节省并行口。

实现数码管扫描显示的硬件电路是,各数码管的段选线并接在一起,然后接段选控制口,位选线单独接位选控制口。

在扫描显示时,为了使数码管"稳定"显示,一轮扫描期内,各数码管点亮时间 t≤1/48n。其中,n 为参与扫描显示的数码管总数。

由于段选数据和位选数据不能同时输出,数码管扫描显示时,存在"拖尾"现象。消除"拖尾"的方法是,让影子为熄灭数码管的笔型。

习　题

1.单片机应用系统中,要用两个并行口控制 5 位数码管进行扫描显示,试画出其控制接口电路(数码管选用分立数码管)。

2.简述扫描显示时,实现段选口输出 i 号数码管显示字符笔型码的方法。

3.5 只数码管扫描显示时,每一轮扫描显示中,各数码管最长点亮时间为多少? 在实际应用系统中,如果将数码管点亮时间设为 1 ms,将会产生哪些不利影响?

4.总结用定时中断实现 t 时间延时的循环程序设计方法。

5.简述消除扫描显示中显示"拖尾"现象的方法。

扩展实践

用单片机的 P0、P3 两个并行口控制 4 位数码管显示输出,定时器 T1 作扫描定时器,

试设计硬件电路并编写软件程序,使 4 位数码管按下表规定的内容进行显示。要求显示控制时,先进行段选输出,再进行位选输出,并且要求消除"拖尾"显示。

管号	1	2	3	4
显示内容	5	灭	3	2

3.2　多个数码管的混合显示

在单片机应用系统设计中,有时要使某位数码管慢速闪动显示,其他位数码管静态稳定显示,用以指示当前数据调整的位置;有时要使所有数码管闪动显示,用来指示应用系统处于某种紧急状态。本例将讲解在扫描方式下,数码管的静态显示和闪动显示的混合显示的处理方法。

3.2.1　实例功能

单片机的定时/计数器 T0 作定时器,控制扫描显示时间,P1、P2 两个并行口分别作 6 位数码管的段选控制口和位选控制口,使 6 位数码管依次显示数字 9、8、7、6、5、4。其中,最低位数码管慢速闪动显示,其他各位数码管静态稳定显示。即实现扫描方式下静态显示和闪动显示的混合显示(简称混合显示)。

3.2.2　搭建硬件电路

本例的硬件电路与实例 3-1 的硬件电路相同,其电路图如图 3-7 所示。

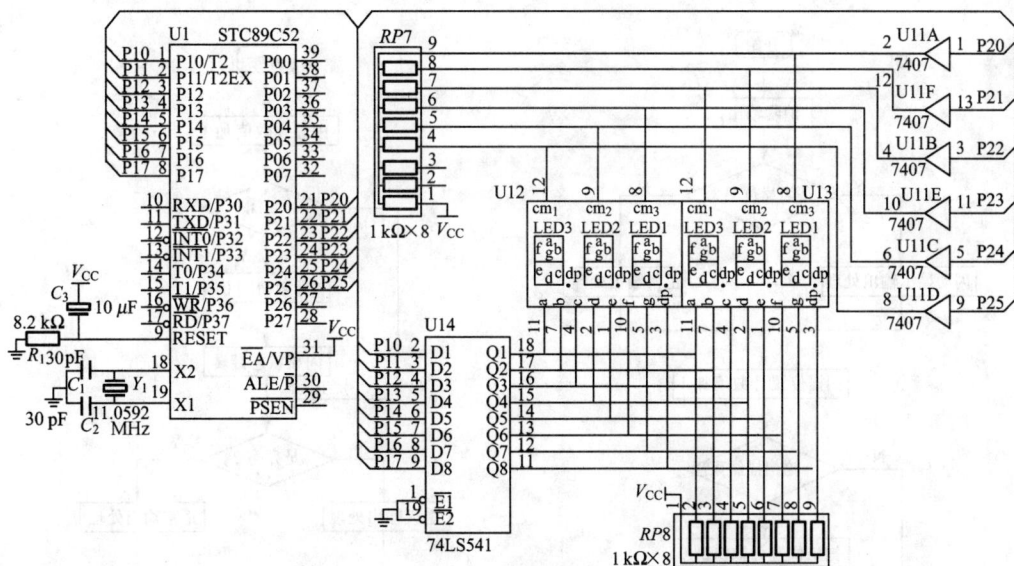

图 3-7　实例 3-2 硬件电路图

3.2.3   编写软件程序

1.编程思路

本例中,参与扫描显示的数码管有 6 个,和实例 3-1 一样,我们把扫描显示处理程序放在 3 ms 定时中断服务程序中。和实例 3-1 不同的是,本例的扫描显示程序中,在扫描数码管时要区分当前处理的数码管是静态显示位还是闪动显示位,如果扫描处理的是静态显示位,则与实例 3-1 一样作正常扫描显示输出处理,如果扫描处理的是闪动显示位,则作闪动显示输出处理。扫描显示处理程序的总体流程图如图 3-8 所示。

2.闪动显示处理方法

数码管闪动显示时,其显示状态有两个:点亮状态(亮态)和熄灭状态(灭态)。在扫描方式下,实现数码管闪动显示的方法是,闪动数码管处于亮态期作正常扫描显示输出,处于灭态期作熄灭显示输出。这里的亮灭状态的持续时间决定了数码管闪动的频率。具体而言,可采用以下方法来实现:

用状态标志位 FlashStatue 标识数码管的闪动显示的状态,0 表示灭态,1 表示亮态,用一个软件计数器 FlashTim 对基准时间进行计数,记录闪动显示的每一状态的持续时间。由于扫描周期是固定的,每个数码管显示输出的时间(即定时器的定时时间)也是固定的,基准时间可以选择定时周期,也可以选择扫描周期,一般是选择扫描周期。扫描到闪动数码管时,对软件计数器 FlashTim 的值加 1,表示闪动数码管的亮态或灭态持续时间又增加了一个周期的时间,如果闪动的某一状态持续时间达到规定值,则状态进行翻转,表示要进入一个新的状态。闪显数码管处于亮态时,对闪显数码管作正常扫描显示输出处理,处于灭态时,对闪显数码管作熄灭显示输出处理。实现上述方法的流程图如图 3-9 所示。这里的熄灭输出处理和正常输出处理,我们在实例 3-1 中已经作了详细介绍,在此不再讲述。

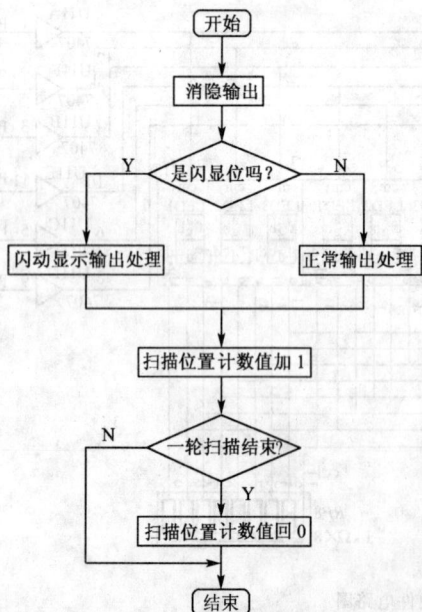

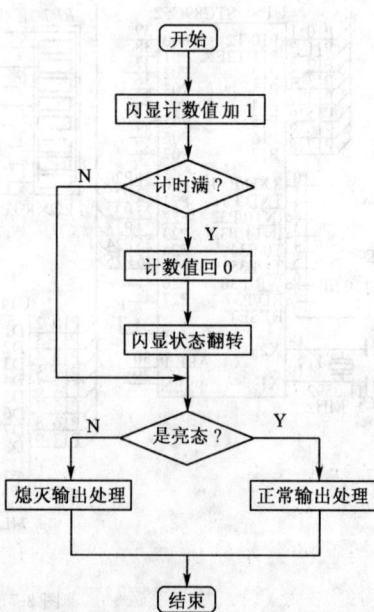

图 3-8   总体流程图   图 3-9   闪动显示流程图

3. 识别闪显位置的方法

第一种方法是，引入一个闪动位置寄存器 FlashSite，用来存放闪显数码管的编号，一般情况下，是用片内 RAM 某个字节单元作闪动位置寄存器。程序中，每次扫描数码管时都把 Wcnt 中的当前扫描数码管的编号与 FlashSite 中的编号相比较。比较的方法可以用 CJNE 指令，也可以用 XRL 指令，用 XRL 指令实现识别闪显位置的代码如下：

```
        MOV     A,Wcnt          ;取扫描数码管编号
        XRL     A,FlashSite     ;与 FlashSite 中的编号相比较
        JZ      Label           ;相等,则转 Label 处进行处理
        ;正常扫描显示处理
Label:
        ;闪动显示处理
```

利用这种方法编写的程序比较灵活，只需修改 FlashSite 的内容，就可以实现任意一位数码管的闪动显示。但是，它不能实现多位数码管的同时闪动显示，也不能实现所有数码管静态显示，程序具有一定的局限性。

第二种方法是，引入一个闪动显示控制寄存器 EnFlash，EnFlash 中的相关位用作数码管的闪动显示标志位，其中 EnFlash 的 Di 位用来标识第 i 号数码管显示状态，0 表示禁止闪动显示（即静态显示），1 表示允许闪动显示。通常情况下，闪动显示控制寄存器分布在片内 RAM 位地址区，这样便于使用位操作指令将 EnFlash 的某位置 1 或清 0。扫描到第 i 号数码管时，则读取 EnFlash 的 Di 位进行判断，如果为 1，则对该位数码管作闪动显示输出处理。其中读取 EnFlash 的 Di 位的方法是，将 EnFlash 右移 i 位，其实现代码如下：

```
        MOV     A,EnFlash       ;取闪显控制寄存器的内容至 A
        MOV     R7,Wcnt         ;移位次数,初始化:扫描数码管的编号+1
        INC     R7
DP1:
        RRC                     ;右移一位
        DJNZ    R7,DP1          ;移位没结束转 DP1
        JC      DP2             ;已结束,则判断当前控制位的值,为 1,则转 DP2
        ;静态显示处理
DP2:
        ;闪动显示处理
```

很显然，我们只需要设置 EnFlash 的某些位的值，可以实现多位数码管的闪动显示，也可以将所有数码管设置成静态显示，程序具有一定的通用性。本例中，我们采用第二种方法识别闪显位置。第二种方法的程序代码详见源程序第 36 行至第 44 行代码。

4. 详细的流程图

数码管的显示输出中，我们先作位选口的位选控制码输出，再作段选口的笔型码输出，闪动显示通过控制笔型码来实现。综合前面的各流程图，本例显示程序的详细流程图如图 3-10 所示。

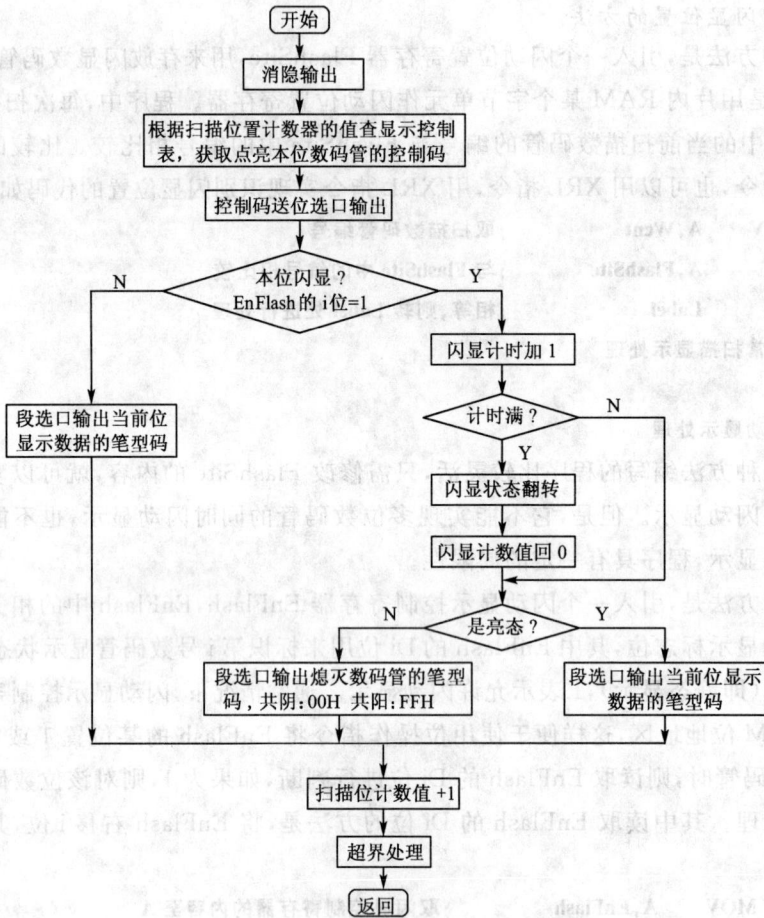

图 3-10　流程图

3.2.4　源程序代码

本例的源代码如下：

DCount	EQU	6	;数码管总数
PORT_S	EQU	P1	;段选口
PORT_B	EQU	P2	;位选口
DFISTADD	EQU	30H	;显存首地址
DISBUF0	EQU	30H	;0 号数码管显存
DISBUF1	EQU	31H	;1 号数码管显存
DISBUF2	EQU	32H	;2 号数码管显存
DISBUF3	EQU	33H	;3 号数码管显存
DISBUF4	EQU	34H	;4 号数码管显存
DISBUF5	EQU	35H	;5 号数码管显存
Wcnt	EQU	40H	;扫描显示位置计数器
FlashTim	EQU	41H	;闪显计时器,记录闪显时,亮态/灭态持续的时间

EnFlash	EQU	20H	;闪显控制寄存器,其中各位定义为 EnFlashi
EnFlash0	BIT	00H	;0 位数码管闪显控制位　0:静态显示 1:闪动显示
EnFlash1	BIT	01H	;1 位数码管闪显控制位　0:静态显示 1:闪动显示
EnFlash2	BIT	02H	;2 位数码管闪显控制位　0:静态显示 1:闪动显示
EnFlash3	BIT	03H	;3 位数码管闪显控制位　0:静态显示 1:闪动显示
EnFlash4	BIT	04H	;4 位数码管闪显控制位　0:静态显示 1:闪动显示
EnFlash5	BIT	05H	;5 位数码管闪显控制位　0:静态显示 1:闪动显示
FlashStatue	BIT	06H	;闪显时,当前的显示状态　0:灭态 1:亮态

```asm
;------------------------------------------------------------------------
    ORG     0000H               ;1
    AJMP    INIT                ;2
    ORG     000BH               ;3
    AJMP    TIME0               ;4
    ORG     0050H               ;5
;------------------------------------------------------------------------
INIT:                           ;6
    MOV     Wcnt,#0             ;7  扫描位置计数器初始化:从 0 号管开始
    MOV     FlashTim,#0         ;8  闪显计时器初始化
    MOV     TMOD,#01H           ;9  0000 0001  T0:定时,方式 1
    MOV     TH0,#0F4H           ;10 时间初值:3ms
    MOV     TL0,#48H            ;11
    SETB    ET0                 ;12 开定时中断
    SETB    EA                  ;13 开全局中断
    SETB    TR0                 ;14 启动 T0
    MOV     EnFlash,#00000001B  ;15  0 号管闪显,其他静显
    MOV     DISBUF0,#9          ;16 显示数据初始化
    MOV     DISBUF1,#8          ;17
    MOV     DISBUF2,#7          ;18
    MOV     DISBUF3,#6          ;19
    MOV     DISBUF4,#5          ;20
    MOV     DISBUF5,#4          ;21
MAIN:                           ;22
    ORL     PCON,#01H           ;23  CPU 睡眠
    SJMP    MAIN                ;24
;------------------------------------------------------------------------
TIME0:                          ;25
    MOV     TH0,#0F4H           ;26
    MOV     TL0,#48H            ;27
    LCALL   DISPLAY             ;28 显示输出
    RETI                        ;29
;------------------------------------------------------------------------
DISPLAY:                        ;30 显示子程序
```

```
        MOV     PORT_S,＃0        ;31 消隐输出:段选口输出全 0,灭所有数码管
        MOV     A,Wcnt           ;32 查表读取当前点亮数码管的控制码
        MOV     DPTR,＃DISCTRL    ;33
        MOVC    A,@A＋DPTR        ;34
        MOV     PORT_B,A         ;35 控制码送位选口
        MOV     A,EnFlash        ;36 用移位法读取闪显控制寄存器中当前位的控制值至 C 中
        MOV     R7,Wcnt          ;37 取扫描位置编号
        INC     R7               ;38 编号值加 1,得应右移的位数
DP1:RRC     A                ;39 右移一位至 C 中
        DJNZ    R7,DP1           ;40 移位没结束,则转 DP1 继续
        JC      DP2              ;41 当前显示位为闪显,转 DP2
        ACALL   OUTPUT_S         ;42 为静态显示,则调用 OUTPUT_S 作正常段选输出
        SJMP    DP5              ;43 转 DP5 作后续处理
DP2:                     ;44 闪显处理
        INC     FlashTim         ;45 闪显计数值加 1
        MOV     A,FlashTim       ;46 用加补码法判断计时时间是否满(计数值是否满 25)
        ADD     A,＃256－25       ;47
        JNC     DP3              ;48 没满 25 次,则转 DP3
        CPL     FlashStatue      ;49 已满 25 次,闪动状态翻转
        MOV     FlashTim,＃0      ;50 计数值回 0
DP3:JB      FlashStatue,DP4  ;51 闪动显示状态为亮态,则转 DP4 处理
        MOV     PORT_S,＃0        ;52 灭态,则段选口输出 0,熄灭数码管
        SJMP    DP5              ;53 转 DP5 作后续处理
DP4:ACALL   OUTPUT_S         ;54 调用 OUTPUT_S 作正常显示输出
DP5:INC     Wcnt             ;55 显示位置计数加 1
        MOV     A,Wcnt           ;56 用除法超界处理
        MOV     B,＃DCount        ;57 DCount:数码管总数
        DIV     AB               ;58 位置计数值除以数码管总数
        MOV     Wcnt,B           ;59 余数存入位置计数器中
        RET                      ;60
;------------------------------------------------------------------------
OUTPUT_S:                    ;61
        MOV     A,＃DFISTADD      ;62 计算扫描数码管显存的地址
        ADD     A,Wcnt           ;63 加上数码管的编号值,得其显存地址
        MOV     R0,A             ;64 指针指向当前点亮数码管的显存
        MOV     A,@R0            ;65 读显示代码,得笔型码表中的偏移地址
        MOV     DPTR,＃DISTAB     ;66 取笔型码表的首地址
        MOVC    A,@A＋DPTR        ;67 查表获得其笔型码
        MOV     PORT_S,A         ;68 笔型码送段选口显示输出
        RET                      ;69
;------------------------------------------------------------------------
DISCTRL:                     ;70 显示位置控制码表
```

DB	0FEH	;71	0 号数码管显示
DB	0FDH	;72	1 号数码管显示
DB	0FBH	;73	2 号数码管显示
DB	0F7H	;74	3 号数码管显示
DB	0EFH	;75	4 号数码管显示
DB	0DFH	;76	5 号数码管显示

;--

DISTAB:		;77	显示笔型码表	
DB	3FH	;78	0 的笔型码	代码 0
DB	06H	;79	1 的笔型码	代码 1
DB	5BH	;80	2 的笔型码	代码 2
DB	4FH	;81	3 的笔型码	代码 3
DB	66H	;82	4 的笔型码	代码 4
DB	6DH	;83	5 的笔型码	代码 5
DB	7DH	;84	6 的笔型码	代码 6
DB	07H	;85	7 的笔型码	代码 7
DB	7FH	;86	8 的笔型码	代码 8
DB	6FH	;87	9 的笔型码	代码 9
DB	00H	;88	灭的笔型码	代码 10
END		;89		

说明：

本例的源程序和实例 3-1 相比，只是显示子程序 DISPLAY 稍有变化，其他部分完全相同。

显示子程序中，第 46 行～48 行代码用来判断闪动显示状态的持续时间是否持续了 25 个扫描周期。本例中有 6 个数码管参与扫描显示，每个数码管显示时间为 3 ms，因此，0 号数码管闪动显示时，其亮态、灭态持续时间为 $25 \times 6 \times 3$ ms＝450 ms，其闪动周期为 900 ms，闪动频率为 1000 ms/900 ms＝1.1 次/秒。

编译源程序并生成 Hex 文件，将 Hex 文件上载到 MFSC-2 实验平台中，我们可以看到 6 个数码管分别显示 9、8、7、6、5、4，其中显示 9 的数码管会以每秒钟约 1 次的频率进行闪动显示，其他数码管则稳定显示。在工程上，一般数码管闪动显示频率为每秒 1～4 次。

3.2.5 应用总结

在扫描方式下，实现数码管的闪动显示的方法是，将闪动显示分为亮态和灭态，亮态时对数码管进行正常扫描显示输出，灭态时对数码管进行熄灭输出。亮态和灭态持续时间决定了数码管闪动频率。

为了保证人眼能看到闪动数码管显示的内容，一般是让数码管每秒钟闪动 1～4 次。当系统中只有一个数码管闪动显示、闪动显示计数器的基准时间为扫描周期时，闪动显示的亮灭态持续时间为 $t = T \times N \times m$，其中 T 为每个数码管显示时间，N 为参与扫描显示的数码管的个数，m 为计数值的上限值。

在扫描方式下,实现数码管的混合显示,需要引用 4 个软件资源:① 记录当前扫描显示数码管编号的计数器 Wcnt;② 标识闪动数码管显示状态的标志位 FlashStatue;③ 控制闪动频率的软件计时器 FlashTim;④ 记录闪动位置的计数器 FlashSite 或 EnFlash。

习 题

1. 实现扫描方式下,多个数码管静态显示、闪动显示的混合显示的总体思路是什么?

2. 在程序中,识别闪动数码管位置的方法是什么?

3. 在扫描方式下,实现数码管闪动显示的方法是什么?

4. 扫描方式下,要实现多个数码管的混合显示,需要引入哪些软件资源,这些资源的作用是什么?

5. 本例中,如果把第 47 行代码改换成"ADD A,♯256-10",试推算数码管闪动的频率,如果要实现 0 号管闪动频率为 4 次,又如何修改第 47 行代码?

扩展实践

定时/计数器 T1 作定时器,控制扫描显示时间,P0、P3 两个并行口分别作 6 位数码管的段选口和位选口,设计硬件电路并编写软件程序,使 6 位数码管依次显示 1、2、3、4、5、6,其中 0 号数码管闪动显示,其他数码管静态稳定显示。要求识别闪动数码管位置采用引入闪动位置寄存器的方法(方法一)、扫描显示采取先输出段选码再输出位选码。

3.3   按键编号显示

键盘是计算机中常见的输入设备,用来向计算机中输入各种数据和控制命令,从本节开始,我们将用 4 个实例讲解单片机中键盘接口的设计方法。

3.3.1   实例功能

单片机的 P3 口接 8 个独立式按键,8 个按键的编号分别为 0～7,P1、P2 两个并行口分别作段选口和位选口控制 6 位数码管,定时/计数器 T0 作扫描定时器,控制数码管的扫描显示的时间。上电时,6 位数码管均无显示,按 i 号键后,0 号数码管显示数字 i,其他数码管仍然熄灭。

3.3.2   相关知识

本例涉及的知识主要是键盘接口。单片机中常用的键盘有独立式键盘和矩阵式键盘两种。

1. 独立式键盘接口电路

独立式键盘的接口电路如图 3-11 所示。其特点是,按键的一端接地,另一端接并行口的某一根 I/O 口线,I/O 口线接有上拉电阻(若口线内部有上拉电阻,可不接上拉电阻)。

2. 矩阵式键盘接口电路

矩阵式键盘接口电路如图 3-12 所示,它采用行列电路结构,按键接在行线与列线的交叉点处,行线为输入口,外接有上拉电阻,列线为输出口。

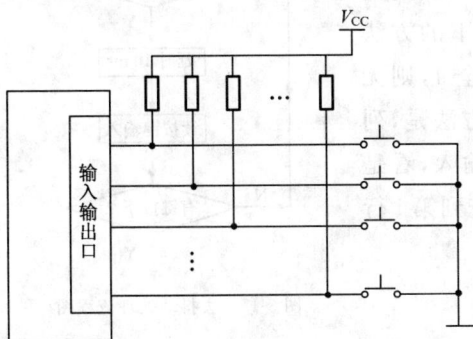

图 3-11　独立式键盘接口电路　　　　　图 3-12　矩阵式键盘接口电路

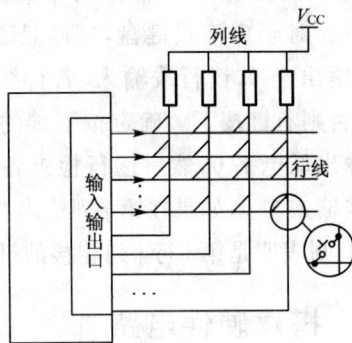

3. 键盘接口的任务

键盘接口的基本任务主要有 4 个方面:①判断是否有键按下;②去抖动;③确定所按下键的键值,即确定是何键按下;④对按键功能进行解释。按键处理的一般流程如图3-13所示。

在一次按键操作中,由于按键的机械特性的原因,键按下或释放都有一个弹跳的抖动过程,抖动时间一般为 $5\sim15$ ms,其波形图如图 3-14 所示。由于单片机的处理速度非常快,按键抖动将会引起一次按键操作被多次识别处理。因此,按键抖动必须消除。去抖动的方法有硬件方法,也有软件方法。硬件法一般是采用 R-S 触发器组成的闩锁电路来去抖动,其电路我们已在实例 2-4 中作了介绍。软件法是采取延时的方法来回避抖动期,其具体思想是,检测到有键按下后,延时 5 ms $\sim$ 15 ms 左右的时间,再去读按键输入情况,此时抖动期已过,所读的按键输入是按键稳定按下或释放状态。采用软件法去抖动的处理流程图如图 3-15 所示。

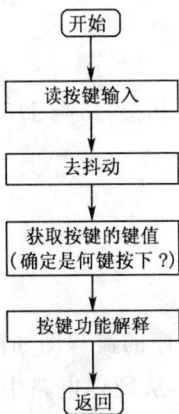

图 3-13　键盘处理流程　　　　　　　　　图 3-14　抖动波形图

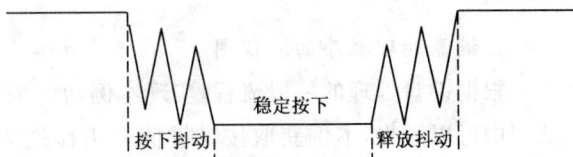

不同的键盘接口电路,确定按下键的键值的方法不同,对于独立式键盘,无键按下时,键盘输入口线的输入为高电平 1,有键按下时,对应的输入口线的输入为低电平 0,只需读按键输入后,判断为 0 的位置就可以确定是何键按下。对于矩阵式键盘,判断是否有键按下的方法是,列线输出全 0,读行线输入,若行线输入为全 1,则无键按下,否则有键按下。确定按下键的位置的方法是,列线逐列输出低电平 0,然后逐行检查各行线的输入,看是哪根行线输入为 0,如果在第 j 列输出 0 时,检查到第 i 行输入为 0,则表明是第 i 行 j 列相接的键按下。

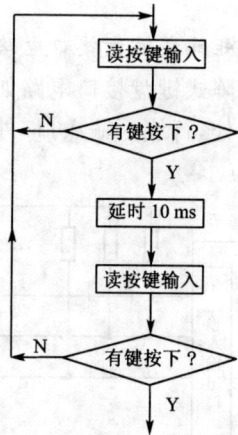

图 3-15　去抖动处理流程图

3.3.3　搭建硬件电路

本例中,键盘接口电路采用独立式键盘,显示电路只使用了一个数码管,其电路如图 3-16 所示。

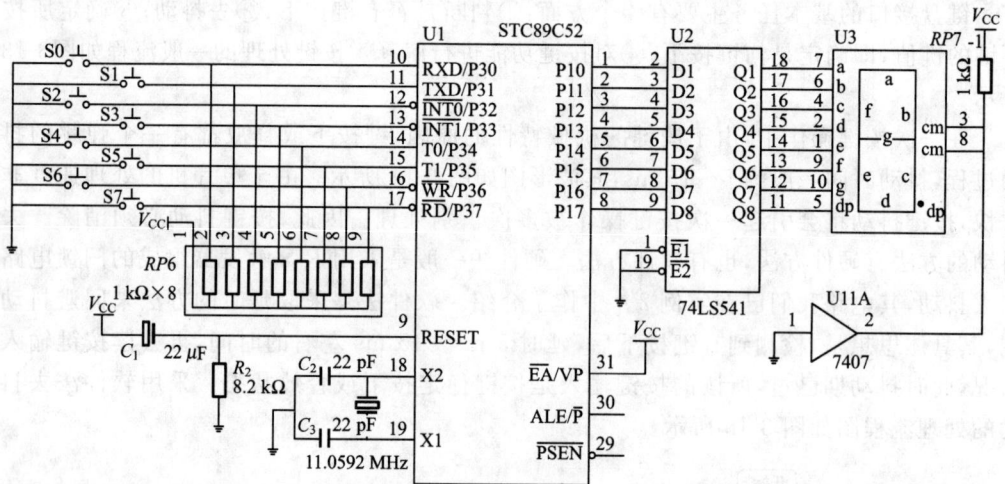

图 3-16　实例 3-3 硬件电路图

在 MFSC-2 实验平台上,用 8 芯扁平数据线将 J4 与 J10 相接,J3 与 J15 相接,用单根数据线将 J12 的 C1 引脚接地(接 J18),就构成了上述电路。

3.3.4　编写软件程序

1. 键盘处理程序的流程图

根据键盘处理的一般流程,实现本例功能的键盘处理程序的流程图如图 3-17 所示。从图中可以看出,本例获取按键键值是用移位法来实现的。从硬件电路中可以看出,Si 按下时,$P3.i=0$,其他位为 1。因此可以将键盘输入值向右移位,直到移出位的值为 0 为止,则移位次数为 i-1。当然,如果将按键输入值先取反,再进行判断处理,程序编写更为方便一些。本例中就是采用这种方法来处理的。用 R7 作移位次数计数器，设取反后的键盘输入值在 A 中，其实现代码如下：

```
        MOV    R7,#0      ;移位计数器初始化
KI1:INC    R7          ;移位次数加 1
        RRC    A          ;右移一位
        JNC    KI1         ;不是当前键按下,转 KI1 继续查找
        DEC    R7          ;计算按键编号值(移位次数减 1)
```

实际上，这种处理方法是将按键编码进行了顺序编码，它将多个按键同时按下视作了一个键按下。

本例的按键解释是显示按下键的编号。和前面两个实例一样，我们将显示处理程序放在定时中断服务程序中，固定地显示对应显存中的数，而不管其内容是什么，这样在键盘处理中，按键解释部分所要做的工作就是将按键的编号写入显存中。

2. 源程序代码

本例的完整的源程序代码如下：

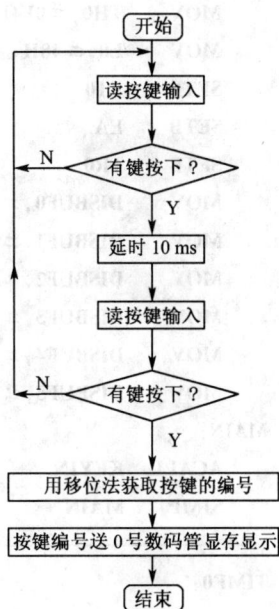

图 3-17 　键盘处理流程图

```
;------------------------------------------------------------------------
        DCount      EQU   6          ;数码管总数
        PORT_S      EQU   P1         ;段选口
        PORT_B      EQU   P2         ;位选口
        PORT_KEY    EQU   P3         ;键盘口
        DFISTADD    EQU   30H        ;显存首地址
        DISBUF0     EQU   30H        ;0 号数码管显存
        DISBUF1     EQU   31H        ;1 号数码管显存
        DISBUF2     EQU   32H        ;2 号数码管显存
        DISBUF3     EQU   33H        ;3 号数码管显存
        DISBUF4     EQU   34H        ;4 号数码管显存
        DISBUF5     EQU   35H        ;5 号数码管显存
        Wcnt        EQU   40H        ;显示位置计数器
;------------------------------------------------------------------------
        ORG    0000H
        AJMP   INIT
        ORG    000BH
        AJMP   TIME0
        ORG    0050H
;------------------------------------------------------------------------
INIT:
        MOV    Wcnt,#0    ;扫描位置计数器初始化:从 0 号管开始
        MOV    TMOD,#01H  ;0000 0001  T0:定时,方式 1
```

```
        MOV     TH0,#0F4H       ;时间初始值:3 ms
        MOV     L0,#48H
        SETB    ET0
        SETB    EA              ;开全局中断
        SETB    TR0
        MOV     DISBUF0,#10     ;显示数据初始化
        MOV     DISBUF1,#10
        MOV     DISBUF2,#10
        MOV     DISBUF3,#10
        MOV     DISBUF4,#10
        MOV     DISBUF5,#10
MAIN:
        ACALL   KEYIN
        SJMP    MAIN
;-------------------------------------------------------------------------------
TIME0:
        MOV     TH0,#0F4H
        MOV     TL0,#48H
        LCALL   DISPLAY         ;显示输出
        RETI
;-------------------------------------------------------------------------------
DISPLAY:
        MOV     PORT_S,#0       ;消隐输出
        MOV     A,Wcnt          ;查表读取当前点亮数码管的控制码
        MOV     DPTR,#DISCTRL
        MOVC    A,@A+DPTR
        MOV     PORT_B,A        ;控制码送位选口
        MOV     A,#DFISTADD     ;计算当前点亮数码管的显存地址
        ADD     A,Wcnt
        MOV     R0,A            ;指针指向当前点亮数码管的显存
        MOV     A,@R0           ;读显示代码
        MOV     DPTR,#DISTAB    ;查表获得其笔型码
        MOVC    A,@A+DPTR
        MOV     PORT_S,A        ;笔型码送段选口显示输出
        INC     Wcnt            ;显示位置计数加1
        MOV     A,Wcnt          ;超界处理
        MOV     B,#DCount
        DIV     AB
        MOV     Wcnt,B
        RET
;-------------------------------------------------------------------------------
DISCTRL:                        ;显示位置控制码表
```

```
        DB      0FEH                    ;0 号数码管显示
        DB      0FDH                    ;1 号数码管显示
        DB      0FBH                    ;2 号数码管显示
        DB      0F7H                    ;3 号数码管显示
        DB      0EFH                    ;4 号数码管显示
        DB      0DFH                    ;5 号数码管显示
;-----------------------------------------------------------------------------
DISTAB:;显示笔型码表
        DB      3FH                     ;0 的笔型码    代码 0
        DB      06H                     ;1 的笔型码    代码 1
        DB      5BH                     ;2 的笔型码    代码 2
        DB      4FH                     ;3 的笔型码    代码 3
        DB      66H                     ;4 的笔型码    代码 4
        DB      6DH                     ;5 的笔型码    代码 5
        DB      7DH                     ;6 的笔型码    代码 6
        DB      07H                     ;7 的笔型码    代码 7
        DB      7FH                     ;8 的笔型码    代码 8
        DB      6FH                     ;9 的笔型码    代码 9
        DB      00H                     ;灭的笔型码    代码 10
;-----------------------------------------------------------------------------
KEYIN:      ;键盘处理程序
        MOV     PORT_KEY,#0FFH          ;读按键输入
        MOV     A,PORT_KEY
        CPL     A                       ;键输入取反,方便程序处理
        JZ      KEYIN                   ;无键按下,转 KEYIN 继续读键输入
        ACALL   D10MS                   ;延时 10 ms 回避抖动期
        MOV     PORT_KEY,#0FFH          ;再次读按键输入
        MOV     A,PORT_KEY
        CPL     A                       ;键输入取反,方便程序处理
        JZ      KEYIN                   ;无键按下,转 KEYIN 继续读键输入
        MOV     R7,#0                   ;移位计数初始化
KI1:INC     R7                          ;移位次数值加 1
        RRC     A                       ;键值右移一位
        JNC     KI1                     ;没找到按下键,则转 KI1 继续找
        DEC     R7                      ;找到了,则计算按键编号值(等于右移次数减 1)
        MOV     DISBUF0,R7              ;按键编号送数码管显存显示
        RET
;-----------------------------------------------------------------------------
D10MS:      ;10 ms 延时子程序
        MOV     R6,#20
DL1:MOV     R7,#250
        DJNZ    R7,$
```

```
DJNZ      R6,DL1
RET
```

; ---

```
END
```

3.3.5　实验结果及程序结构分析

将源程序编译生成 Hex 文件,然后上载到单片机中,我们可以看到,按 Si 键,数码管就显示数字 i,已实现了本例的功能要求。但是,本例的程序并不实用,它仅仅只是为了说明键盘处理的一般过程。本例的主程序的完整流程图如图 3-18 所示,从流程图中可以看出,程序存在以下几方面的问题:

①无键按下时,CPU 一直检测按键的输入,无时间处理其他事务。如果单片机系统中还有其他输入数据需要采集处理,这种方式就不能胜任了。实际上,在大多数单片机应用系统中,CPU 除了要进行键盘处理外,还要进行其他输入/输出处理。

②程序中,去抖动是采取延时 10 ms 的方式来处理的,10 ms 延时将占用 CPU 的资源,不利于实时处理。

③在键盘操作中,键按下的时间一般至少会持续几十 ms,这期间主程序的执行次数绝不止一次。因此,Si 键按下一次,将被多次识别处理,这在工程上是不允许的。本例的功能是显示按键编号,按键的重复解释执行并没有显现出来,如果是数据调整显示,则按一次键后,显示数据只能加/减 1,一次键按下被多次识别处理就会出问题。

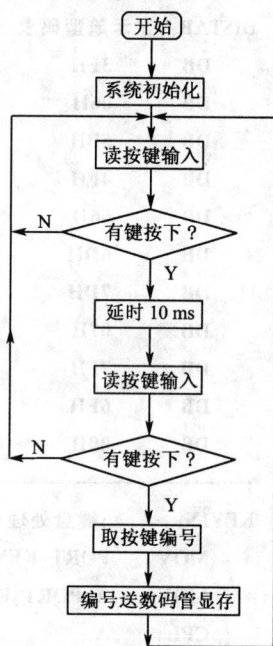

图 3-18　实例 3-3 主程序流程图

另外,用移位法获取按键编号处理时,如果是多键同时按下,将只有编号较小的键被识别处理(右移时),而其他键按下将被忽略不计。这种处理方法适合于仅允许单一键按下的场合,不适合于组合键(如微机中 Ctrl 键加其他键)的处理。

有关上述问题的改进方法,我们将在后续的学习中,结合具体的实例加以介绍。

3.3.6　应用总结

键盘是单片机系统中必不可少的输入设备,常用的键盘接口电路有独立式键盘和矩阵式键盘两种。

键盘处理程序主要包括判断是否有键按下、去抖动、确定按键的位置和对按键功能进行解释 4 个部分。其中,去抖动常用延时回避抖动期的办法来处理。

在按键处理中要注意以下两个方面的问题:①在按键输入处理中,如果无键按下,则要使程序跳出按键处理程序,以便于 CPU 处理其他事务。②一次按键按下,只能解释一次。

习　题

1.利用 P1 口设计一个 4 键的独立式键盘接口电路。

2.利用 P2 口设计一个 4×4 的矩阵键盘电路。

3.画出键盘处理的一般流程图。

4.试述去抖动的方法。

5.用 P1 口设计的一个 3×3 矩阵键盘电路如图所示,试说明在程序中识别按下键键码的方法,请画出流程图,并写出相应的程序段。

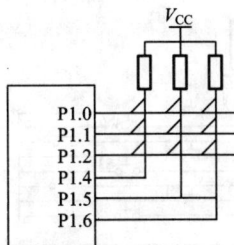

习题5　电路图

扩展实践

1.本例程序中,无键按下时,CPU 一直处于检测按键输入状态,直到有键按下 CPU才往下执行程序,请修改程序,使系统能实现以下功能:有键按下时,去抖动后再获取按键键值,然后进行按键功能解释处理;无键按下时,直接结束按键处理。

2.单片机系统中只有一个数值调整键,用来实现一位数(如个位数)的加 1 调整,请设计电路并编写程序,实现显示数据的加 1 调整显示,并与本例中的实践相比较,提出修改本例软硬件的方法。

3.4　显示数据加/减调整

●学习目标

1.掌握用定时中断进行按键处理的方法。

2.掌握消除同一键按下,被多次解释的方法。

3.掌握多字节 BCD 码加减法程序编写方法。

4.掌握压缩的 BCD 码与非压缩 BCD 码相互转换的方法。

3.4.1　实例功能

单片机的 P3 口接有由 8 个按键组成的独立式键盘,8 个按键的编号分别为 S0~S7,其中 S0 为加键,S1 为减键。P1、P2 口为 6 个数码管的段选口和位选口,控制 6 个数码管

的显示,T1 工作于定时模式,作数码管扫描显示的定时器,上电时 6 个数码管显示数据
000000。按加键(S0)显示数据加 1,按减键(S1)显示数据减 1。键盘处理程序放在定时
中断服务程序中,用定时/计数器 T0 作按键扫描处理定时器,定时周期为 10 ms。

3.4.2　搭建硬件电路

　　本例中,我们用 6 个数码管显示数据,需要占用两个并行口,和实例 3-1 相类似,我们
用 P1 口作数码管的段选口,用 P2 口作数码管的位选口,另外键盘采用独立式键盘,用
P3 口作键盘输入口,其硬件电路如图 3-19 所示。

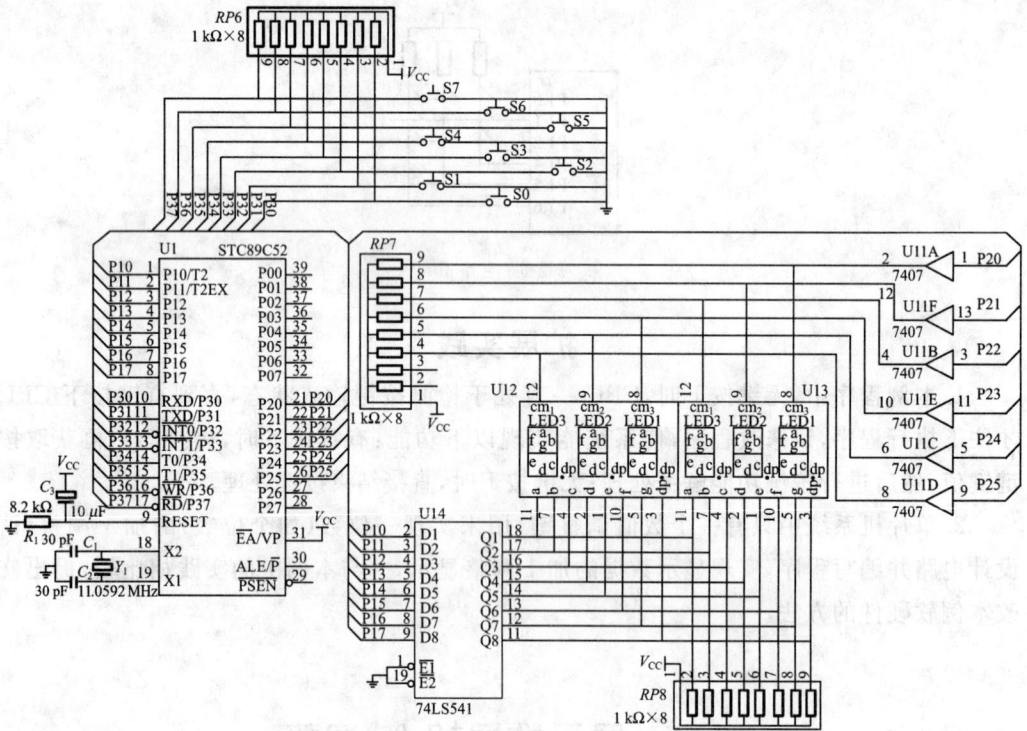

图 3-19　实例 3-4 硬件电路图

　　在 MFSC-2 实验平台上,用 8 芯扁平数据线将 J3 与 J15 相接,其中 J3 的 P10 引脚对
应 J15 的 D0 引脚,将 J6 与 J12 相接,其中 J6 的 P20 引脚对应 J12 的 C1 引脚,将 J4 与
J10 相接,其中 J4 的 P30 引脚对应 J10 的 S0 引脚,就构成了上述电路。

3.4.3　编写软件程序

　　按照功能要求,本例的程序包括两个部分:①数据调整;②数据显示。数据显示问题
在实例 3-1、实例 3-2 中已作了详细讨论,在此我们只是照搬实例 3-1 中的相关代码,不再
作详细讨论了。数据调整问题实际上是键盘处理问题,这是本例程序设计的重点。我们
将键盘处理程序放在 10 ms 定时中断服务程序中,利用前后两次中断的时差去抖动。

1. 用定时中断实现键盘处理的一般方法

在定时中断服务程序中进行键盘处理,其编程方法是,选取键盘的抖动期作为定时器的定时周期(一般取 10 ms),开辟一个按键输入缓存 KeyBuf,用来存放 10 ms 前的按键输入情况(即前一次中断时按键输入情况)。引入一个标志位 KeyDn,用来标识一次按键按下是否已经解释执行过。每隔 10 ms 系统就进入定时中断服务程序中,对按键输入情况进行扫描,如果扫描到有键按下,则将当前按键输入情况与保存在缓存中的 10 ms 前的按键输入情况相比较,如果两者不同,表明当前处于抖动期,这时不作按键解释处理。但必须将此时的按键输入存入缓存中,以便于下一个 10 ms 期比较;如果相同,表明当前处于键稳定按下期。这时还必须对按键按下处理标志 KeyDn 进行检查,如果按键按下已解释执行过,则结束处理,如果按键按下未处理,则进行正常的按键处理,按键处理结束后,还必须将按键按下已处理标志置位,以阻止下一个 10 ms 扫描期内该键被重复解释处理。键释放后,还要将键按下已处理标志位 KeyDn 清 0,以便于键(本键或其他键)再次按下时能得到正常处理。当然可以在无键按下时将标志位 KeyDn 清 0,也可以在键抖动期处理中将标志位 KeyDn 清 0。上述思想对应的流程图如图 3-20 所示。

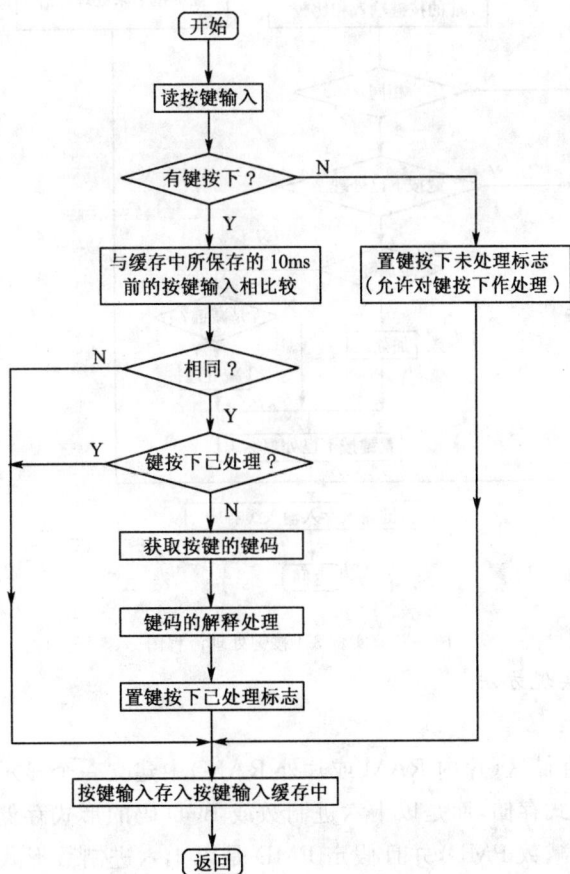

图 3-20　定时中断中键盘处理一般流程

2.流程图

按照定时中断中键盘处理流程,本例的按键处理程序的流程图如图 3-21 所示。在独立式键盘中,按键的输入值就是键盘的编码值,其特点是:用一位二进制代码,表示一个键的按下或释放,例如用 D0 表示 S0 的按下或释放,其中 D0＝0,表示 S0 按下,D0＝1,表示 S0 释放,这种方式的按键编码就叫做特征编码。利用特征编码,采取判断对应特征位的值可以实现按键解释处理控制。在按键数不太多的情况下,通常是采用这种方法。如果按键数比较多,这种方法将会使程序变得很复杂,此时一般是先将特征编码转换成顺序编码,然后依顺序编码散转。

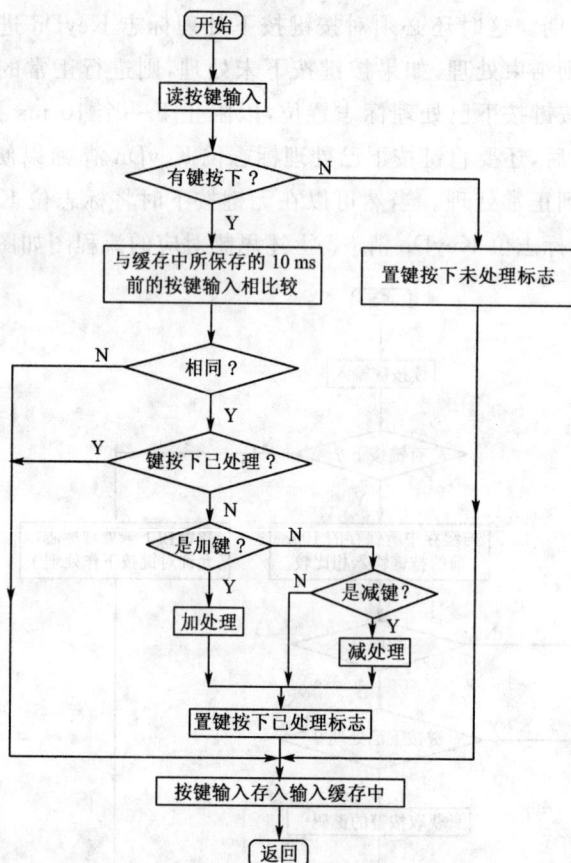

图 3-21　实例 3-4 按键处理流程图

3.加/减处理的实现方法

实现方法有两种:

方法一:在数据存储区(片内 RAM 或片外 RAM)中建立一个显示数据的副本,该副本不是以显示代码形式存储,而是以十六进制数或 BCD 码的形式存储。为了叙述方便,我们把该副本叫做加减数 PMD,并且假定 PMD 是以十六进制数形式存放的。进行加/减处理时,对加减数 PMD 进行加 1 或减 1 处理,然后再将处理后的 PMD 转换成数码管显示的显示代码(按实例 3-1,该代码为数字 0～9,实际是非压缩的 BCD 码),再写入数码管显存中。必须强调的是,在实际工程中,如果采用这种方法处理,必须每隔一定的时间(例如 10 ms),将加减数 PMD 转换成显示代码并写入显存中,实现显示数据刷新,否则,如果在某个时候干扰修改了显存中的数据,将会导致显示数与加减数 PMD 不同步,这时就会出现按加/减键时,显示数据不变或者是变化值过大的现象。实际上,这种重复输出的方法在工程上常称作冗余输出抗干扰。

方法二:直接对显示数进行修改。数码管显示的是数值时,按照实例 3-1 所示的显示笔型码表建立方法建立笔型码表,则显存中存放的是数 0～9,6 个数码管的显存中的数实际是 6 位非压缩的 BCD 码。需要对显示数据进行加/减处理时,先将这 6 位非压缩的 BCD 码转换成运算数,运算数可以是压缩的 BCD 码数,也可以是十六进制数,再对运算数进行加/减 1 调整,然后将调整后的运算数转换成 6 位非压缩的 BCD 码送显存显示。

本例中,我们采用方法二实现显示数据的加/减 1 调整处理。其中,运算数为三字节的 BCD 码数。

4. 多字节 BCD 码数加法程序的编写

多字节 BCD 码数加法程序的编写方法是,先对低字节的 BCD 码数按十六进制数作不带进位的加法,用 DA 指令将和调整为 BCD 码,然后对高字节的 BCD 码数按十六进制数作带进位的加法,并用 DA 指令将和值调整为 BCD 码。设三字节的 BCD 码被加数在 R2、R3、R4 中,三字节的 BCD 码加数在 R5、R6、R7 中,其中 R2、R5 中为最高字节 BCD 码,BCD 码的和存放在 R2、R3、R4 中,其加法程序为:

```
BCDA: MOV    A,R4      ;取被加数的低字节
      ADD    A,R7      ;低字节作不带进位的加法(按十六进制数作加)
      DA     A         ;和值调整为 BCD 码
      MOV    R4,A      ;和的低字节存入 R4 中
      MOV    A,R3      ;取被加数的次低字节
      ADDC   A,R6      ;按十六进制数作带进位加法
      DA     A         ;次低字节的和值调整为 BCD 码
      MOV    R3,A      ;次低字节的和存入 R3 中
      MOV    A,R2      ;取被加数最高字节
      ADDC   A,R5      ;最高字节按十六进制数作带进位加法
      DA     A         ;调整为 BCD 码
      MOV    R2,A      ;最高字节的和存入 R2 中
      RET
```

编程注意事项:

①多字节 BCD 码作加的方法是,对应字节作加,即最低字节与最低字节相加,次低字节与次低字节相加……

②最低字节相加时为不带进位加法,其他字节相加要考虑低位的进位,因而必须用带进位的加法。

③51 单片机中没有提供 BCD 码直接相加的运算指令,BCD 码的各字节相加时,是先按十六进制数作加法,再用 DA 指令将和值调整为 BCD 码。

④DA 指令为 BCD 码调整指令,其操作数只能是 A,并且只能用在 ADD 或 ADDC 指令之后,用来将 A 中的和值调整为 BCD 码,该指令执行后会自动设置 C 位、AC 位的值。

本例中,需要进行三字节 BCD 码数加 1 处理,我们只需将上述程序中的加数换成立即数 000001H 即可,也可以将 R5 R6 R7 中赋以 000001H,然后调用上述程序,其具体程序可查看 KET_PLUS 子程序中的相关代码。

5. 多字节 BCD 码减法程序的编写

由于 DA 指令不能用在减法指令 SUBB 之后,只能用在加法指令 ADD/ADDC 之后。因此,必须设法将减法变成加法运算。前面已经学习过,减一个数,可以用加上这个数的补数来实现,对于数 X 而言,其补数=最大数+1-X。BCD 码数在计算机内是以二进制数形式存放的,只是用 4 位二进制数表示一位 BCD 码数而已,例如(34)$_{BCD}$在机内的存放数为 00110100B,用十六进制数表示为 34H。一位 BCD 码数的最大数为 9。因此,单字节 BCD 码数的最大数为 99H,补数为 99H+1-X=9AH-X。同理,双字节 BCD 码数 X 的补数=999AH-X,三字节 BCD 码数 X 的补数=99999AH-X……

设三字节 BCD 被减数在 R2、R3、R4 中,减数在 R5、R6、R7 中,其差值保存在 R2、R3、R4 中,则 BCD 码减法程序的编写方法是:

①求减数的补数:用 99999AH 减去 R5、R6、R7 中的数,结果存放在 R5、R6、R7 中。

②用被减数加上减数的补数:调用 BCDA 子程序对 R2、R3、R4 中的数与 R5、R6、R7 中的数作 BCD 码数加法。

程序代码如下:

```
BCDS:
    MOV    A,#9AH          ;减数求补
    CLR    C               ;低字节求补 9AH-R7→R7
    SUBB   A,R7
    MOV    R7,A
    MOV    A,#99H          ;R6 中的数求补 99H-R6→R6
    SUBB   A,R6
    MOV    R6,A
    MOV    A,#99H          ;R5 中的数求补 99H-R5→R5
    SUBB   A,#99H
    MOV    R5,A
    ACALL  BCDA            ;调用 BCDA 作 R2R3R4+R5R6R7→R2R3R4
    RET
```

说明:多字节减法中,最低字节为不带借位的减,其他字节为带借位减。

本例中需要进行三字节 BCD 码数减 1 处理,三字节减数 1 的 BCD 码补数为 999999H,我们可以直接用被减数加上 999999H 来实现。

其详细代码请查阅子程序 KEY_MINUS。

6. 压缩 BCD 码数与非压缩 BCD 码数的互换

压缩的 BCD 码数的特点是,用 4 位二制数表示一位 BCD 码数(0~9),每个字节存放

两位 BCD 码数,通常所说的 BCD 码数就是指压缩的 BCD 码数,非压缩的 BCD 码数的特点是用 8 位二进制数表示一位 BCD 码数(0~9),每个字节存放一位 BCD 码数,其高 4 位为 0,低 4 位实际是一位压缩的 BCD 码数。

如果用 R2 存放压缩的 BCD 码,用 R3R4 存放对应的非压缩 BCD 码,则它们之间相互转换的方法是:

BCD 码→非压缩 BCD 码:将 R2 低 4 位传送到 R4 中,高 4 位传送到 R3 中,但 R3、R4 的高 4 位要设为全 0。

非压缩 BCD 码→BCD 码:将 R4 的低 4 位传送到 R2 的低 4 位中,将 R3 中低 4 位传送到 R2 的高 4 位中。

实际应用中,可以用算术运算指令或逻辑运算指令来实现 BCD 码与非压缩 BCD 码之间的转换。下面的程序就实现了将 R2 中压缩的 BCD 码转换成非压缩的 BCD 码,结果在 B、A 中,其中 A 中存放十位数。

```
B2B:
    MOV     A,R2        ;取 BCD 码数
    MOV     B,♯10H      ;除以 10H(除以 BCD 码数 10)
    DIV     AB
    RET
```

说明　①除法指令"DIV AB"执行后,余数在 B 中,商在 A 中。

②除数必须是 10H,而不是 10。因为 BCD 码数 10 在机内存储为 10H。

下面的程序实现了将 R2、R3 中的非压缩的 BCD 码数转换成 BCD 码数,结果存放在 A 中。

```
BB2:
    MOV     A,R2        ;取十位数
    SWAP    A           ;移位至高 4 位中
    ORL     A,R3        ;个位数存入 A 的低 4 位中
    RET
```

说明:程序中第 3 条指令也可以用"ADD A,R3"指令代替。

本例中的 BCD 码数与非压缩 BCD 码数互换程序可查阅源代码中 BB2、B2B 子程序。

3.4.4　源程序代码

本例完整的源程序代码如下:

```
DCount      EQU     6       ;数码管总数
PORT_S      EQU     P1      ;段选口
PORT_B      EQU     P2      ;位选口
Key_Port    EQU     P3      ;键盘输入口
DFISTADD    EQU     30H     ;显存首地址
DISBUF0     EQU     30H     ;0 号数码管显存
DISBUF1     EQU     31H     ;1 号数码管显存
```

```
        DISBUF2    EQU     32H       ;2 号数码管显存
        DISBUF3    EQU     33H       ;3 号数码管显存
        DISBUF4    EQU     34H       ;4 号数码管显存
        DISBUF5    EQU     35H       ;5 号数码管显存
        Wcnt       EQU     40H       ;显示位置计数器
        KeyBuf     EQU     41H       ;按键输入缓存
        KeyDn      BIT     08H       ;键按下已解释标志 0:未解释 1:已解释
;--------------------------------------------------------------------------------
        ORG     0000H     ;1 CPU 复位后程序的入口地址
        AJMP    INIT      ;2
        ORG     000BH     ;3 定时中断 T0 的入口地址
        AJMP    TIME0     ;4
        ORG     001BH     ;5 定时中断 T1 的入口地址
        AJMP    TIME1     ;6
        ORG     0050H     ;7 真正的应用程序放在 0050H 之后
;--------------------------------------------------------------------------------
INIT:
        MOV     SP,#5FH        ;9 定义堆栈区:5FH 以后的区域
        CLR     KeyDn          ;10 置键按下未解释标志
        MOV     Wcnt,#0        ;11 扫描位置计数器初始化:从 0 号管开始
        MOV     TMOD,#11H      ;12  0001 0001  T0:定时,方式 1,T1:定时,方式 1
        MOV     TH0,#0D5H      ;13 设置 T0 计时初值:10 ms
        MOV     TL0,#9EH       ;14
        MOV     TH1,#0F4H      ;15 设置 T1 计时初值:约 3 ms
        MOV     TL1,#48H       ;16
        SETB    ET0            ;17 允许 T0 中断
        SETB    ET1            ;18 允许 T1 中断
        SETB    EA             ;19 开全局中断
        SETB    PT1            ;20 T1 中断采用高优先级
        SETB    TR0            ;21 启动定时器 T0
        SETB    TR1            ;22 启动定时器 T1
        MOV     DISBUF0,#0     ;23 显示数据初始化:全 0
        MOV     DISBUF1,#0     ;24
        MOV     DISBUF2,#0     ;25
        MOV     DISBUF3,#0     ;26
        MOV     DISBUF4,#0     ;27
        MOV     DISBUF5,#0     ;28
MAIN:
        ORL     PCON,#01H      ;29  CPU 睡眠
        SJMP    MAIN           ;30
;--------------------------------------------------------------------------------
```

```
TIME0:
    MOV      TH0,#0D5H        ;31 重置计数初值
    MOV      TL0,#9EH         ;32
    LCALL    KeyIn            ;33 按键输入处理
    RETI                      ;34
;------------------------------------------------------------------------
TIME1:
;现场保护
    PUSH     ACC              ;35 A 的内容进堆栈
    PUSH     B                ;36 B 的内容进栈
    PUSH     DPH              ;37 DPTR 的内容进栈
    PUSH     DPL              ;38
    MOV      TH1,#0F4H        ;39 重置计数初始值
    MOV      TL1,#48H         ;40
    LCALL    DISPLAY          ;41 显示输出
    POP      DPL              ;42 现场恢复,恢复 DPTR 的内容
    POP      DPH              ;43
    POP      B                ;44 恢复 B 的内容
    POP      ACC              ;45 恢复 A 的内容
    RETI                      ;46
;------------------------------------------------------------------------
KEYIN:                        ;47
    MOV      Key_Port,#0FFH   ;48 读按键输入
    MOV      A,Key_Port       ;49
    CPL      A                ;50 按键输入以反码形式保存方便处理
    MOV      R2,A             ;51 暂存按键输入
    JNZ      KI1              ;52 有键按下,转 KI1 进行键按下处理
    CLR      KeyDn            ;53 无键按下,置键按下未解释标志(KeyDn=0)
    SJMP     KI4              ;54
KI1:                          ;55 有键按下处理
    XRL      A,KeyBuf         ;56 与输入缓存(前 10 ms 的输入状况)相比较
    JNZ      KI4              ;57 不相同(抖动期输入),则转 KI4 结束
    JB       KeyDn,KI4        ;58 相同(键稳定按下),键按下已解释过,则转 KI4 结束
                              ;59 键稳定按下,且没被解释过,则进行以下处理
    MOV      A,R2             ;60 取当前按键输入值
    JNB      ACC.0,KI2        ;61 非加键按下,转 KI2
    ACALL    KEY_PLUS         ;62 调用 KEY_PLUS 进行加处理
    SJMP     KI3              ;63
KI2:                          ;64
    JNB      ACC.1,KI3        ;65 非减键按下转 KI3
    ACALL    KEY_MINUS        ;66 调用 KEY_MINUS 进行减处理
```

```
KI3:                        ;67
    SETB      KeyDn         ;68 置键按下已解释标志,阻止一键按下多次解释
KI4:                        ;69
    MOV       KEYBUF,R2     ;70 本次扫描的按键输入存入缓存中
    RET                     ;71
;-------------------------------------------------------------------------------
KEY_MINUS:                  ;72 减键处理
    ACALL     BB2           ;73 显存中的显示数据转换成压缩的 BCD 码存入 R3R4R5
    MOV       A,R5          ;74 显示数据加 1
    ADD       A,#99H        ;75
    DA        A             ;76
    MOV       R5,A          ;77
    MOV       A,R4          ;78
    ADDC      A,#99H        ;79
    DA        A             ;80
    MOV       R4,A          ;81
    MOV       A,R3          ;82
    ADDC      A,#99H        ;83
    DA        A             ;84
    MOV       R3,A          ;85
    ACALL     B2B           ;86 R3R4R5 中的数据转换成非压缩的 BCD 码存入显存中
    RET                     ;87
;-------------------------------------------------------------------------------
KEY_PLUS:                   ;88 加键处理
    ACALL     BB2           ;89 显存中的显示数据转换成压缩的 BCD 码存入 R3R4R5
    MOV       A,R5          ;90 显示数据加 1
    ADD       A,#1          ;91
    DA        A             ;92
    MOV       R5,A          ;93
    MOV       A,R4          ;94
    ADDC      A,#0          ;95
    DA        A             ;96
    MOV       R4,A          ;97
    MOV       A,R3          ;98
    ADDC      A,#0          ;99
    DA        A             ;100
    MOV       R3,A          ;101
    ACALL     B2B           ;102 R3R4R5 中的数据转换成非压缩的 BCD 码存入显存中
    RET                     ;103
;-------------------------------------------------------------------------------
```

;子程序 BB2:将片内 RAM DISBUF0~DISBUF5 中 6 字节的非压缩的 BCD 码转换成

;3 字节的压缩的 BCD 码并存入 R3R4R5 中

```
BB2:                              ;104
    MOV     A,DISBUF1            ;105
    SWAP    A                    ;106
    ORL     A,DISBUF0            ;107
    MOV     R5,A                 ;108
    MOV     A,DISBUF3            ;109
    SWAP    A                    ;110
    ORL     A,DISBUF2            ;111
    MOV     R4,A                 ;112
    MOV     A,DISBUF5            ;113
    SWAP    A                    ;114
    ORL     A,DISBUF4            ;115
    MOV     R3,A                 ;116
    RET                          ;117
```

;--

;子程序 B2B:将 R3R4R5 中的压缩的 BCD 码转换成非压缩的 BCD 码

;并存入 DISBUF0~DISBUF5 中

```
B2B:                             ;118
    MOV     A,R5                 ;119
    MOV     B,#10H               ;120
    DIV     AB                   ;121
    MOV     DISBUF1,A            ;122
    MOV     DISBUF0,B            ;123
    MOV     A,R4                 ;124
    MOV     B,#10H               ;125
    DIV     AB                   ;126
    MOV     DISBUF3,A            ;127
    MOV     DISBUF2,B            ;128
    MOV     A,R3                 ;129
    MOV     B,#10H               ;130
    DIV     AB                   ;131
    MOV     DISBUF5,A            ;132
    MOV     DISBUF4,B            ;133
    RET                          ;134
```

;--

```
DISPLAY:
    MOV     PORT_S,#0            ;135 消隐输出
    MOV     A,Wcnt               ;136 查表读取当前点亮数码管的控制码
```

```
MOV      DPTR,＃DISCTRL      ;137
MOVC     A,@A＋DPTR          ;138
MOV      PORT_B,A           ;139 控制码送位选口
MOV      A,＃DFISTADD        ;140 计算当前点亮数码管的显存地址
ADD      A,Wcnt             ;141
MOV      R0,A               ;142 指针指向当前点亮数码管的显存
MOV      A,@R0              ;143 读显示代码
MOV      DPTR,＃DISTAB       ;144 查表获得其笔型码
MOVC     A,@A＋DPTR          ;145
MOV      PORT_S,A           ;146 笔型码送段选口显示输出
INC      Wcnt               ;147 显示位置计数值加 1
MOV      A,Wcnt             ;148 超界处理
MOV      B,＃DCount          ;149
DIV      AB                 ;150
MOV      Wcnt,B             ;151
RET                         ;152
;------------------------------------------------------------------------
DISCTRL：  ;153 显示位置控制码表
DB       0FEH               ;154 0 号数码管显示
DB       0FDH               ;155 1 号数码管显示
DB       0FBH               ;156 2 号数码管显示
DB       0F7H               ;157 3 号数码管显示
DB       0EFH               ;158 4 号数码管显示
DB       0DFH               ;159 5 号数码管显示
;------------------------------------------------------------------------
DISTAB：   ;显示笔型码表
DB       3FH                ;160 0 的笔型码      代码 0
DB       06H                ;161 1 的笔型码      代码 1
DB       5BH                ;162 2 的笔型码      代码 2
DB       4FH                ;163 3 的笔型码      代码 3
DB       66H                ;164 4 的笔型码      代码 4
DB       6DH                ;165 5 的笔型码      代码 5
DB       7DH                ;166 6 的笔型码      代码 6
DB       07H                ;167 7 的笔型码      代码 7
DB       7FH                ;168 8 的笔型码      代码 8
DB       6FH                ;169 9 的笔型码      代码 9
DB       00H                ;170 灭的笔型码      代码 10
END                         ;171
```

3.4.5　程序说明

　　本例的系统程序主要包括主程序、定时器 T0 的中断服务程序和定时器 T1 的中断服

务程序三大部分,其他程序都是一些功能执行子程序。主程序完成的主要工作是系统初始化设置。包括堆栈区的定义,定时中断 T0、T1 的初始化,显示数据的初始化,按键状态的初始化等,这部分工作在 INIT 中完成,系统完成初始化工作后就进入 CPU 睡眠状态,一方面降低单片机的功耗,另一方面提高系统的抗干扰性。T0 的中断服务程序为 TIME0,用来完成 10 ms 键盘定时扫描处理工作。T1 的中断服务程序为 TIME1,用来完成 3 ms 的数码管扫描显示处理工作。

　　系统程序中,第 9 行代码"MOV SP,♯5FH"的作用是定义堆栈区为 5FH 以后的区域。单片机复位后,SP＝07H,堆栈区为片内 RAM 从 08H 开始的区域,由于 20H～2FH 为位地址区,一般用其中的某些位作系统的标志位。例如,本例中就用了 08H 位作键按下已解释标志位(KeyDn 位),这些位是不允许随意修改的。调用一个子程序至少需要占用 2 个字节的堆栈空间,如果系统中子程序嵌套调用的次数不多,所需堆栈空间不大,堆栈空间定义在从 08H 开始的区域是没问题的。如果子程序嵌套调用的层次过多,则在子程序调用中,会把 1FH 以后的区域也作为堆栈区,会修改位地址区域的内容,这是不允许的。在这种情况下,一般是把堆栈区定义在位地址区以后的区域。正是因为这个原因,本例的系统初始化程序中第一条指令就定义了堆栈区,将系统的堆栈区定义在 5FH 以后的区域。对于 51 单片机而言,其堆栈区为 60H～7FH,共 32 个字节,对于 52 单片机而言,其堆栈区为 60H～FFH,共 160 个字节。

　　必须指出的是,在定义堆栈区时,要防止因堆栈空间定义得过小而出现堆栈溢出现象。例如,在 51 单片机中如果定义堆栈空间为 70H～7FH 共 16 个字节,子程序调用深度最多只能是 8 级,如果实际的子程序调用深度为 9 级,则在调用最深子程序时,SP 指向 80H 之后,也就是说断点地址会保存在片内 RAM 80H、81H 中,这两个字节实际上是不存在的,子程序返回时,就会出现问题。

　　第 20 条指令"SETB PT1"用来设置 T1 中断为高优先级中断。系统中开放了 T0、T1 两个中断,存在着中断优先级别问题。

　　程序中,指令"SETB PT1"将 PT1 位置 1,T1 中断为高优先级中断,而其他中断优先级控制位采用复位值(0),为低优先级中断。因此,T1 中断可以打断 T0 中断服务,也就是扫描显示程序(放在 T1 中断服务中)可以优先服务,这样可以防止因按键处理(放在 T0 中断服务中)时间过长而出现扫描显示短时抖动现象。

　　第 35～38 条指令用来将 A、B、DPTR 的内容压入堆栈,进行数据现场保护。第 42～45 条指令用来将堆栈中的保护数据分别恢复到 A、B、DPTR 中。由于 T1 中断为高优先级中断,可以打断系统中其他程序的执行,为了防止 T1 中断服务程序执行时,破坏其他有用寄存器或存储单元中的内容,必须在 T1 中断服务程序的开始处,将 T1 中断服务程序中所用到的寄存器的内容进行保护,中断服务结束时,再将其内容恢复回来。常用的方法是利用堆栈进行数据保护和恢复。T1 的中断服务程序中使用 A、B、DPTR 寄存器(在 Display 子程序中使用),因此,T1 的中断服务程序 TIME1 一开始就是 4 条进栈指令,中断服务程序的结束处是 4 条出栈指令。在采用堆栈进行数据保护时要注意以下几点：

① PUSH、POP 指令的操作数只能是直接地址，不能是寄存器。A 是寄存器，ACC 是 A 的映射特殊功能寄存器，其实质是一个符号地址。对 ACC 的操作结果与对 A 的操作结果等价。将 A 的内容压入堆栈只能用"PUSH ACC"，"PUSH A"是非法的。将栈顶的内容弹出到 A 中，也只能用"POP ACC"，不能用"POP A"。

② DPL、DPH、B 既是寄存器名，也是特殊功能寄存器名，因而指令"PUSH B"是合法的。

③ MCS-51 单片机的堆栈只能按字节操作，DPTR 为 16 位寄存器/特殊功能寄存器。DPTR 进栈时必须分成两个字节（DPH、DPL）分别进行进栈操作。

④ 数据保护和恢复时，出栈顺序与进栈顺序相反。

3.4.6 应用总结

键盘处理程序包括去抖动、识别键按下的位置、按键按下解释等几个部分。工程上，常将键盘处理程序放在 10 ms 定时中断服务程序中，利用前后两次中断的时差回避按键抖动期。其处理方法是，用一个按键输入缓冲器 KeyBuf 保存 10 ms 前按键输入的情况，用本次扫描键输入值与 KeyBuf 中的 10 ms 前的按键输入相比较。如果相同，则为非抖动时期，否则一定是抖动期。只有在非抖动期，才对按键按下的位置进行判断识别和解释处理。

通常情况下一次按键按下只能解释执行一次。因此，一般是引入一个标志位，用来标识按键按下是否被解释处理，只有按键按下并且未解释过才进行按键解释处理，按键解释完毕，还要置按键已解释标志，用来阻止下一个 10 ms 扫描期内按键被重复解释。另外还要注意在按键释放期将键按下已处理标志位清 0，以便于以后有按键按下时能正常处理。

当系统中开放了多个中断时，就必须考虑中断优先级问题，在系统初始化程序中要进行中断优先级的设置。

为了防止中断服务程序执行后将某些寄存器的内容破坏，必须对有用寄存器的内容进行保护，这种保护通常叫现场保护。对于 A、B、DPTR 等进行现场保护的一般方法是将它们的内容压入堆栈，中断服务结束之前，再用 POP 指令将其内容从堆栈中恢复回来，这种操作叫现场恢复。对于 R0～R7，不能用堆栈保护。一般的方法是通过设置 PSW 的 RS0、RS1 位的值选择不同工作寄存器组，保证中断服务中所用工作寄存器组与其他程序中所使用的工作寄存器组不同，从而避免工作寄存器组的内容被破坏。

单片机复位时，堆栈区定义为 07H 之后的区域。在实际应用中，如果子程序嵌套调用的层次较多，子程序的调用就会破坏 20H～2FH 位地址区的内容，这时一般要将堆栈区定义在片内 RAM 非位地址区的高地址区中。系统上电时，首先要定义堆栈区，堆栈区定义时，要注意防止堆栈的溢出。

习　题

1. 编程实现下列功能：

(1) 将 A 的内容压入堆栈。

(2) 将 DPTR 的内容压入堆栈。

(3) 中断服务程序中用第 1 组工作寄存器组，其他程序中用第 0 组工作寄存器组。

2. 定时中断的功能是实现数码管扫描显示，显示子程序为 Display，该程序中要用到 R0、A、DPTR 等寄存器，定时中断服务程序必须进行现场保护和现场恢复，请编写程序，实现在定时中断服务程序中对 R0、A、DPTR 进行现场保护和现场恢复。

3. 简述在定时中断服务程序中进行按键处理的编程思路，并画出其处理流程图。

4. 对显示数据进行调整处理的一般方法是什么？

5. 设 R2R3、R4R5 中分别存放有两个 BCD 码数，编程实现下列运算：

(1) R2R3＋R4R5，结果存放在 R2R3 中。

(2) R2R3－R4R5，结果存放在 R2R3 中。

(3) R2 中的 BCD 码拆分成非压缩的 BCD 码，结果存放在 R2R3 中，其中 R2 中存放十位数。

(4) R2R3 中存放的是非压缩的 BCD 码，其中 R2 中存放十位数，将其合并成压缩的 BCD 码并存放在 R2 中。

扩展实践

实验的硬件电路采用本例的硬件电路，S0、S1 为显示数据调整键，其中 S0 为加 1 键，S1 为减 1 键，它们都只能对 0 号数码管的显示数据进行调整，例如当前显示数据为 000000，按 S1，显示数据变为 000009。当前显示数据为 000009，按 S0，显示数据变为 000000。试设计系统程序，并在单片机系统中运行你所设计的程序。

3.5　多功能键处理

3.5.1　实例功能

单片机的 P3 口接有由 8 个按键组成的独立式键盘，8 个按键的编号分别为 S0～S7，其中 S0 为双功能键,其他键为单功能键,如果一次按下 S0 的时间不超过 1 秒,则 S0 的功能为加 1 键,显示数据加 1;若一次按下 S0 的时间超过 1 秒,则 S0 的功能为减 1 键,显示数据减 1。P1、P2 口为 6 个数码管的段选口和位选口,控制 6 个数码管的显示,T1 工作于定时模式,作数码管扫描显示的定时器,上电时 6 个数码管显示数据 000000。T0 也工作于定时模式,作按键扫描处理的定时器,定时周期为 10 ms。

3.5.2　搭建硬件电路

根据功能要求,本例的硬件电路与实例 3-4 的硬件电路相同,其电路图如图 3-22 所示。

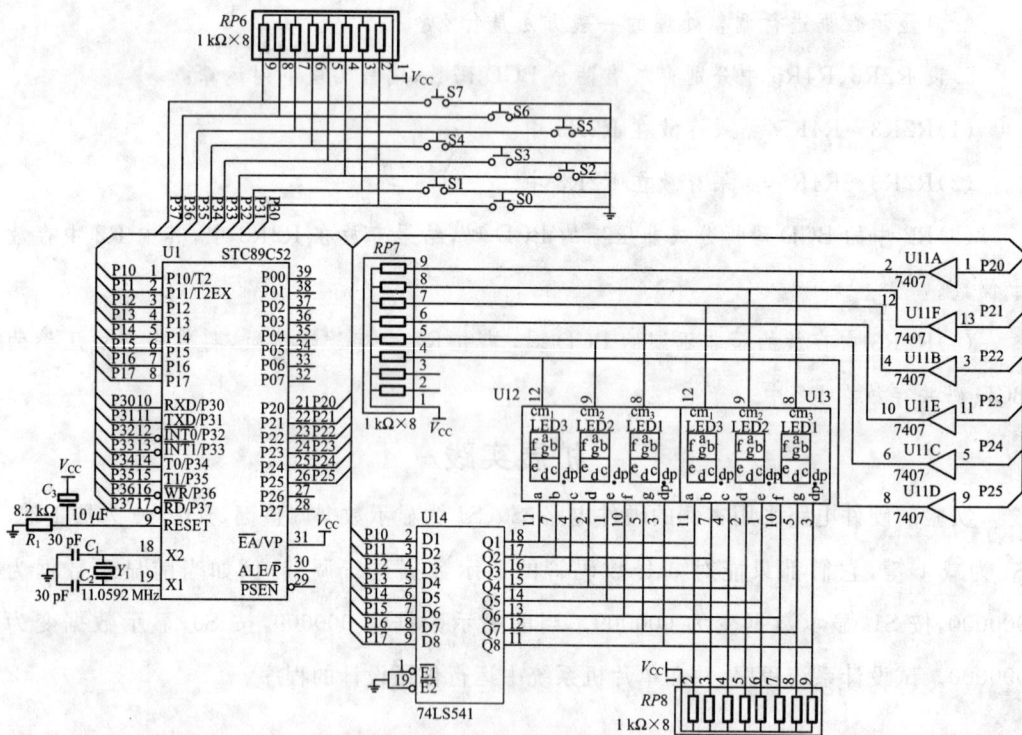

图 3-22　实例 3-5 硬件电路图

在 MFSC-2 实验平台上,用 8 芯扁平数据线将 J3 与 J15 相接,其中 J3 的 P10 引脚对应 J15 的 D0 引脚,将 J6 与 J12 相接,其中 J6 的 P20 引脚对应 J12 的 C1 引脚,将 J4 与 J10 相接,其中 J4 的 P30 引脚对应 J10 的 S0 引脚,就构成了上述电路。

3.5.3 编写软件程序

与实例 3-4 不同的是,本例的显示数据调整键由一键充当,S0 键既是加键,又是减键,具有双重功能,靠键按下的时间长短来区分。本例的其他功能与实例 3-4 相同,在此只介绍多功能键处理程序的编写方法,关于其他功能程序的编写,请查阅实例 3-4 中的相关部分。

1. 编程思路

多功能键的各种功能区分是通过识别按键按下的时间长短来实现的。键的解释工作不能放在键按下时刻,而要放在键的释放时刻,而且还要用定时/计数器对按键按下的时间进行计时。所以,多功能键处理程序一般是放在定时中断服务程序中,在键释放时刻对键按下时间进行判断,依据按键按下的时间长短作不同的解释处理。在工程上,多功能键主要是双功能,为了避免按键按下迟缓解释现象的发生,双功能键处理的一般思路是,多功能键按下期间对按键按下的时间进行判断,如果达到了长时按键规定的时间,就作键长时按下功能解释处理。如果按键按下时间没达到长时按键规定的时间就释放了,则在键释放时刻对多功能键作短时按下解释处理。

2. 实现方法

将按键处理程序放在定时中断服务程序中,和实例 3-4 一样,引入键盘输入缓存 KeyBuf 和按键按下是否已解释处理过标志位 KeyDn,还需要引入一个软件计数器 KeyTim,用来对多功能键按下时间进行计数,引入标志位 MFKDn,用来标识多功能键是否按下过。用 KeyDn 和 MFKDn 两位控制多功能键的两种功能解释程序的执行。在键稳定按下期间,如果按键未处理过,并且是多功能键按下,则将多功能键按下标志位 MFKDn 置位,记录多功能键已经按下并且没被处理,将 KeyTim 值加 1,表明多功能键按下的时间又持续了一个键盘扫描周期,

判断 KeyTim 的值,看其是否达到了键长时按下的规定值。如果已达到,则对多功能键进行长时按下功能解释,然后清除多功能键已按下标志,表明多功能键按下已经处理结束了。同时还要将键按下已处理标志位 KeyDn 置位,以阻止多功能键长时按下功能被重复解释执行。在键释放期间,对多功能键按下标志位 MFKDn 进行检查,如果多功能键按下标志位处于置位状态,表明多功能键按下过,并且是未达到长时按键规定的时间就释放了,也就是多功能键是短时间按下,这时就对多功能键作短时按下功能解释处理,然后清除多功能键按下过标志,阻止多功能键短时按下功能被重复解释执行。实现上述思路的流程图如图 3-23 所示,对应的程序代码详见 3.5.4 源程序代码中的第 50 行~第 88 行代码。

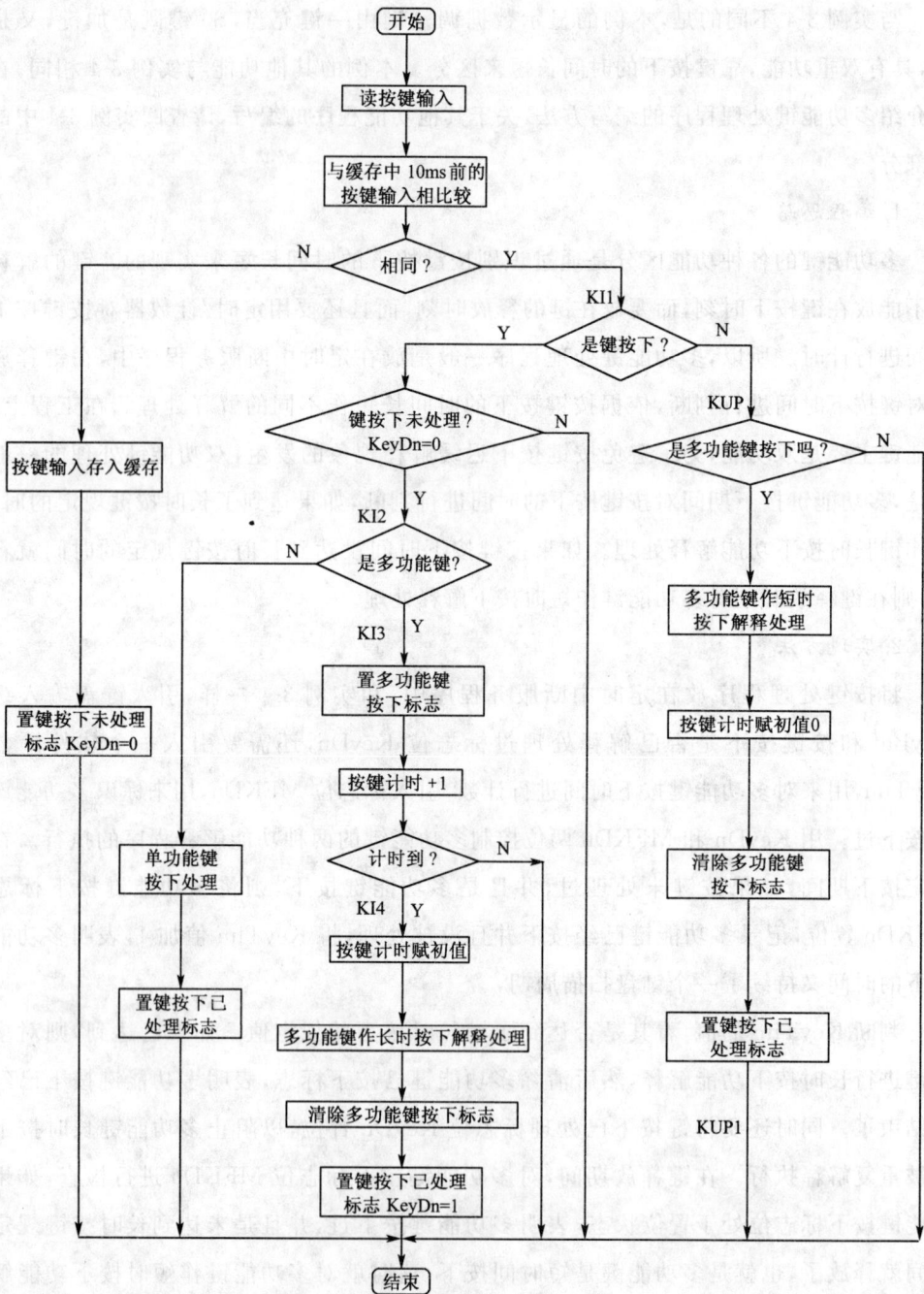

图 3-23　含有多功能键的键盘处理流程图

3.5.4　源程序代码

本例的源程序代码如下：

```
DCount      EQU     6           ;数码管总数
PORT_S      EQU     P1          ;段选口
PORT_B      EQU     P2          ;位选口
Key_Port    EQU     P3          ;键盘输入口
DFISTADD    EQU     30H         ;显存首地址
DISBUF0     EQU     30H         ;0 号数码管显存
DISBUF1     EQU     31H         ;1 号数码管显存
DISBUF2     EQU     32H         ;2 号数码管显存
DISBUF3     EQU     33H         ;3 号数码管显存
DISBUF4     EQU     34H         ;4 号数码管显存
DISBUF5     EQU     35H         ;5 号数码管显存
Wcnt        EQU     40H         ;显示位置计数器
KEYBUF      EQU     41H         ;按键输入缓存
KEYTIM      EQU     42H         ;多功能键按下计时器
PM          BIT     00H         ;加减键按下标志  0:未按下(上电初始值)  1:已按下
KEYDN       BIT     08H         ;键按下已解释标志  0:未解释  1:已解释
;-----------------------------------------------------------------------
        ORG     0000H           ;1 CPU 复位后程序的入口地址
        AJMP    INIT            ;2
        ORG     000BH           ;3 定时中断 T0 的入口地址
        AJMP    TIME0           ;4
        ORG     001BH           ;5 定时中断 T1 的入口地址
        AJMP    TIME1           ;6
        ORG     0050H           ;7 真正的应用程序放在 0050H 之后
;-----------------------------------------------------------------------
INIT:                           ;8
        MOV     SP,#5FH         ;9 定义堆栈区:5FH 以后的区域
        CLR     KeyDn           ;10 置键按下未解释标志
        MOV     Wcnt,#0         ;11 扫描位置计数器初始化:从 0 号管开始
        MOV     TMOD,#11H       ;12 0001 0001   T0:定时,方式 1,T1:定时:方式 1
        MOV     TH0,#0D5H       ;13 设置 T0 计时初值:10 ms
        MOV     TL0,#9EH        ;14
        MOV     TH1,#0F4H       ;15 设置 T1 计时初值:约 3 ms
        MOV     TL1,#48H        ;16
        SETB    ET0             ;17 允许 T0 中断
        SETB    ET1             ;18 允许 T1 中断
        SETB    EA              ;19 开全局中断
        SETB    PT1             ;20 T1 中断采用高优先级
```

```
        SETB      TR0                   ;21 启动定时器 T0
        SETB      TR1                   ;22 启动定时器 T1
        MOV       DISBUF0,#0            ;23 显示数据初始化:全 0
        MOV       DISBUF1,#0            ;24
        MOV       DISBUF2,#0            ;25
        MOV       DISBUF3,#0            ;26
        MOV       DISBUF4,#0            ;27
        MOV       DISBUF5,#0            ;28
MAIN:                                   ;29
        ORL       PCON,#01H            ;30 CPU 睡眠
        SJMP      MAIN                  ;31
;------------------------------------------------------------------------
TIME0:                                  ;32
        MOV       TH0,#0D5H            ;33 重置计数初值
        MOV       TL0,#9EH             ;34
        LCALL     KEYIN                 ;35 按键输入处理
        RETI                            ;36
;------------------------------------------------------------------------
TIME1:                                  ;37
        PUSH      ACC                   ;38
        PUSH      B                     ;39
        PUSH      DPH                   ;40
        PUSH      DPL                   ;41
        MOV       TH1,#0F4H            ;42 重置计数初值
        MOV       TL1,#48H             ;43
        LCALL     DISPLAY               ;44 显示输出
        POP       DPL                   ;45
        POP       DPH                   ;46
        POP       B                     ;47
        POP       ACC                   ;48
        RETI                            ;49
;------------------------------------------------------------------------
KEYIN:                                  ;50
        MOV       Key_Port,#0FFH       ;51 读按键输入
        MOV       A,Key_Port           ;52
        CPL       A                     ;53 按键输入以反码形式保存方便处理
        MOV       R2,A                  ;54 暂存按键输入
        XRL       A,KEYBUF             ;55 与缓存中 10ms 前的输入相比较
        JZ        KI1                   ;56 相同,转 KI1 处理
        MOV       KEYBUF,R2            ;57 不同,键输入存入缓存
        CLR       KEYDN                 ;58 置键按下未处理标志(KeyDn=0)
        RET                             ;59
```

```
KI1:                            ;60
    MOV      A,R2               ;61 取键输入
    JZ       KUP                ;62 键释放期,转 KUP 处理
    JNB      KEYDN,KI2          ;63 键按下未处理,转 KI2 处理
    RET                         ;64 已处理,则结束
KI2:                            ;65 键按下未处理时的处理
    JB       ACC.0,KI3          ;66 是加/减按下,则转 KI3
    SETB     KEYDN              ;67 不是,则置键按下已处理标志后结束
    RET                         ;68
KI3:                            ;69
    SETB     PM                 ;70 置加/减键按下标志
    INC      KEYTIM             ;71 按键计时加 1
    MOV      A,KEYTIM           ;72 判断计时时间
    ADD      A,♯256－100        ;73 达 1 ms 吗(长时按下)?
    JC       KI4                ;74 是,则转 KI4 处理
    RET                         ;75 否则结束
KI4:                            ;76 长时按下处理
    MOV      KEYTIM,♯0          ;77 按键计时赋初值 0
    ACALL    KEY_MINUS          ;78 调用 KEY_MINUS 子程序,作减功能解释
    CLR      PM                 ;79 清除减键按下标志
    SETB     KEYDN              ;80 置键按下已处理标志
    RET                         ;81 结束
KUP:                            ;82 键释放期处理
    JNB      PM,KUP1            ;83 加/减键未按下,转 KUP1 结束
    ACALL    KEY_PLUS           ;84 否则(短时按下)调用 KEY_PLUS 作加功能解释
    CLR      PM                 ;85 清除加/减键按下标志
    MOV      KEYTIM,♯0          ;86 按键计时赋初值 0
    SETB     KEYDN              ;87 置键按下已处理标志
KUP1:        RET                ;88 结束
;-------------------------------------------------------------------
DISPLAY:                        ;89
    ;见实例 3-4 中 DISPLAY 子程序代码
KEY_MINUS:                      ;128 减键处理
    ; 见实例 3-4 中 KEY_MINUS 子程序代码
KEY_PLUS:                       ;144 加键处理
    ; 见实例 3-4 中 KEY_PLUS 子程序代码
BB2:                            ;160
    ;见实例 3-4 中 BB2 子程序代码
B2B:                            ;174
    ;见实例 3-4 中 B2B 子程序代码
END                             ;191
```

3.5.5　应用总结

在按键数不多的单片机应用系统中,通常采取定义一键多功能的方法来扩充键盘的功能。为了防止误操作,也常将某些关键性功能定义在某些键的第二功能上。多功能键的各种功能区分是通过识别按键按下的时间长短来实现的。多功能键处理程序一般放在定时中断服务程序中,通过引入多功能键是否按下标志位和键按下是否解释处理过标志位控制多功能键的不同功能的解释执行。在使用这些标志位时要注意它们何时该置位,何时该复位,何时作为检测标志。它们的用法如表 3-2 所示。

表 3-2　　　　　　　　　　多功能键处理程序中标志位的用法

标志位	置位	复位	作检测位
键按下已处理	键按下已被解释处理后	键释放期或抖动期	键按下期
多功能键按下	多功能键按下且键未处理	多功能键长时按下功能或短时按下功能解释执行后	键释放期

习　题

1. 简述双功能键处理程序设计的思路。
2. 双功能键处理程序应该放在何处?该程序需引用哪些辅助资源,各资源的作用是什么?
3. 画出双功能键处理程序的流程图。
4. 在源程序代码中,第 55 行代码为"XRL A,KEYBUF",试述其功能。

扩展实践

实验的硬件电路采用本例的硬件电路,用 S1、S0 两个键作为显示数据调整键,上电时 6 个数码管显示 000000,其中最低位数码管闪烁显示,其他数码管静态显示。S0 键为闪显位置调整键,每按一次 S0,闪显位置左移一位,如果当前闪显位置为最高位(即 5 号数码管),则按 S0 后,0 号管闪显,其他数码管静态显示。S1 键用来调整显示数据的大小,它具有双重功能,按下 S1 键的时间超过 1 s 时,其功能为加 1 调整键,如果按下 S1 后在 1 s 内释放,其功能为减 1 调整键,它们只能对闪显数码管的显示数据进行调整。请设计系统程序。

3.6　连击键处理

3.6.1　实例功能

单片机的 P3 口接有由 8 个按键组成的独立式键盘,8 个按键的编号分别为 S0～S7,

其中 S1 为减 1 键,S2 为加 1 键,它们都是单功能键。P1,P2 口为 6 个数码管的段选口和位选口,控制 6 个数码管的显示,T1 工作于定时模式,作数码管扫描显示的定时器,上电时 6 个数码管显示数据 000000。T0 也工作于定时模式,作按键扫描处理定时器,定时周期为 10 ms。S1、S2 具有连击功能,短时间(0.25 s 以内)内按 S1/S2,显示数据减/加 1,如果按住 S1/S2 不放,则按每秒 4 次对显示数据作减/加 1 处理,相当于 1 秒内按了 4 次 S1/S2 键。

3.6.2　搭建硬件电路

本例的硬件电路与实例 3-4 相同,其电路图如图 3-24 所示。

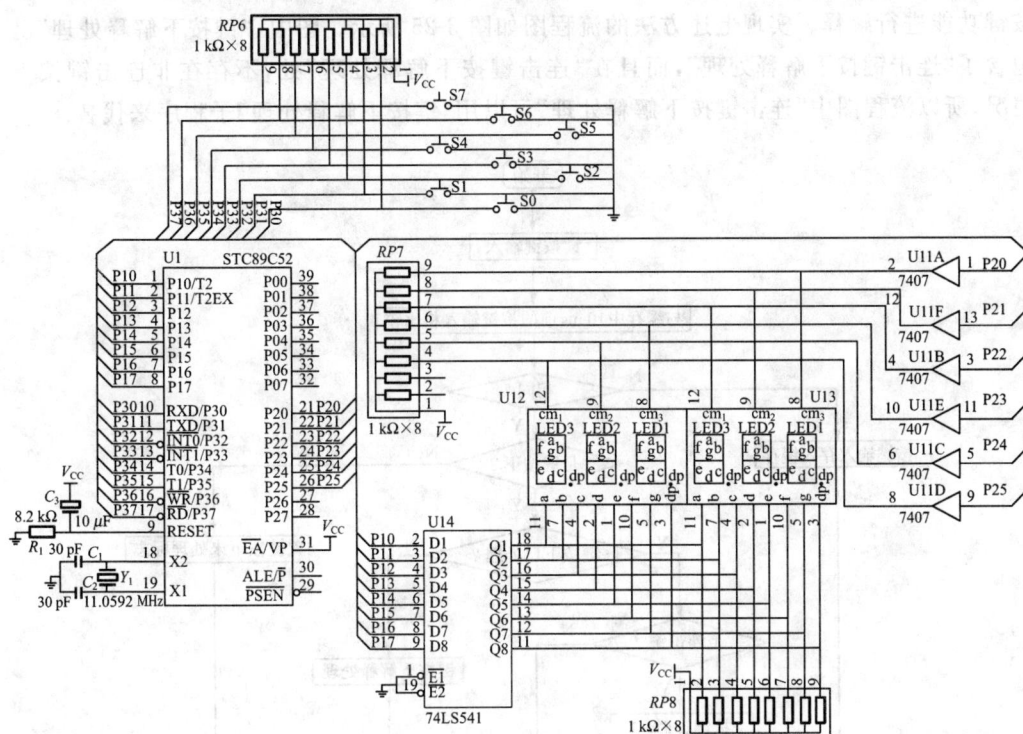

图 3-24　实例 3-6 硬件电路图

在 MFSC-2 实验平台上,用 8 芯扁平数据线将 J3 与 J15 相接,其中 J3 的 P10 引脚对应 J15 的 D0 引脚,将 J6 与 J12 相接,其中 J6 的 P20 引脚对应 J12 的 C1 引脚,将 J4 与 J10 相接,其中 J4 的 P30 引脚对应 J10 的 S0 引脚,就构成了上述电路。

3.6.3　编写软件程序

所谓连击是指一次按键按下,按键解释程序被多次执行,好像操作者在连续多次操作该键一样。在绝大多数情况下,连击是有害的,是应该避免的。但是,在数据调整键中,连击是有利的,它可以方便用户操作,应该充分利用。由于计算机执行程序的速度很快,一次按键操作有可能在 1 秒内被解释执行几十次甚至上百次,操作者很难控制连击键的操作。因此,连击的速度必须控制在操作者可控制的范围内。工程上,连击的速度一般控制为每秒 3～4 次。

根据上述要求,连击键处理程序的编写思路是,在连击键按下期间,每隔 250 ms～300 ms 的时间对连击键的功能解释一次。

在实际应用中,更多的情况是,系统中既含连击键,又含有非连击键。含有连击键的键盘处理程序的编写方法是,将键盘处理程序放在定时中断服务程序中,引入一个软件计数器 KeyTim,用于对连击键按下的时间进行计时。有键按下时,首先判断键按下是否已处理过,如果未处理过,则进行按键解释处理,如果键按下已处理过,对于非连击键,则不作解释处理,对于连击键,则对连击键按下时间进行计时,计时时间每达到规定时间(250 ms～300 ms)就对连击键的功能进行一次解释,计时时间没达到规定时间,则不对按键功能进行解释。实现上述方法的流程图如图 3-25 所示。图中,"键按下解释处理"已包含了"连击键按下解释处理",而且在"连击键按下解释处理"处,不存在非连击键按下情况,所以流程图中"连击键按下解释处理"可以用"键按下解释处理"子程序来代替。

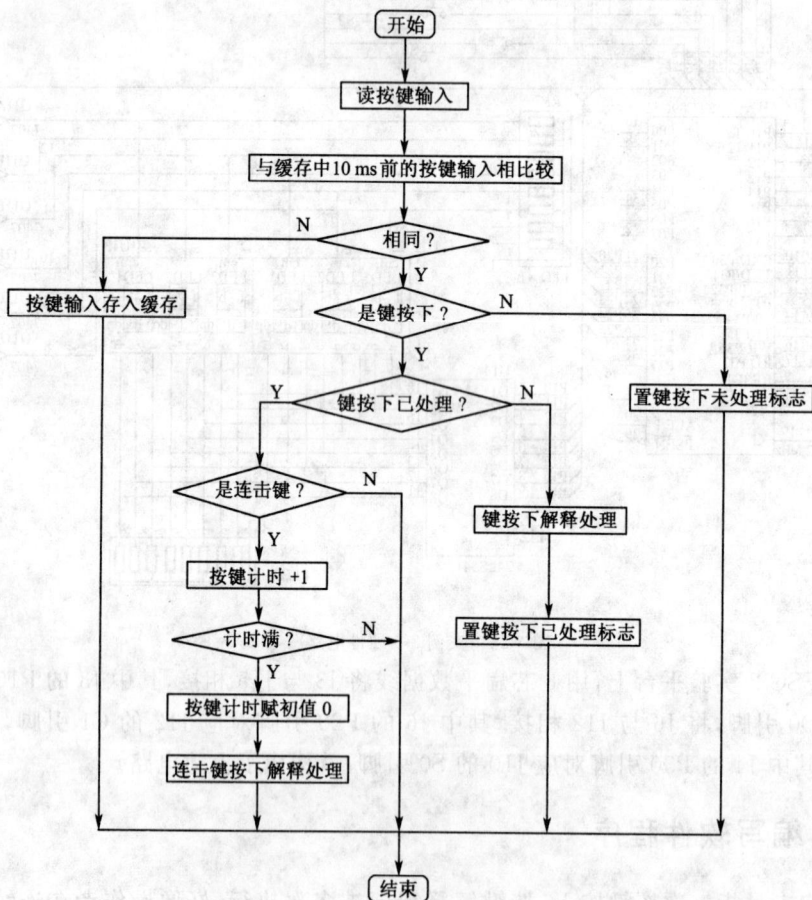

图 3-25　含有连击键的键盘处理程序流程图

本例中只存在加、减连击键处理问题,没有设置非连击键的问题。

3.6.4 源程序代码

本例的按键处理程序为 KEYIN,键按下解释处理子程序为 KEYEXPLAIN,这两个程序的源代码如下,用 KEYIN 代替实例 3-5 源代码中的 KEYIN,并将 KEYEXPLAIN 添加至系统程序中就构成了本例的源代码。

```
;------------------------------------------------------------------------
KEYIN:          ;键盘处理程序
        MOV     Key_Port,#0FFH      ;读按键输入
        MOV     A,Key_Port
        CPL     A                   ;按键输入以反码形式保存方便处理
        MOV     R2,A                ;暂存按键输入
        XRL     A,KEYBUF            ;当前按键输入与缓存中 10 ms 前的按键输入相比较
        JZ      KI1                 ;相同,转 KI1 处理
        MOV     KEYBUF,R2           ;不同,保存当前按键输入至缓存中,以便下次扫描比较
        RET
KI1:                                ;键稳定按下或释放处理
        MOV     A,R2                ;取暂存中的按键输入
        JNZ     KI2                 ;是键按下,转 KI2 处理
        CLR     KEYDN               ;是键释放,则置键按下未处理标志(即允许对键按下解释)
        RET                         ;结束
KI2:                                ;键按下处理
        JB      KEYDN,KI3           ;若键按下已处理则转 KI3
        ACALL   KEYEXPLAIN          ;未处理,则调用键盘解释子程序进行按键解释
        SETB    KEYDN               ;置键按下已处理标志,阻止键按下被多次解释
        RET                         ;结束
KI3:
        JB      ACC.1,KI4           ;是连击键按下,转 KI4 处理
        JB      ACC.2,KI4
        RET                         ;否则结束
KI4:
        INC     KEYTIM              ;按键计时加 1
        MOV     A,KEYTIM            ;计时达 25×10 ms 吗?
        ADD     A,#256-25
        JC      KI5                 ;计时满(达 250 ms),转 KI5
        RET                         ;否则结束
KI5:
        MOV     KEYTIM,#0           ;按键计时赋初值
        ACALL   KEYEXPLAIN          ;调用键盘解释子程序进行按键解释处理
        RET                         ;结束
;------------------------------------------------------------------------
```

```
KEYEXPLAIN:                          ;键按下解释程序
    MOV     A,R2                     ;取按键输入
    JNB     ACC.1,KE1                ;非减1键按下,转KE1
    ACALL   KEY_MINUS                ;减1解释处理
    RET     ;结束
KE1:
    JNB     ACC.2,KE2                ;非加1键按下,转KE2
    ACALL   KEY_PLUS                 ;加1解释处理
KE2:
    RET
;----------------------------------------------------------------
```

3.6.5　应用总结

按键连击现象在绝大多数情况下是有害的,是必须克服的,但是对于数据的加减调整键,连击现象则是有利的,是要充分利用的。在利用连击现象时,要适当控制连击的速度,以保证操作者能控制连击键的操作。工程上常按每秒 3～4 次的速度对连击键按下进行解释处理。连击键处理程序的编写方法是,键盘处理程序放在定时中断服务程序中,用一个软件计数器 KeyTim 对连击键按下时间进行计数时,在连击键按下期间,每隔 250 ms～300 ms 的时间对连击键的功能进行解释,对于非连击键,则每次键按下时,只解释一次。

习　题

1.简述连击键处理程序的编写方法。
2.画出连击键处理程序的流程图。

扩展实践

实验电路采用本例硬件电路,S0、S1 为数据加减调整键,它们具有连击键功能,按下S0/S1,不足 1 s 时,显示数据加/减1,按键时间超过 1 s 后,则按每秒 3 次的速度对显示数据进行加/减1调整,试编写程序,并上机实践。

数据通信处理

4.1 双机通信

1. 掌握单片机串行口的应用特性、工作方式、串口的应用方法。

2. 掌握双机通信的基本协议。

3. 使用奇偶校验方式进行通信数据校验。

4. 会设计单片机与单片机通信电路。

5. 会编写单片机与单片机通信程序。

4.1.1 实例功能

甲乙两台单片机系统的晶振频率均为 $f_{osc} = 11.0592$ MHz,甲机作发送机,将片内 RAM 40H～45H 中 6 个不大于 9 的无符号数以 1200 位/秒的速率(波特率)从单片机的串行口发送至乙机中。发送数据的格式为,每帧数据 10 位,其中起始位 1 位,数据位 8 位,停止位 1 位。乙机作接收机,接收从甲机发送来的数据,并用 6 位数码管显示所接收的数据,其中 0 号数码管显示甲机中 40H 中的数,1 号数码管显示甲机中 41H 中的数,依此类推。为了保证数据通信的成功,双机通信时采用了如下通信约定:

①甲机发送数据采用偶校验,即所发送的 8 位数据位中,1 的个数为偶数。

②甲机发送完一个数据后,必须等到确认乙机接收到正确数据后才能发送下一个数据,如果乙机接收到的数据错误,则甲机必须重新发送。

③乙机接收到一个数据后,要对所接收到的数据进行校验,如果接收数据正确,则用指定数码管显示该数,并向甲机发送"接收数据正确"的应答信号,如果接收数据错误,则将此数据丢弃,并向甲机发送"接收数据错误"的应答信号,请求甲机重新发送数据。

④应答信号约定:用 FFH 表示接收数据正确,用 FEH 表示接收数据错误。

4.1.2 相关知识

1. 串行通信的基本协议

单片机与单片机之间、单片机与 PC 机之间进行串行通信时,要想保证通信成功,通信双方必须有一系列的约定,这些约定就是通常所说的通信协议。最基本的通信协议包括以下几个方面:

① 帧格式:数据传输时,每帧数据由多少位组成,由哪些位组成。

② 波特率 BR：传输时每秒传送多少位数据。

③ 信号电平：传输线上的信号电平是何种规范的电平，是 TTL 电平，还是 RS-232 电平以及其他电平。

④ 数据校验方式：是否对传输数据进行校验，采用何种方式校验（常用方式：奇校验、偶校验、和校验等）。

⑤ 联络信号：包括请求对方发送数据/接收数据的联络信号、接收到一个正确或错误数据后给对方发送的应答信号、通知对方结束发送数据/接收数据的联络信号等。联络信号主要是解决：发送方何时发送信息，发送什么信息，对方是否收到，收到的内容是否正确，是否需要重发，如何通知对方结束；接收方如何知道对方发送了信息，发送的是什么信息，收到的信息是否正确，若有误如何通知对方重发，接收数据何时结束等。

其中，传输信号电平由串行接口电路确定，帧格式、波特率问题仅需对单片机的某些特殊功能寄存器进行相应的设置就可以实现，数据校验方式、通信联络信号需要事先约定。

2. MCS-51 单片机串行口的应用特性

MCS-51 单片机内集成有一个全双工的串行口，可以方便地实现单片机与单片机、单片机与其他计算机之间进行串行通信。从应用的角度来说，MCS-51 单片机的串行口主要由发送数据缓冲器，接收数据缓冲器，特殊功能寄存器 SCON、PCON 以及收发控制逻辑电路等几部分组成。

发送数据缓冲器和接收数据缓冲器为两个独立的寄存器，但分配以相同的字节地址，它们在特殊功能寄存器中的字节地址为 99H，用符号 SBUF 表示。其中，发送数据缓冲器只能写入不能读取，向 SBUF 写入数据时，数据被写入发送数据缓冲器中，在一定条件下，向 SBUF 中写入数据就启动了发送过程；接收数据缓冲器只能读取不能写入，从 SBUF 中读取数据时，是从接收数据缓冲器中读取数据，在一定条件下，从 SBUF 中读取数据就启动了接收过程。

特殊功能寄存器 SCON、PCON 用来设置串口的工作方式、发送或接收的状态、数据传送的波特率（即每秒传送数据的位数）以及中断请求标志位等。

串行口具有方式 0、方式 1、方式 2、方式 3 四种工作方式，可以通过对 SCON 编程使其工作在这 4 种工作方式中的某一种工作方式下。方式 0 主要用于将串行口扩展成为并行 I/O 口，方式 1 主要用于双机之间通信或者与 PC 机之间通信。方式 2、方式 3 除具备方式 1 的功能外，还可以用于多机通信。

串行口具有多种波特率，在不同的工作方式下，其波特率取决于系统的时钟频率或者定时/计数器 T1 或 T2 的溢出率。

串行通信的接收中断与发送中断共用一个入口地址，它们的中断请求标志 RI、TI 不具备自动清 0 的功能，必须用指令将它们清 0。

3. 与串口相关的特殊功能寄存器

(1)串行控制寄存器 SCON

SCON 的字节地址为 98H，每一位都分配有位地址，从低位至高位各位的位地址依次为 98H、99H…… 9FH，SCON 的格式如下：

	D7	D6	D5	D4	D3	D2	D1	D0	
SCON	SM0	SM1	SM2	REN	RB8	TB8	RI	TI	字节地址：98H
位地址：	9FH	9EH	9DH	9CH	9BH	9AH	99H	98H	

其各位的含义如下：

SM0、SM1：串行工作方式选择控制位

$$SM0 \quad SM1 = \begin{cases} 00:选择工作方式 0 \\ 01:选择工作方式 1 \\ 10:选择工作方式 2 \\ 11:选择工作方式 3 \end{cases}$$

SM2：允许方式 2、方式 3 多机通信控制位

在方式 2 或者方式 3 中，在接收机中，如果 SM2＝1、REN＝1，接收到的第 9 位数据（RB8）为 1，则激活 RI(RI＝1)，向 CPU 请求中断处理；接收到的第 9 位数据(RB8)为 0，则不激活 RI(RI＝0)，不向 CPU 请求中断处理，所接收到的数据丢失。如果 SM2＝0、REN＝1，则无论接收到的第 9 位数据是 0 还是 1，都会激活 RI。

在方式 1 中，如果 SM2＝1，则只有接收到有效停止位才会激活 RI，若没有接收到有效停止位，则 RI＝0。

在方式 0 中，SM2 必须为 0。

REN：接收允许控制位。

REN＝0：禁止接收数据

REN＝1：允许接收数据

TB8：在方式 2 或者方式 3 中，TB8 为待发送的第 9 位数据。

RB8：在方式 2 或者方式 3 中，RB8 为接收机接收到的第 9 位数据，该位数据来自于发送机中的 TB8 位。

TI：发送中断请求标志位。

该位不具备自动清 0 功能，发送数据之前，必须用指令将该位清 0，发送过程中，TI 保持为 0，一帧数据发送完后，硬件电路自动将该位置 1。如果需要再发送数据，必须再次用指令将该位清 0。

RI：接收中断请求标志位。

该位不具备自动清 0 的功能，在接收数据之前，必须用指令将该位清 0，接收完一帧数据后，内部硬件电路自动将该位置 1。如果需要再次接收数据，必须用指令再次将该位清 0。

(2)电源控制寄存器 PCON

PCON 的字节地址为 87H，无位地址，不可位寻址。PCON 的格式如下：

	D7	D6	D5	D4	D3	D2	D1	D0	
PCON	SMOD	×	×	×	GF0	GF1	PD	IDL	字节地址：87H

其中，SMOD 位为波特率倍增位

SMOD＝1：波特率加倍

SMOD＝0：波特率不加倍

GF0、GF1 位为通用标志位，PD、IDL 位为电源控制位。

（3）中断允许控制寄存器 IE

特殊功能寄存器 IE 用来控制各中断是否允许（详见实例 2-4）。其中与串行通信有关的位有 EA 位和 ES 位。

当 ES＝1 且 EA＝1 时，允许串行中断，否则禁止串行中断。

4. 串行口的工作方式

（1）方式 0

8 位移位寄存器输入/输出方式。其特点如下：

波特率：固定为 $f_{osc}/12$，其中 f_{osc} 为系统的时钟频率。

帧格式：8 位数据，无起始位，也无停止位。

应用场合：常用于外接移位寄存器将串行口扩展成并行口的场合。

作输出口时引脚信号定义如下：

RXD 引脚：输出串行数据位。数据输出格式为低位在先，高位在后。移位频率为 $f_{osc}/12$。

TXD 引脚：输出频率为 $f_{osc}/12$ 的同步移位脉冲。

每发送完 8 位数据，内部硬件电路会自动将 TI 置 1，在发送数据之前（向 SBUF 写入数据之前）必须用指令将 TI 位清 0。

作输入口引脚信号定义如下：

RXD 引脚：输入串行数据位。数据移位频率为 $f_{osc}/12$。

TXD 引脚：输出频率为 $f_{osc}/12$ 的同步移位脉冲。

每接收完 8 位数据（一帧数据）后，内部硬件电路会自动将 RI 置 1，每次接收数据之前，必须用指令将 RI 清 0。

注意，作输入口使用时，必须事先将 SCON 的 REN 位置 1，否则接收机接收不到数据。另外，方式 0 中 TB8、RB8 位无意义。

（2）方式 1

10 位为一帧的异步通信方式。其特点如下：

波特率：由 T1 或 T2 的溢出率以及 SMOD 位的状态来确定。

帧格式：每帧数据包括 1 个起始位、8 个数据位（低位在前）和 1 个停止位。

应用场合：单片机与其他计算机之间通信。

引脚信号定义：TXD 引脚为数据发送端，RXD 引脚为数据接收端。

向 SBUF 写入一个字节的数据，就启动了数据发送过程，一帧数据发送完毕后，内部硬件电路会自动将 TI 置 1，每次发送数据之前都必须用指令将 TI 位清 0。

接收数据之前，SCON 的 REN 位必须为 1（允许接收数据状态），RI 位必须为 0，接收数据时，数据由 RXD 引脚移入接收数据缓冲器 SBUF 中，每接收完一帧数据后，内部硬件电路都会自动地将 RI 位置 1。

方式 1 的波特率公式如下：

波特率 $BR = \dfrac{2^{SMOD}}{32} \times T1$ 溢出率　（用 T1 作波特率发生器）

或 BR＝T2 溢出率/32　（用 T2 作波特率发生器,12 时钟模式）

这里所说的溢出率是指定时/计数器每秒钟计满回 0 发生溢出的次数。

(3)方式 2 和方式 3

11 位为一帧的异步通信方式。每帧信息包括 1 个起始位、8 个数据位、1 个附加位和 1 个停止位。方式 2 和方式 3 除了波特率不同外,其他性能完全相同。

方式 2 的波特率 $BR=\dfrac{2^{SMOD}}{64}\times f_{osc}$

方式 3 的波特率与方式 1 的波特率一样,$BR=\dfrac{2^{SMOD}}{32}\times T1$ 的溢出率

或者 BR＝T2 溢出率/32　（用 T2 作波特率发生器,12 时钟模式）

方式 2、方式 3 的操作过程与方式 1 的操作过程基本相同,只是有效数据位多了一个附加位而已,发送数据时,发送的 8 位数据来自于 SBUF,发送的附加位来自于 SCON 中的 TB8 位;接收数据时,所接收的 8 位数据存入 SBUF 中,附加位送入 SCON 中的 RB8 中。附加数据位常用作数据的奇偶校验位或者是在多机通信中作地址/数据的标志位。

4.1.3　搭建硬件电路

单片机的串口工作在方式 1、方式 2、方式 3 下时,TXD 引脚发送数据,RXD 引脚接收数据。按照图 4-1 所示,把两个单片机的 TXD、RXD 引脚交叉连接,再将它们的 GND 引脚相接,就可以实现双机通信。不过,在单片机中,从 TXD 引脚发送出来的数据为 TTL 电平,RXD 引脚也只能接 TTL 电平的串行数据,在这种通信电路中,通信线上传输信号的电平是 TTL 电平,通信传输距离最多不超过 1.5 m,仅仅适用于两个单片机应用系统相距很近的场合。

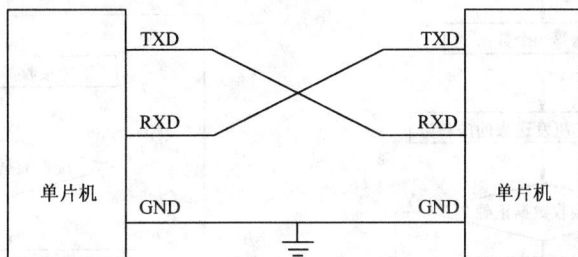

图 4-1　双机通信电路图

在 MFSC-2 实验平台上,考虑到单片机能与单片机通信,也考虑到单片机能与 PC 机通信以及 STC89C52 单片机程序下载问题,我们在单片机的串行口外加了一片 MAX232 接口芯片,用来实现 TTL 电平与 RS-232 电平之间的相互转换,实际的串行接口电路如图 4-2 所示。在这种通信电路中,通信线上传输信号的电平是 RS-232 电平,可以增加通信距离,提高串行通信的抗干扰性。为了不使问题复杂化,有关 MAX232 接口芯片的详细功能及其用法我们将在实例 4-2 中详细介绍,读者仅需用一根 D9 串行线将两台实验平台上的 DB-9 插座(J2)相连就可以了。如果读者要采用 TTL 电平进行串行通信,可以将 U2(MAX232)拔下,用导线将 U2 座上的 7、10 脚短接,将 8、9 脚短接即可。

另外,在乙机中要显示从甲机中接收到的数据,乙机的显示电路我们采用实例 3-1 中

的电路,其具体的电路图请参考实例 3-1。

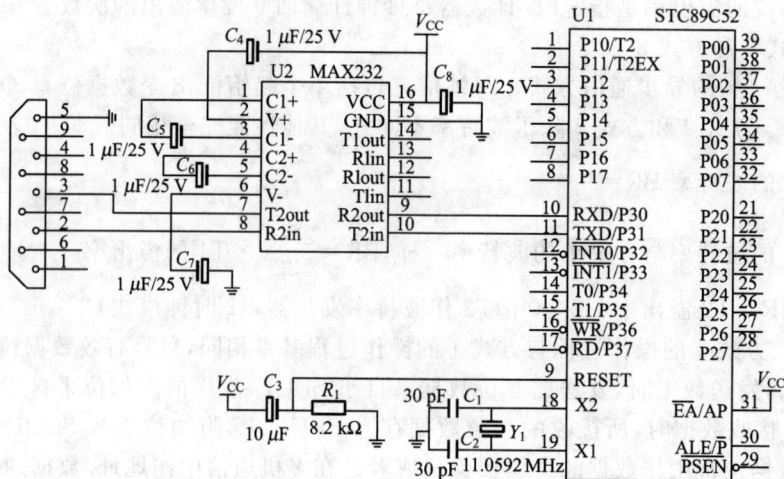

图 4-2　MFSC-2 实验平台上串行接口电路图

4.1.4　编写软件程序

1.双机通信过程

根据功能要求,甲、乙两机在工作的过程中,都包括接收和发送两个过程,其中甲机的工作过程如图 4-3 所示,乙机的工作过程如图 4-4 所示。

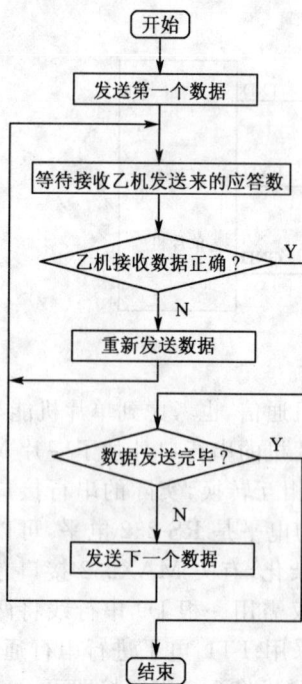

图 4-3　甲机工作过程

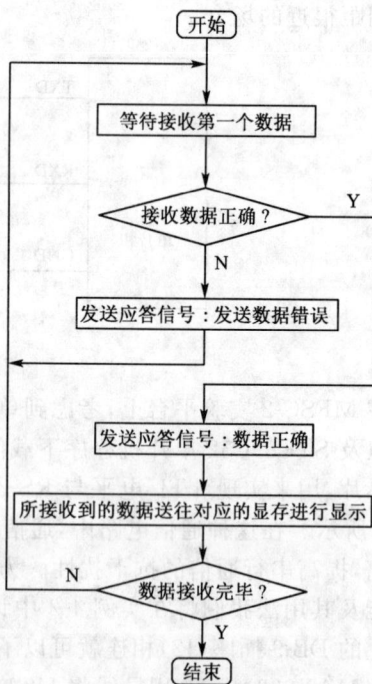

图 4-4　乙机工作过程

根据甲机、乙机的工作过程,甲乙两机的程序均包括三部分:①初始化部分,②发送部分,③接收部分。其中,初始化部分主要完成的工作是,设置串口工作方式(即数据格式)、数据传输的 BR,各种计数器、地址指针初始化等。发送部分和接收部分主要完成的工作是发送或接收一个字节的数据。

由串口工作特性可知:发送数据的条件是,发送数据前 TI 必须为 0。待发送数据写入 SBUF 后,硬件电路自动将数据从串口发送出去,数据发送完毕,硬件电路自动将 TI 置 1,表示一帧数据发送完毕。若允许串行中断,则硬件电路会向 CPU 提出中断请求。因此,数据发送可以采用中断方式进行,也可以采用查询方式进行。若采用查询方式,则查询 TI 位,TI=1,表示一帧数据已经发送完毕,可清除 TI 后发送下一帧数据;若采用中断方式,则由于 TI 位置 1 必须是串口发送了一个数据后才发生,所以第一个数据必须在主程序中发送,从第二个数据开始的数据才能放在中断中发送。

接收数据的条件是,RI=0 且 REN=1(允许接收)。串口接收到一个数据后,硬件电路会自动将 RI 置 1,表示 SBUF 中已经接收到了一个数据。若允许中断,则硬件电路自动向 CPU 提出中断请求,所以接收数据既可以用中断方式,也可以用查询方式进行。采用查询方式时,查询的是 RI 位。与发送中断不同的是,接收中断中可以处理第一个所接收到的数据。

本例中,我们采用中断的方式发送和接收数据。

2.波特率的设置

根据帧格式的要求,对照串口的 4 种工作方式可知,应该将串口设置成方式 1。在方式 1、方式 3 下,对于像 STC89C52 这样的增强型 MCS-51 单片机,其片内集成有 3 个定时/计数器,既可以选用 T1 作波特率发生器,又可以选用 T2 作波特率发生器(标准的 MCS-51 单片机片内只有两个定时/计数器,只能用 T1 作波特率发生器),其波特率计算公式为:

公式 1:　　$BR = \dfrac{2^{SMOD}}{32} \times T1$ 溢出率　　(用 T1 作波特率发生器)

公式 2:　　$BR = T2$ 溢出率$/32$　　(用 T2 作波特率发生器,12 时钟模式)

其中,溢出率是指定时/计数器每秒钟计满回 0 发出溢出的次数。

到底选用哪一种定时/计数器作波特率发生器取决于特殊功能寄存器 T2CON 的 RCLK、TCLK 以及 TR2 位的取值状态。它们之间的关系如表 4-1 所示。

表 4-1　　　　　　　　方式 1、方式 3 下 BR 的确定关系

TR2	RCLK	TCLK	接收 BR 的计算	发送 BR 的计算
0	×	×	取 T1	取 T1
1	0	0	取 T1	取 T1
1	0	1	取 T1	取 T2
1	1	0	取 T2	取 T1
1	1	1	取 T2	取 T2

从表中可以看出,单片机的串口可以同时选用两个波特率发生器,并且使用两种不

同的波特率。

必须指出的是，T2CON 是增强型 MCS-51 单片机内部的 SFR，标准的 51 单片机内部无此特殊功能寄存器。STC89C52 复位时，T2CON 的各位值为 0，T2 关闭，如果不对 T2CON 进行设置，串口在方式 1、方式 3 下自动使用 T1 作发送和接收的波特率发生器。本例中，我们选择 T1 作发送和接收的波特率发生器，需要将 T1 设置成定时模式、自动重装初值方式（即方式 2），为了提高波特率的准确性，还要禁止 T1 中断。

设 T1 的计数初值为 X，在方式 2 下

$$T1\ 的溢出率 = \frac{f_{osc}}{12 \times (256 - X)}$$

波特率为 BR 时，T1 的计数初值为

$$X = 256 - \frac{2^{SMOD} \times f_{osc}}{384 \times BR}$$

SMOD 位的值采用复位值（复位时 PCON 的值为 00H），将 BR = 1200 bps，f_{osc} = 11.0592 MHz 代入上式得计数初值 X = 232 = E8H。

结论：T2CON、PCON 采用复位值，选 T1 作发送、接收的波特率发生器，对 T1 应作如下设置：

```
MOV    TMOD,#20H    ;T1:方式2,定时
MOV    TL1,#0E8H    ;装计数初值
MOV    TH1,#0E8H
```

注意，定时/计数器工作在方式 2 下时，初值既要装入 TL1 中，还要装入 TH1 中。双机通信前，应该设置好波特率。所以，上述设置必须放在初始化程序中。

3. 几个技术问题

(1)甲机中如何实现数据的重发和发送下一个数据？

实现方法是，引入地址指针 R1 和计数器 R7。R1 始终指向待发送的数据所在的单元，R7 记录发送成功的数据个数，发送程序始终是对 R1 所指单元中的数据进行发送，若乙机接收数据正确，则调整指针 R1，使其指向下一个待发送的数据，并修改计数器 R7 的值，下一次发送时，发送的是下一个待发送的数据；若乙机接收数据错误，则不调整 R1 及 R7 的值，那么下次发送的仍然是上一次发送的数据。这样就实现了数据的重发和发送下一个数据。

(2)每帧数据位为 8 位，甲机中如何实现具有偶校验的发送数据？

所谓的偶检验发送，就是发送数据中 1 的个数始终是偶数。程序状态寄存器 PSW 的 P 位始终指示着 A 中 1 的个数的奇偶性。若 A 中 1 的个数为奇数，则 P=1，反之，P=0。本例中待发送数据的值为 0~9，其高 4 位为 0。我们可以将待发送数据读入 A 中，然后再将 P 的值写入 ACC.7 中，这样 A 中 1 的个数为偶数个，设数据在 R1 所指向的片内 RAM 单元中，其实现代码如下：

```
MOV    A,@R1
MOV    C,P
MOV    ACC.7,C
```

这样,A 中的数据就是带有偶校验的待发送数据。

实际上,只要待传输数据在 00H～7FH 之间,都可以采用这种方式实现奇偶校验。

(3)乙机中如何知道接收数据是正确的? 如何获得数据的真实值?

通信中,我们约定的是偶校验,如果乙机所接收的是正确数据,则其中 1 的个数一定是偶数,否则接收数据有误。在接收机中,我们可以将接收数据读至 A 中,再判断 P 位的值。P＝0,则接收数据正确,否则有误。接收到正确数据后,只需将最高位(偶校验位)清 0,就还原了数据的原貌。

(4)乙机中如何实现将所接收到的正确数据送到对应数码管中显示?

实现方法是,每一个数码管设置一个字节的显示存储器(简称为显存),显存采用顺序存储结构,本例中用片内 RAM 30H～35H 6 个字节单元分别作为 0 号～5 号数码管的显存,显示程序固定地对这 6 个字节单元的内容进行扫描显示,而不管其他内容是什么。在接收机的程序中引入一个指针 R1,R1 始终指向当前接收正确数据应写入的单元。如果接收到的数据有误,则数据不写入 R1 所指向单元,也不调整指针 R1,这样下次接收到正确数据时,所写入的地址就是正确的了。如果接收到的数据正确,则将接收数据写入 R1 所指向单元,然后调整指针 R1,使其指向下一个数据对应的显存。

4.流程图

本例中,甲机(发送机)工作的流程图如图 4-5、图 4-6 所示,乙机(接收机)工作的流程图如图 4-7、图 4-8 所示。

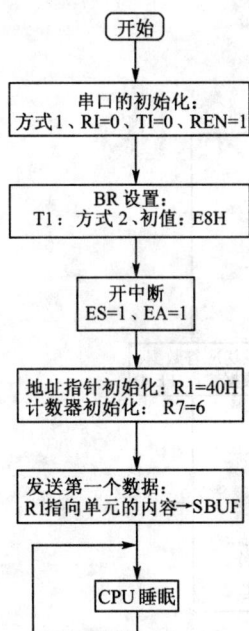

图 4-5　甲机主程序流程图　　　　　图 4-6　甲机中断服务程序流程图

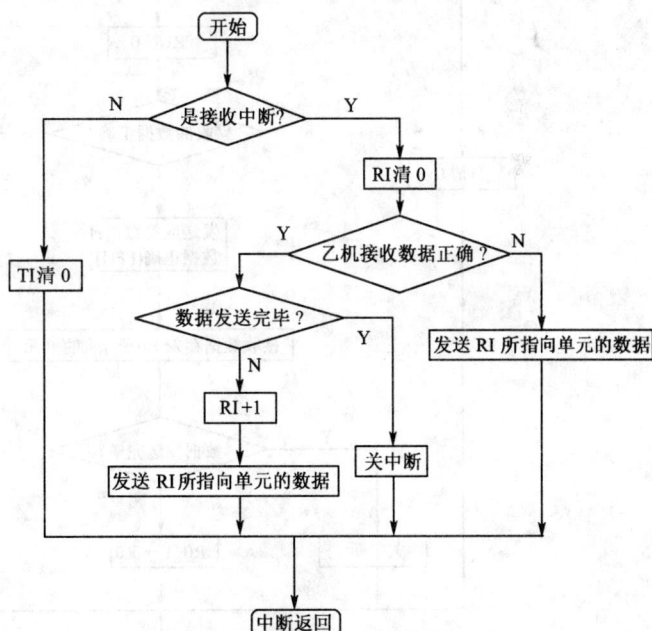

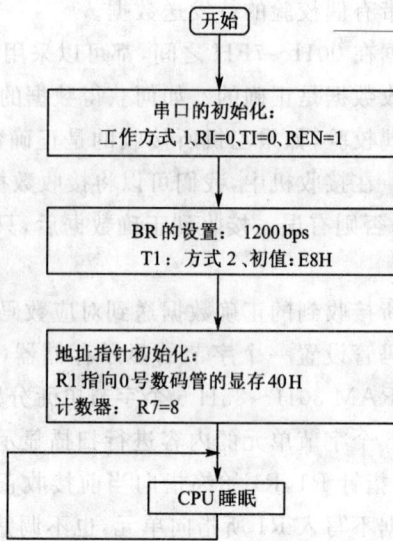

图 4-7　乙机主程序流程图

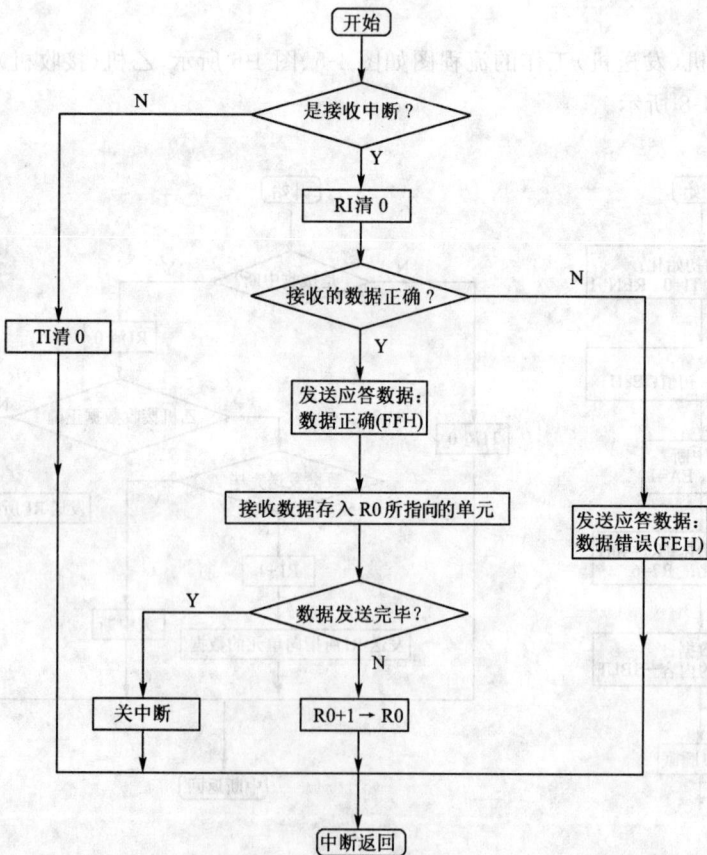

图 4-8　乙机中断服务程序流程图

4.1.5　源程序代码

按照图 4-5 至图 4-8,甲、乙两机的源程序代码如下:

1. 甲机发送程序

```
;常数定义:
SFstAdd      EQU   40H         ;发送数据区的首地址
;资源定义:
SBuf0        EQU   40H         ;第 0 个发送数据存放的地址
SBuf1        EQU   41H         ;第 1 个发送数据存放的地址
SBuf2        EQU   42H         ;第 2 个发送数据存放的地址
SBuf3        EQU   43H         ;第 3 个发送数据存放的地址
SBuf4        EQU   44H         ;第 4 个发送数据存放的地址
SBuf5        EQU   45H         ;第 5 个发送数据存放的地址
      ORG    0000H
      AJMP   INIT
      ORG    0023H
      AJMP   Serial
      ORG    0050H
;-----------------------------------------------------------------------
;串行中断程序
Serial:
      JB     RI,SB1            ;是接收中断,则转 SB1
      CLR    TI                ;是发送中断,则 TI 清 0 后返回
      RETI
SB1:  CLR    RI                ;接收中断请求标志位清 0
      MOV    A,SBUF            ;接收乙机发来的应答信号
      CPL    A                 ;乙机接收数据正确(SBUF=FFH),则转 SB3
      JZ     SB3
SB2:                           ;乙机接收数据有误,则重发
      ACALL  Sent              ;调用 Sent 子程序,发送 R1 所指向单元的数据
      RETI
SB3:
      DJNZ   R7,SB4            ;数据没发送完,则转 SB4 发送下一个数据
      CLR    ES                ;已发送完毕,则关中断,停止发送
      RETI
SB4:
      INC    R1                ;调整指针,使其指向下一个待发送数据
      ACALL  Sent              ;调用 Sent 子程序,发送 R1 所指向单元的数据
      RETI
;-----------------------------------------------------------------------
;初始化程序
```

```
INIT:
        MOV   SBUF0,#0        ;待发送的数据初始化
        MOV   SBUF1,#1
        MOV   SBUF2,#2
        MOV   SBUF3,#3
        MOV   SBUF4,#4
        MOV   SBUF5,#5
        MOV   SCON,#50H        ;串口初始化:方式1,允许接收
        MOV   TMOD,#20H        ;T1初始化:方式2,计数初值:E8H
        MOV   TH1,#0E8H
        MOV   TL1,#0E8H
        SETB  ES               ;开串行中断
        SETB  EA               ;开全局中断
        SETB  TR1              ;启动定时器
        MOV   R1,#SFstAdd      ;发送地址指针初始指向:指向第一个数据
        MOV   R7,#6            ;发送数据计数器初始化:6个数据
        ACALL Sent
;-------------------------------------------------------------
;主程序
MAIN:
        ORL   PCON,#01H
        SJMP  MAIN
;-------------------------------------------------------------
;发送数据子程序
;功能:对R1所指向单元的数据作偶校验后发送
Sent:
        MOV   A,@R1
        MOV   C,P
        MOV   ACC.7,C
        MOV   SBUF,A
        RET
;-------------------------------------------------------------
        END
```

2.乙机接收程序
;常数定义

```
DCount     EQU  6      ;数码管总数
PORT_S     EQU  P1     ;段选口
PORT_B     EQU  P2     ;位选口
DFrstAdd   EQU  30H    ;显存首地址
;资源定义:
DisBuf0    EQU  30H    ;0号数码管显存
DisBuf1    EQU  31H    ;1号数码管显存
```

DisBuf2	EQU	32H	;2 号数码管显存
DisBuf3	EQU	33H	;3 号数码管显存
DisBuf4	EQU	34H	;4 号数码管显存
DisBuf5	EQU	35H	;5 号数码管显存
Wcnt	EQU	40H	;显示位置计数器
	ORG	0000H	
	AJMP	INIT	
	ORG	000BH	
	AJMP	Timer0	
	ORG	0023H	
	AJMP	Serial	
	ORG	0050H	

```
;-------------------------------1 ms 扫描显示输出程序-------------------------------
Timer0:
    PUSH    ACC
    PUSH    B
    PUSH    PSW
    PUSH    DPH
    PUSH    DPL
    MOV     TH0,#0F4H        ;重置 T0 计时初值
    MOV     TL0,#48H
    LCALL   DISPLAY          ;显示输出
    POP     DPL
    POP     DPH
    POP     PSW
    POP     B
    POP     ACC
    RETI


;-----------------------------------------------------------------------------------
Serial:
    JB      RI,SB1           ;接收数据引起串行中断则转 SB1
    CLR     TI               ;发送数据引起串行中断则清除 TI 后返回
    RETI
SB1:
    CLR     RI               ;清除接收中断请求标志
    MOV     A,SBUF           ;所接收数据正确吗(1 的个数为偶数)?
    JB      P,SB3            ;不是,转 SB3
    MOV     SBUF,#0FFH       ;是,发送接收数据正确应答
    CLR     ACC.7            ;清除最高位的校验码
    MOV     @R1,A            ;保存所接收到的数据
    DJNZ    R7,SB2           ;所有数据接收完毕吗? 没有则转 SB2 继续
    CLR     ES               ;完毕,关中断结束
```

```
        RETI
SB2：
        INC     R1              ;地址指针下移
        RETI
SB3：
        MOV     SBUF,＃0FEH      ;发送接收数出错应答
        RETI
;----------------------------------------------------------------
;上电初始化
INIT：
        MOV     SCON,＃50H       ;0101 0000   方式1,允许接收
        MOV     TMOD,＃21H       ;0010 0001   T1:方式2,定时
                                ;T0:方式1,定时
        MOV     TH0,＃0F4H       ;设置T0计时初值:约3 ms
        MOV     TL0,＃48H
        MOV     TH1,＃0E8H       ;T1定时计数初值(设置BR)
        MOV     TL1,＃0E8H
        SETB    ES              ;开串行中断
        SETB    ET0
        SETB    EA              ;开全局中断
        SETB    TR0
        SETB    TR1             ;启动T1
        MOV     R1,＃DFrstAdd    ;接收数据地址指针初始化
        MOV     R7,＃6           ;接收数据个数为6个
;----------------------------------------------------------------
;显示数据初始化
        MOV     DisBuf0,＃10     ;灭显示器
        MOV     DisBuf1,＃10
        MOV     DisBuf2,＃10
        MOV     DisBuf3,＃10
        MOV     DisBuf4,＃10
        MOV     DisBuf5,＃10
MAIN：
        ORL     PCON,＃1         ;CPU睡眠
        SJMP    MAIN
;----------------------------------------------------------------
DISPLAY：
        MOV     PORT_S,＃0       ;消隐输出
        MOV     A,Wcnt          ;查表读取当前点亮数码管的控制码
        MOV     DPTR,＃DISCTRL
        MOVC    A,@A＋DPTR
        MOV     PORT_B,A        ;控制码送位选口
```

```
        MOV     A,♯DFrstAdd    ;计算当前点亮数码管的显存地址
        ADD     A,Wcnt
        MOV     R0,A           ;指针指向当前点亮数码管的显存
        MOV     A,@R0          ;读显示代码
        MOV     DPTR,♯DISTAB   ;查表获得其笔型码
        MOVC    A,@A+DPTR
        MOV     PORT_S,A       ;笔型码送段选口显示输出
        INC     Wcnt           ;显示位置计数加 1
        MOV     A,Wcnt         ;超界处理
        MOV     B,♯DCount
        DIV     AB
        MOV     Wcnt,B
        RET
;-----------------------------------------------------------------------
DISCTRL:                       ;显示位置控制码表
        DB      0FEH           ;0 号数码管显示
        DB      0FDH           ;1 号数码管显示
        DB      0FBH           ;2 号数码管显示
        DB      0F7H           ;3 号数码管显示
        DB      0EFH           ;4 号数码管显示
        DB      0DFH           ;5 号数码管显示
;-----------------------------------------------------------------------
DISTAB:                        ;显示笔型码表
        DB      3FH            ;0 的笔型码    代码 0
        DB      06H            ;1 的笔型码    代码 1
        DB      5BH            ;2 的笔型码    代码 2
        DB      4FH            ;3 的笔型码    代码 3
        DB      66H            ;4 的笔型码    代码 4
        DB      6DH            ;5 的笔型码    代码 5
        DB      7DH            ;6 的笔型码    代码 6
        DB      07H            ;7 的笔型码    代码 7
        DB      7FH            ;8 的笔型码    代码 8
        DB      6FH            ;9 的笔型码    代码 9
        DB      00H            ;灭的笔型码    代码 10
;-----------------------------------------------------------------------
        END
```

4.1.6 应用总结

单片机与单片机或者其他计算机之间可采用串行和并行方式进行数据通信。所谓串行通信是指通信数据按位的顺序一位一位地传送的通信方式。其特点是通信的某一时刻只能传输一位数据,其优点是数据传输线少,传输成本低,适用于远距离通信。所谓并行通信是指通信数据的各位同时传送的通信方式。其优点是数据传送速度快,其缺点

是通信数据有多少位就需要多少根传送线,通信成本高。在单片机应用中常采用串行方式进行数据通信。串行通信有同步通信和异步通信两种通信方式,通常是采用异步方式。异步方式中,发送端和接收端由各自的时钟来控制,通信时,数据是一帧一帧传送的。每一帧信息都由起始位、数据位、奇偶校验位和停止位组成,帧与帧之间用高电平分隔开。串行通信中数据的传输方式有单工、半双工和全双工三种方式,常用的是全双工方式。其特点是,用两根通信线连接发送端和接收端,任何时刻数据都可以同时双向传输。串行通信中的数据校验方式通常有奇校验、偶校验、和校验三种,这三种方式比较简单,但在大多数要求不是太严格的情况下,采用这三种校验方式进行数据通信就够了。

MCS-51 系列单片机片内集成有一个全双工的异步串行 I/O 端口,该串行口的波特率和帧格式可以编程设定。MCS-51 串行口有四种工作方式:方式 0、1、2、3,方式 0 主要用于串口扩展并口中,其他三种方式用于串行通信中。帧格式有 8 位、10 位、11 位。方式 0 和方式 2 的传送波特率是固定的,方式 1 和方式 3 的波特率是可变的,对于 51 单片机而言,其波特率发生器为定时/计数器 T1,波特率由定时器 T1 的溢出率决定,对于增强型 51 单片机而言,其波特率发生器为 T1 或者 T2,波特率由 T1 或 T2 的溢出率决定,默认状态下是用 T1 作波特率发生器。

将两个单片机的 RXD、TXD 引脚交叉相接,再将它们的 GND 引脚相接就可以实现双机通信了,这种双机通信中,传输线上传输信号为 TTL 电平信号,如果在串口外接 MAX232 芯片,则可实现 TTL 电平与 RS-232 电平转换,传输线上电平为 RS-232 电平。

串行通信程序设计包括两个部分:初始化程序、发送/接收程序。其中,初始化程序主要完成串口的工作方式选择、波特率设置、各种指针、计数器的初值设定。这部分程序放在系统程序的初始化部分中。发送/接收程序可采用查询方式也可以采用中断方式。如果采用查询方式,则查询的是 RI 位或 TI 位,接收程序放在系统程序的主程序中;如果采用中断方式,则在初始化程序中还要开串行中断和全局中断等,发送/接收程序放在串行中断服务程序中。

在编写发送和接收程序时需要注意的是,对于数据发送,发送完毕后,TI 才置 1,即先发送,再出现 TI=1。因此,采用中断方式发送数据时,发送第一个数据的程序要放在主程序中,不能放在中断服务程序中。对于数据接收,单片机接收到数据后,RI 就置 1,即先接收,后出现 RI=1,所以整个接收处理都可以放在中断服务中处理。

◢◣ 习 题

1. 串行通信的基本协议包括哪些方面?

2. 画出 TTL 电平传输的双机通信电路图。

3. 串行口有哪几种工作方式? 各种方式的特点是什么? 如何设置?

4. 串口工作在方式 1、3 时,可用 T1 作串口的波特率发生器,请写出设置 BR=2400 bps 的初始化程序(f_{osc}=11.0592 MHz)。

5. 双机通信时常用的数据校验方式有哪几种? 在程序中如何实现 8 位数据的偶检验发送?

6.双机通信中,发送机和接收机的程序各包括哪几部分,各部分完成的主要任务有哪些? 它们分别安排在应用程序中的哪些部位?

7.双机通信中,发送机如何实现数据的发送和重发? 如果要在 8 位数据位中实现奇校验,其处理方法是怎样的?

扩展实践

在本例的实验中,通信协议作如下修改,请编写对应的通信程序:

①帧格式:每帧 11 位,即 9 位数据位、1 位起始位、1 位停止位。

②数据校验方式:奇校验,数据位的最高位为校验位。

③应答信号约定:用 000H 表示接收数据正确,用 1FFH 表示接收数据错误。

④传输信号电平:TTL 电平。

4.2　单片机与 PC 机通信

🔵 学习目标

1.能用定时/计数器 T2 作波特率发生器。

2.能设计 RS-232 接口电路。

3.会设计单片机与 PC 机通信电路。

4.会编写单片机与 PC 机通信程序。

4.2.1　实例功能

PC 机作发送机,利用串行口向单片机发送数据。PC 机上用 VB 编有一个窗体,窗体上有如图 4-9 所示的 10 个按钮,点击按钮 i,PC 机的串口就以 BR=1200 bps 的波特率,按每帧 10 位的帧格式发送数据 i。单片机系统的晶振频率 $f_{osc}=11.0592$ MHz,作为接收机,接收从 PC 机串口发送来的数据,并用数码管显示所接收到的数据。其中,单片机的串口工作在方式 1 下,用 T2 作波特率发生器。

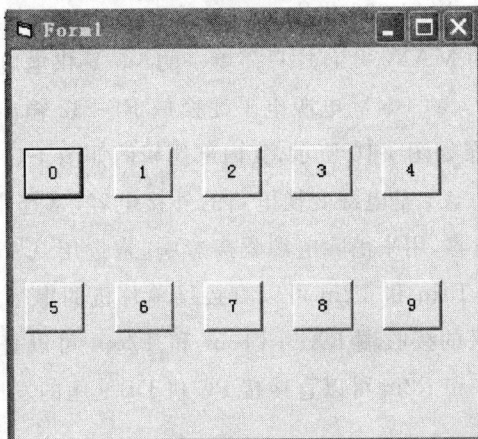

图 4-9　PC 机端发送数据界面

4.2.2　相关知识

完成本例所需要的知识主要有：PC 机的串行通信口、MAX232 接口芯片、单片机中用 T2 作串口的波特率发生器、VB 中的 MSComm 控件等。

1.PC 机的串行口

PC 机串口（COM1、COM2）的通信信号采用 RS-232C 规范，串行通信线上的电压采用负逻辑关系，−5 V～−15 V 为逻辑 1，+5 V～+15 V 为逻辑 0，串行通信距离可达到 15 m。现代的 PC 机的串口采用 DB-9 型连接器，用 9 针插座与外部连接，DB-9 座各引脚的定义如表 4-2 所示。

表 4-2　　　　　　　　　　PC 机串口 DB-9 座引脚定义

引脚	电气符号	传输方向	功　能
1	DCD	输入	载波检测
2	RXD	输入	接收数据
3	TXD	输出	发送数据
4	DTR	输出	数据终端准备好
5	GND		信号地线
6	DSR	输入	数据设备准备好
7	RTS	输出	请求发送
8	CTS	输入	清除发送
9	RI	输入	振铃指示

2.MAX232 接口芯片

MCS-51 单片机串行口的输入、输出电平为 TTL 电平，它与 PC 机串口的电气规范不同，必须进行 RS-232 电平与 TTL 电平之间的转换后，才可实现单片机与 PC 机之间的通信。常用的转换芯片为 MAX232 芯片。

MAXIM 公司生产的 MAX232 芯片只需单一的 +5 V 供电电源，片内集成有一个电源电压变换器，可以把输入的 +5 V 电源电平变换成 RS-232 输出电平所需的 ±10 V 电压。MAX232 的引脚分布如图 4-10 所示，其内部逻辑图如图 4-11 所示。

图 4-11 中，C_1、C_2、C_3、C_4 是电源变换电路的外接电容，常选用 1.0 μF/16 V 的钽电解电容，C_5 为电源去耦电容，用来消除电源噪声影响，常选用 0.1 μF 的电容。图中下半部分为发送和接收部分，T1in 和 T2in 可以直接接单片机的串行发送端 TXD，R1out 和 R2out 可以直接接单片机的接收端 RXD；T1out 和 T2out 可以直接接 PC 机 DB-9 座的接收端 RXD（2 脚），R1in 和 R2in 可以直接接 PC 机 DB-9 座的发送端 TXD（3 脚）。

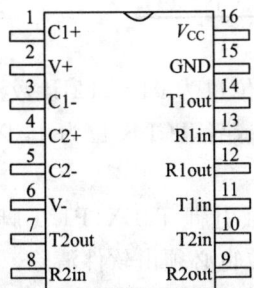

图 4-10　MAX232 引脚分布图　　　　　图 4-11　MAX232 内部逻辑图

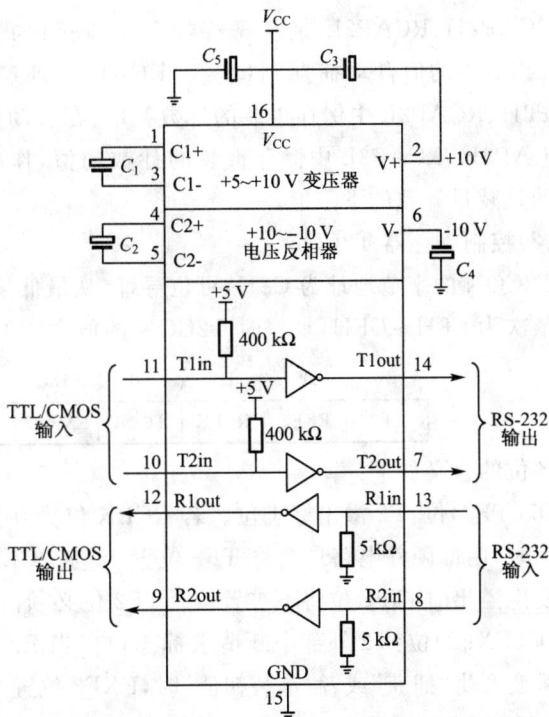

3. 用 T2 作串口的波特率发生器

定时/计数器 T2 不是 MCS-51 单片机的标准部件,只有像 AT89S52、STC89C52 这类增强型的 51 单片机(常称为 52 单片机)片内才集成有定时/计数器 T2。T2 是一个功能独特的 16 位定时/计数器,具有定时和计数两种工作方式,可以编程设置成为计数器、定时器或者时钟发生器;它具有捕获、自动重装初值、波特率发生器三种工作模式,这三种工作模式由特殊功能寄存器 T2CON 控制管理,T2 的计数方式还可以通过编程设置成增量计数(加 1 计数)和减量计数(减 1 计数)两种方式。这里我们只介绍 T2 作波特率发生器的工作模式,其他方面的知识请参考有关文献。

(1)T2 的应用特性

从应用的角度来看,T2 由外部引脚 T2(P1.0)、T2EN(P1.1)、内部特殊功能寄存器 TH2、TL2、RCAP2H、RCAP2L、T2MOD、T2CON 以及内部控制电路组成。

T2 引脚:外部计数脉冲输入/内部时钟脉冲输出引脚。T2 作为计数器使用时,外部脉冲从 T2 引脚输入,定时/计数器 2 对 T2 引脚上的脉冲进行计数;T2 作为时钟发生器时,内部时钟脉冲从 T2 引脚输出。

T2EN 引脚:外部控制脉冲输入引脚。外部捕获脉冲或者增量/减量计数方式控制信号由此引脚输入到定时/计数器 2 的内部。

TH2、TL2:定时/计数器 2 的内部计数器。其中 TL2 为计数器的低字节,TH2 为计数器的高字节。定时/计数器每计数一个脉冲,TH2、TL2 所组成的 16 位计数器的值就加 1 或者减 1。

　　RCAP2H、RCAP2L：捕获寄存器。在捕获模式下，发生捕捉时，内部硬件电路将 TH2、TL2 中的值自动捕捉到（装入）RCAP2H、RCAP2L 中；在波特率发生器模式下，RCAP2H、RCAP2L 中保存重装的计数初值；在自动重装初值模式下，计数器作增量计数时，RCAP2H、RCAP2L 中保存重装的计数初值，作减量计数时，RCAP2H、RCAP2L 中保存的是减量计数的下限值。

　　（2）控制寄存器 T2CON

　　T2CON 的字节地址为 C8H，可位寻址，从最低位（D0 位）到最高位（D7 位）各位的位地址依次为 C8H～CFH，复位时 T2CON 的值为 00H，T2CON 的格式如下：

D7	D6	D5	D4	D3	D2	D1	D0
TF2	EXF2	RCLK	TCLK	EXEN2	TR2	$C/\overline{T2}$	$CP/\overline{RL2}$

　　各位的含义如下：

　　D7（TF2）位：T2 溢出标志位。若 RCLK 位为 0 且 TCLK 位也为 0，当 T2 计数满发生溢出时，内部硬件电路自动将 TF2 位置 1；若 RCLK 位为 1 或者 TCLK 位为 1，T2 计数满发生溢出时，TF2 位将不被置位。TF2 位必须由软件清除。

　　D6（EXF2）位：T2 外部中断请求标志位。当 EXEN2＝1 且引脚 T2EX（P1.1 脚）上的负跳变产生"捕获"或者"重装初值"时，EXF2 位置 1，EXF2 位也必须由软件清除。

　　D5（RCLK）位：串行口接收时钟标志位。RCLK＝1 时，T2 的溢出脉冲作为串口方式 1 和方式 3 的接收时钟。RCLK＝0 时，串行口使用定时/计数器 1 的溢出脉冲作为接收时钟。

　　D4（TCLK）位：串行口发送时钟标志位。TCLK＝1 时，T2 的溢出脉冲作为串口方式 1 和方式 3 的发送时钟。TCLK＝0 时，串行口使用定时/计数器 1 的溢出脉冲作为发送时钟。

　　D3（EXEN2）位：T2 外部采样允许控制位。

　　D2（TR2）位：定时/计数器 2 的启动/停止控制位。TR2＝1，允许定时/计数器 2 计数；TR2＝0，定时/计数器 2 停止计数。

　　D1（$C/\overline{T2}$）位：T2 的定时/计数模式选择控制位。$C/\overline{T2}$＝1：工作于计数模式，对 T2 引脚（P1.0 脚）上的外部脉冲计数（下降沿触发）；$C/\overline{T2}$＝0：工作于定时模式，它对机器周期进行计数。

　　D0（$CP/\overline{RL2}$）位：定时/计数器 2 捕获/重装初值方式选择控制位。

　　（3）波特率发生器模式

　　由 4.1 节中的表 4-1 可知，串口工作在方式 1 或者方式 3 时，当特殊功能寄存器 T2CON 的 TR2＝1 时，如果 TCLK＝1，则 T2 作串口的发送波特率发生器；如果 RCLK＝1，则 T2 作串口的接收波特率发生器。T2 作波特率发生器时，T2 用 TH2、TL2 作计数器，用 RCAP2H、RCAP2L 作 TH2、TL2 的初值寄存器；当 T2 计数满发生溢出时，硬件电路就会自动地将 RCAP2H、RCAP2L 中的值装入到 TH2、TL2 中，开始下一轮计数。T2 溢出时，不置位 TF2，也不产生中断。此时串口的波特率 BR 为：

$$BR = T2\,溢出率/16 = \frac{f_{osc}}{16 \times n \times [65536 - (RCAP2H, RCAP2L)]}$$

$$其中, n = \begin{cases} 1, & 6\,时钟模式 \\ 2, & 12\,时钟模式 \end{cases}$$

(RCAP2H,RCAP2L):RCAP2H 和 RCAP2L 的内容,为 16 位无符号整数。

说明:对于只有一种时钟模式的 52 单片机,式中 n 值取 2,STC89C52 单片机具有两种时钟模式,默认模式为 12 时钟模式。

在实际应用中,一般是已知波特率 BR,要确定 RCAP2H、RCAP2L 的内容。则 RCAP2H、RCAP2L 的内容为:

$$(RCAP2H, RCAP2L) = 65536 - [f_{osc}/(16 \times n \times BR)]$$

例如,$f_{osc} = 11.0592$ MHz,STC89C52 单片机采用 12 时钟模式,串口工作在方式 1 下,采用 T2 作发送和接收波特率发生器,BR = 2400 bps,则(RCAP2H,RCAP2L)= FF70H。在初始化程序中应用如下设置:

```
MOV    SCON,♯50H       ;0101 0000 串行口工作方式:方式 1,允许接收
MOV    T2CON,♯34H      ;T2:波特率发生器,串口收发的 BR 均用 T2 的溢出率
MOV    TH2,♯0FFH       ;装计数初值
MOV    TL2,♯70H
MOV    RCAP2H,♯0FFH    ;计数初值存入 RCAP2H、RCAP2L 中
MOV    RCAP2L,♯70H
```

必须指出的是,由于 T2 不是 51 单片机标准部件,有些编译系统中对与 T2 有关的特殊功能寄存器 T2CON、RCAP2H、RCAP2L、TH2、TL2 等未作定义,此时需在源程序的开始处用 EQU 伪指令对这些特殊功能寄存器作好定义。例如,对 T2CON 的定义如下:

```
T2CON    EQU    0C8H
```

4. VB 中 MSComm 控件

MSComm 控件是 VB 中专门用来为应用程序提供串行通信功能,通过串行端口发送和接收数据的控件。本例中主要使用 MSComm 的 OnComm 事件和一些常用属性。

OnComm 事件

当 CommEvent 属性值变化时,产生 OnComm 事件,指示发生一个通信事件或错误。

语法规则:

Private Sub Object_OnComm( )

说明:①CommEvent 属性包含实际错误或产生 OnComm 事件代码

②设置 Rthreshold 或 Sthreshold 属性为 0,分别使捕获 comEvReceive 和 comEvSend 事件无效

CommPort 属性

功能:设置通讯端口号

用法:Object. CommPort = Value

说明:①Value 为串口号,值为 1～16

②必须在打开端口之前设置该属性

Settings 属性

功能：设置波特率、奇偶校验、数据位、停止位

用法：Object. Settings＝"BBBB,P,D,S"

说明：BBBB 为波特率，P 为奇偶校验，D 为数据位数，S 为停止位数。默认值为"9600,N,8,1"

合法的波特率为：110、300、600、1200、2400、9600、14400、19200、28800、38400、56000、128000、256000

合法的奇偶校验值为：E(偶数)、M(标记)、N(默认)、None、O(奇数)、S(空格)

合法的数据位为：4、5、6、7、8

合法的停止位为：1、1.5、2

InBufferSize 属性

功能：设置接收缓冲区的字节数

用法：Object. InBufferSize＝Value

说明：Value 为整型表达式，默认值为 1024 字节

OutBufferSize 属性

功能：设置发送缓冲区的字节数

用法：Object. OutBufferSize＝Value

说明：Value 为整型表达式，默认值为 512 字节

Input 属性

功能：返回并删除接收缓冲区中的数据流

用法：Object. Input

InputMode 属性

功能：设置 Input 属性取回的数据的类型

用法：Object. InputMode＝Value

说明：Value 取值及其含义如下：

　　　　0：数据通过 Input 属性以文本形式取回

　　　　1：数据通过 Input 属性以二进制形式取回

InputLen 属性

功能：设置 Input 属性从接收缓冲区读取的字符数

用法：Object. InputLen＝Value

说明：默认值为 0。设为 0 时，使用 Input 可使 MSComm 控件读取接收缓冲区中的全部内容

Sthreshold 属性

功能：设置发送缓冲区中允许的最小字符数

用法：Object. Sthreshold＝整型表达式

说明：若属性值设为 0，则不产生 OnComm 事件，设为 1，则当发送缓冲区完全空时，MSComm 控件产生 OnComm 事件

PortOpen 属性

功能：设置通信端口的状态

用法：Object. PortOpen＝布尔表达式

说明：设置 PortOpen 属性为 True 打开端口，设置为 Flase 关闭端口并清除接收和发送缓冲区

RThreshold 属性

功能：设置或返回要接收的字符数

用法：Object. RThreshold{＝Value}

说明：Value 为整型表达式，指定在产生 OnComm 事件之前要接收的字符数。当接收字符后，若 RThreshold 属性设置为 0（默认值），则不产生 OnComm 事件，否则当接收缓冲区中的字符数为 RThreshold 属性值时，触发 OnComm 事件。

4.2.3　搭建硬件电路

根据功能要求，本例的数据显示电路采用实例 3-1 中的显示电路，单片机的串口电路如图 4-12 所示，单片机与 PC 机的通信连接电路如图 4-13 所示。

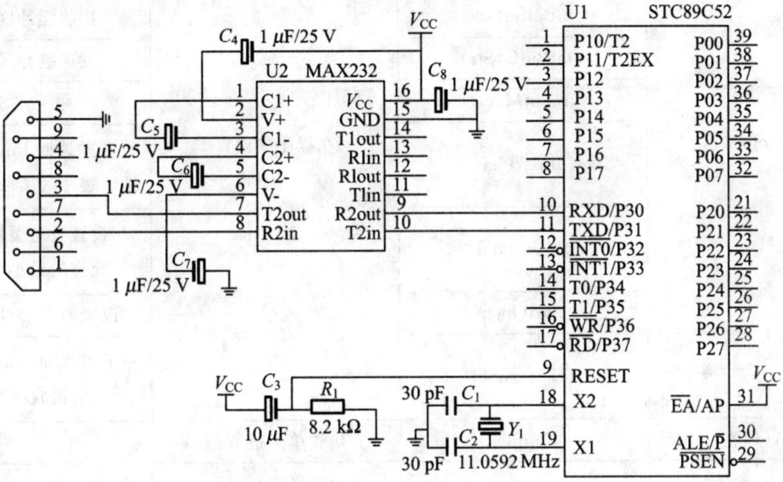

图 4-12　单片机串口电路图

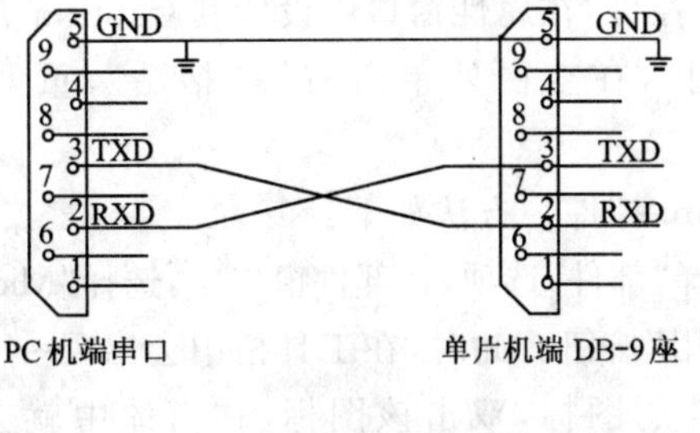

图 4-13　单片机与 PC 机通信连接电路图

在 MFSC-2 实验平台上用 D9 串行通信线将 DB-9 座与 PC 机的串口 1（COM1）相连接，就构成了上述通信连接电路。

4.2.4 编写软件程序

1. PC 端程序编写

设计步骤如下：

（1）打开 VB，新建工程。

（2）在窗体中添加 Form 等 6 个控件，各控件的说明如表 4-3 所示：

表 4-3 窗体中各控件说明

控件	属性	属性值	说明
Form1	Caption	发送端	
Command1 控件数组	Caption	0～9	10 个按钮
MSComm	CommPort	在程序中设置	设置通讯端口号
	Settings		设置波特率、奇偶校验、数据位、停止位
	InBufferSize		接收缓冲区大小
	OutBufferSize		发送缓冲区大小
	InputMode		接收方式
	InputLen		设置并返回 Input 属性从接收缓冲区读取的字符数
	Sthreshold		设置发送缓冲区中允许的最小字符数
	PortOpen		设置通讯端口的状态
	RThreshold		产生 OnComm 事件的接收字符数
Lable1（标签）	Caption	接收单片机数据	
Text1（文本框）	Text	（空）	显示单片机发来的数据

①添加 Command 控件数组

添加一个 Command 控件，在属性窗口中设置其 Caption 属性为：1。

右键选择控件"复制"，在空白处单击右键"粘贴"，重复九次，排列好；依次设置 Caption 属性为 2～9、0。

②添加一个 MSComm 控件。方法如下：

单击"工程"菜单，选择"部件"选项，在部件窗口中，选择"Microsoft Comm Control 6.0"。如图 4-14 所示，点击"应用"按钮。此时，在工具栏中会出现一个像电话机一样的图标，该图标就是 MSComm 控件的图标，双击该图标，在窗体中就会新增一个 MSComm1 的控件。

③添加一个 Lable 控件，设置 Caption 属性为："接收单片机数据："。

④添加一个 Text 控件，设置 Text 属性为：空。

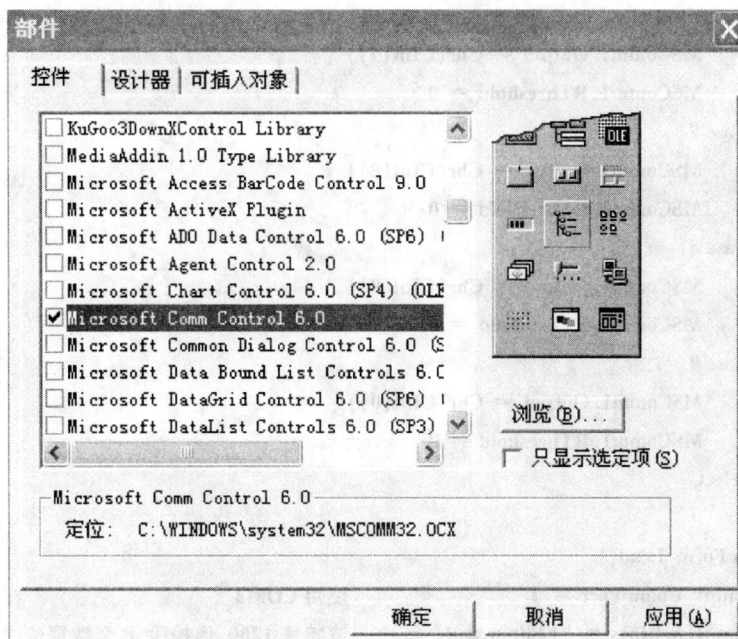

图 4-14 选择 Microsoft Comm Control 6.0

(3)添加代码

代码如下:

```
Dim i As Integer
Private Sub Command1_Click(Index As Integer)
    Select Case Index
        Case 0                                    '按下 1 键
            MSComm1.Output = Chr(CInt(1))         '发送 1
            MSComm1.RThreshold = 0
        Case 1                                    '按下 2 键
            MSComm1.Output = Chr(CInt(2))         '发送 2
            MSComm1.RThreshold = 0
        Case 2
            MSComm1.Output = Chr(CInt(3))
            MSComm1.RThreshold = 0
        Case 3
            MSComm1.Output = Chr(CInt(4))
            MSComm1.RThreshold = 0
        Case 4
            MSComm1.Output = Chr(CInt(5))
            MSComm1.RThreshold = 0
        Case 5
            MSComm1.Output = Chr(CInt(6))
            MSComm1.RThreshold = 0
```

```
            Case 6
                MSComm1. Output = Chr(CInt(7))
                MSComm1. RThreshold = 0
            Case 7
                MSComm1. Output = Chr(CInt(8))
                MSComm1. RThreshold = 0
            Case 8
                MSComm1. Output = Chr(CInt(9))
                MSComm1. RThreshold = 0
            Case 9
                MSComm1. Output = Chr(CInt(0))
                MSComm1. RThreshold = 0
        End Select
    End Sub
    Private Sub Form_Load()
        MSComm1. CommPort = 2                    '使用 COM2
        MSComm1. Settings = "1200,n,8,1"         '波特率 1200,偶校验,8 个数据位,1 个停止位
        MSComm1. InBufferSize = 40               '设置 MyComm 接收缓冲区为 40 个字节
        MSComm1. OutBufferSize = 6               '设置 MyComm 发送缓冲区为 6 个字节
        MSComm1. InputMode = comInputModeBinary  '设置接收数据模式为二进制模式
        MSComm1. InputLen = 1                    '设置一次从接收缓冲区读取字节数为 1
        MSComm1. SThreshold = 1                  '设置一次从发送缓冲区读取字节数为 1
        MSComm1. PortOpen = True                 '打开通信口
        MSComm1. RThreshold = 1                  '每接收一个字符就产生 OnComm 事件
    End Sub
    Private Sub MSComm1_OnComm()
        Dim inbuf() As Byte
        Select Case MSComm1. CommEvent
            Case comEvReceive                    '接收并显示数据
                Text1. Text = AscB(MSComm1. Input)
                MSComm1. RThreshold = 1
        End Select
        MSComm1. InBufferCount = 0
    End Sub
```

2.单片机端程序编写

本例的单片机端程序与实例 4-1 中的接收机的程序相似,其主要差别在于所用的波特率发生器不同,在此不再详细介绍其编写过程。单片机端程序代码如下:

```
;实例 4-2    单片机与 PC 机通信
;常数定义
DCount      EQU      6        ;数码管总数
PORT_S      EQU      P1       ;段选口
```

```
        PORT_B      EQU      P2          ;位选口
        DFrstAdd    EQU      30H         ;显存首地址
;资源定义：
        DisBuf0     EQU      30H         ;0 号数码管显存
        DisBuf1     EQU      31H         ;1 号数码管显存
        DisBuf2     EQU      32H         ;2 号数码管显存
        DisBuf3     EQU      33H         ;3 号数码管显存
        DisBuf4     EQU      34H         ;4 号数码管显存
        DisBuf5     EQU      35H         ;5 号数码管显存
        Wcnt        EQU      40H         ;显示位置计数器
;定义特殊功能寄存器
        T2CON       EQU      0C8H
        RCAP2H      EQU      0CBH
        RCAP2L      EQU      0CAH
        TL2         EQU      0CCH
        TH2         EQU      0CDH
        ORG         0000H
        AJMP        INIT
        ORG         000BH
        AJMP        Timer0
        ORG         0023H
        AJMP        Serial
        ORG         0050H
INIT：
        MOV         SCON,＃50H           ;0101 0000 方式 1,允许接收
        MOV         TMOD,＃01H           ;T0:方式 1,定时
        MOV         TH0,＃0F4H           ;设置 T0 计时初值:约 3 ms
        MOV         TL0,＃48H
        MOV         T2CON,＃24H
        MOV         TH2,＃0FEH           ;设置波特率:1200
        MOV         TL2,＃0C8H
        MOV         RCAP2H,＃0FEH
        MOV         RCAP2L,＃0C8H
        SETB        ES                  ;开串行中断
        SETB        ET0                 ;开定时中断 0
        SETB        EA                  ;开全局中断
        SETB        TR0                 ;启动定时器 T0
        MOV         DisBuf0,＃10         ;数码管显示初始化:灭
        MOV         DisBuf1,＃10
        MOV         DisBuf2,＃10
        MOV         DisBuf3,＃10
        MOV         DisBuf4,＃10
```

```
        MOV     DisBuf5,#10
MAIN:                               ;主程序
        ORL     PCON,#1
        SJMP    MAIN
;------------------------------------------------------------------------
Timer0:
        PUSH    ACC
        PUSH    B
        PUSH    PSW
        PUSH    DPH
        PUSH    DPL
        MOV     TH0,#0F4H           ;重置 T0 计时初值
        MOV     TL0,#48H
        LCALL   DISPLAY             ;显示输出
        POP     DPL
        POP     DPH
        POP     PSW
        POP     B
        POP     ACC
        RETI
;------------------------------------------------------------------------
Serial:
        JB      RI,SB1              ;接收数据引起串行中断,则转 SB1
        CLR     TI                  ;发送数据引起串行中断,则 TI 位清 0
        RETI
SB1:
        CLR     RI                  ;接收中断标志位 RI 清 0
        MOV     A,SBuf              ;取接收数据
        MOV     DisBuf0,A           ;接收数据送 0 号管显存显示
        RETI
;------------------------------------------------------------------------
DISPLAY:
        MOV     PORT_S,#0           ;消隐输出
        MOV     A,Wcnt              ;查表读取当前点亮数码管的控制码
        MOV     DPTR,#DISCTRL
        MOVC    A,@A+DPTR
        MOV     PORT_B,A            ;控制码送位选口
        MOV     A,#DFrstAdd         ;计算当前点亮数码管的显存地址
        ADD     A,Wcnt
        MOV     R0,A                ;指针指向当前点亮数码管的显存
        MOV     A,@R0               ;读显示代码
        MOV     DPTR,#DISTAB        ;查表获得其笔型码
```

```
        MOVC   A,@A+DPTR
        MOV    PORT_S,A        ;笔型码送段选口显示输出
        INC    Wcnt            ;显示位置计数加 1
        MOV    A,Wcnt          ;超界处理
        MOV    B,#DCount
        DIV    AB
        MOV    Wcnt,B
        RET
;-------------------------------------------------------------
DISCTRL:                       ;显示位置控制码表
        DB     0FEH            ;0 号数码管显示
        DB     0FDH            ;1 号数码管显示
        DB     0FBH            ;2 号数码管显示
        DB     0F7H            ;3 号数码管显示
        DB     0EFH            ;4 号数码管显示
        DB     0DFH            ;5 号数码管显示
;-------------------------------------------------------------
DISTAB:                        ;显示笔型码表
        DB     3FH             ;0 的笔型码   代码 0
        DB     06H             ;1 的笔型码   代码 1
        DB     5BH             ;2 的笔型码   代码 2
        DB     4FH             ;3 的笔型码   代码 3
        DB     66H             ;4 的笔型码   代码 4
        DB     6DH             ;5 的笔型码   代码 5
        DB     7DH             ;6 的笔型码   代码 6
        DB     07H             ;7 的笔型码   代码 7
        DB     7FH             ;8 的笔型码   代码 8
        DB     6FH             ;9 的笔型码   代码 9
        DB     00H             ;灭的笔型码   代码 10
;-------------------------------------------------------------
        END
```

3. 实验结果

将单片机端的程序在 MedWin 下编译并生成 Hex 文件,将 Hex 文件上载至 MFSC-2 实验平台上。在 PC 机端,用 VB 编译程序代码并运行。其结果如下:

PC 机串口与单片机的串口没连接时,点击窗体上任何一个按钮,单片机均无数据显示(呈熄灭状态)。

用 D9 串行通信线将 PC 机的串口与单片机的串口相接后,点击窗体上按钮 i,单片机上显示数字 i。

4.2.5　应用总结

单片机串口的输入/输出电平为 TTL 电平,PC 机串行口的输入/输出口的电平为

RS-232 电平。单片机与 PC 机进行串行通信时，一般是用 MAX232 芯片实现 TTL 电平与 RS-232 电平的相互转换。

像 STC89C52 这样的增强型 51 单片机，片内集成有定时/计数器 T2，T2 作波特率发生器时，波特率取决于系统的振荡频率 f_{osc}，捕获寄存器 RCAP2H、RCAP2L 的值。

对于增强型 51 单片机而言，有些编译系统对其中的新增的特殊功能寄存器未作定义，需要在源程序的开始处用伪指令 EQU 对这些特殊功能寄存器先做好定义。

用 VB 编写 PC 机的串行通信程序的方法是，用 MSComm 控件来实现。MSComm 控件是非标准的 Active X 控件，编写应用程序时需要先将控件 Miscrosoft Comm Control 6.0 添加至工具栏中，再从工具栏中添加 MSComm 控件。

习 题

1. 单片机与 PC 机通信时，传输线上数据信号的电平标准是什么？请画出单片机与 PC 机通信硬件电路图。

2. 串口工作在方式 1、3 时，可用 T2 作串口的波特率发生器，请写出设置 BR＝4800 bps 的初始化程序（$f_{osc}＝11.0592$ MHz）。

扩展实践

在本例实验中，功能要求作如下修改，请编写对应的通信程序，并上机实践：PC 机和单片机都作发送机和接收机，PC 机上按窗体中按钮 i，串口发送数据 i，单片机接收到数据后再从串口发送回去，PC 机接收到从单片机发送来的数据后，用窗体中的一个文本框显示该数据。窗体的界面如图 4-15 所示。

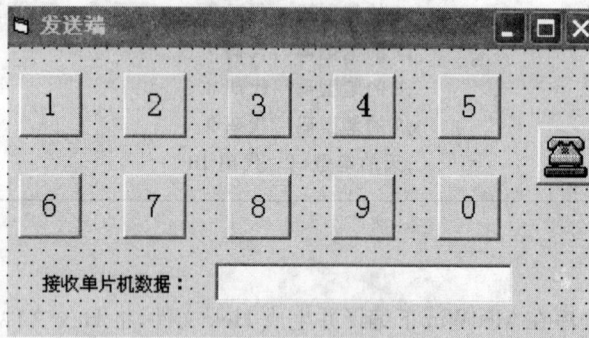

图 4-15　PC 机中窗体界面

项目 5

数据采集处理

被测的物理量有两类：电量（包括电压和电流）、非电量（包括温度、压力等）。本项目将用两个实例介绍单片机如何采集这两类数据。通过本项目的实践，要求达到以下目标：

1. 掌握 SPI 总线接口的应用特性，能设计 SPI 总线接口电路，会编写 SPI 总线时序模拟程序。

2. 掌握 ADC 的主要参数指标，能根据实际需要合理地选择 A/D 转换器件。

3. 掌握 TLC1549 的应用特性，能设计 TLC1549 的接口电路，会编写 TLC1549 的控制程序。

4. 掌握数字滤波的设计思想，会设计滑动滤波算法程序。

5. 掌握标度转换思想，会设计标度转换程序。

6. 会设计双字节乘、除法程序。

7. 掌握单总线接口的应用特性，能设计单总线接口电路，会编写单总线时序模拟程序。

8. 掌握 DS18B20 的应用特性，能设计 DS18B20 的接口电路，会编写 DS18B20 的控制程序。

9. 会编写求双字节带符号数绝对值程序。

5.1　电量数据采集

5.1.1　实例功能

单片机的 P3.1、P3.2、P3.3 三根 I/O 口线控制 SPI 总线接口的 A/D 芯片 TLC1549，在 TLC1549 的模拟信号输入端（AIN 引脚）加入 0～5 V 的直流电压，用 P1、P2 两个并行口控制 6 个数码管显示，P1 口作段选口，P2 口作位选口，定时/计数器 T1 作扫描定时器，使 6 个数码管扫描显示，调节 TLC1549 的模拟输入电压，数码管上显示输入电压值。

5.1.2　相关知识

完成本例所需要的主要知识有 SPI 总线、具有 SPI 总线接口的 A/D 转换芯片 TLC1549、数字滤波、标度转换、双字节无符号数乘除法程序等知识。其中，标度转换、数字滤波、乘除法程序的编写，我们将在软件程序编写中介绍。

1. SPI 总线接口

SPI 总线接口是 Motorola 公司推出的一种同步串行外设接口,用于微处理器与各种外设以串行方式进行数据通信。标准的 SPI 总线有 4 根线:串行时钟线 SCK、主机输入从机输出线 MISO、主机输出从机输入线 MOSI 和片选线 $\overline{CS}$。其中,$\overline{CS}$ 线用于控制芯片的选择,SCK 线传输同步脉冲,控制 SPI 接口芯片内部的移位寄存器的移位操作,使数据传输同步。简化的 SPI 总线只有 3 条线:串行时钟线 SCK、数据输入/输出线 DIO 和片选线 $\overline{CS}$。

具有 SPI 接口的单片机扩展 SPI 接口芯片的方法是,单片机的 SCK 脚、MOSI 脚、MISO 脚分别与各 SPI 接口芯片的 SCK、MOSI、MISO 引脚相接,在单片机中用若干 I/O 口线作各芯片的片选线,分别与各 SPI 接口芯片的 $\overline{CS}$ 线相接,其电路如图 5-1 所示。采用这种电路时,要求单片机和外部接口芯片都具有标准的 SPI 接口,SPI 操作由硬件电路完成,使用者可以不了解 SPI 的操作过程。

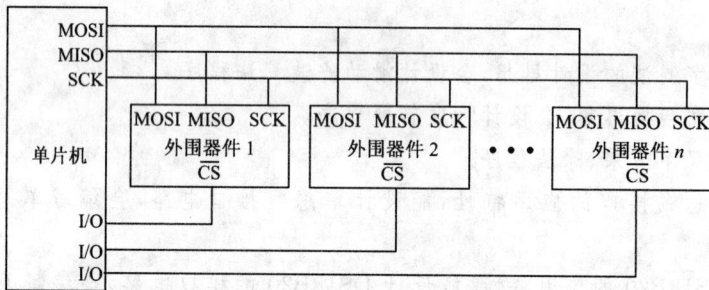

图 5-1　具有 SPI 接口的单片机外部扩展电路图

无 SPI 接口的单片机扩展 SPI 接口芯片的常用方法是,用 I/O 口线充当串行时钟线和串行数据输入/输出线,采用软件模拟 SPI 操作。这种方法比较灵活,外部接口芯片可以是标准的 SPI 接口芯片,也可以是简化的 SPI 接口芯片,要求使用者熟悉 SPI 总线操作时序。其电路如图 5-2 所示,图 a 中的接口芯片具有标准的 SPI 接口,图 b 中的接口芯片具有简化的 SPI 接口。

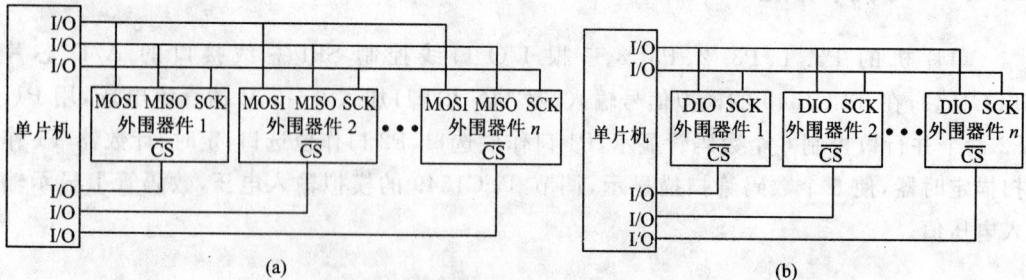

图 5-2　用 I/O 口线模拟 SPI 总线接口电路图

按照接口芯片的时钟时序,SPI 接口芯片有两类,一类是在 SCK 上升沿接收数据(单片机写数),在时钟的下降沿发送数据(单片机读数)的器件。单片机对这类器件进行读数的操作时序是:

①置 SCK 为高电平。

②置$\overline{CS}$为低电平,选中接口芯片。

③置 SCK 为低电平,产生时钟的下降沿,接口芯片,移出一位数据。

④单片机从数据输入线上(图中 MISO 线或者 DIO 线),读取一位数据。

⑤置 SCK 为高电平,产生时钟上升沿。

⑥重复③~⑤直至一次读数的数据位读完为止。

⑦置$\overline{CS}$为高电平。

写数的操作时序是:

①置 SCK 为低电平。

②置$\overline{CS}$为低电平,选中接口芯片。

③单片机将待写数据位发送至数据输出总线上(图中 MOSI 线或 DIO 线),写一位数据。

④置 SCK 为高电平,产生时钟上升沿,接口芯片接收一位数据。

⑤置 SCK 为低电平。

⑥重复③~⑤直至一次写数的数据位写完为止。

⑦置$\overline{CS}$为高电平。

另一类接口芯片是,在 SCK 下降沿接收数据(单片机写数),在时钟的上升沿发送(单片机读数)数据。单片机对这类器件进行读数的操作时序是:

①置 SCK 为低电平。

②置$\overline{CS}$为低电平,选中接口芯片。

③置 SCK 为高电平,产生时钟上升沿,接口芯片移出一位数据。

④单片机从数据输入线上(图中 MISO 线或者 DIO 线)读取一位数据。

⑤置 SCK 为低电平,产生时钟下降沿。

⑥重复③~⑤直至一次读数据的数据位读完为止。

写数据的操作时序是:

①置 SCK 为高电平。

②置$\overline{CS}$为低电平,选中接口芯片。

③单片机将待写数据位发送至数据输出线(图中 MOSI 线或 DIO 线)上,写一位数据。

④置 SCK 为低电平,产生时钟下降沿,接口芯片接收一位数据。

⑤置 SCK 为高电平。

⑥重复③~⑤,直至一次写数据的数据位写完为止。

⑦置$\overline{CS}$为高电平。

2. A/D 转换器

A/D 转换器(简称 ADC)的功能是将连续的模拟信号转换成数字信号。按照器件与微处理器的接口形式,ADC 可分为串行 ADC 和并行 ADC,按照转换原理可分为双积分式和逐次逼近式两种。选择 ADC 芯片时,常涉及的技术指标有分辨率、转换时间等。

分辨率:表示输出数字量增减 1 所需要的输入模拟量的变化值,它反映了 ADC 能够分辨的最小的量化信号的能力。设 ADC 的位数为 n,转换的满量程电压为 U,则其分辨率为:$U/2^n$。例如,满量程电压为 5 V,如果是用 10 位 ADC 转换,则它的分辨率为 5000

mV/2^{10}≈5 mV,如果是用 12 位 ADC 转换,则它的分辨率为 5000 mV/2^{12}≈1 mV。可见 ADC 的位数越多,其分辨率就越高。

转换时间:指从启动 ADC 进行 A/D 转换开始到转换结束,得到稳定的数字量输出为止所需的时间。转换时间的快慢将会影响 ADC 与 CPU 交换数据的方式。

3. TLC1549 芯片

(1)基本特性

TLC1549 是 TI 公司生产的 10 位逐次逼近比较型 A/D 转换器,有 TLC1549C、TLC1549I、TLC1549M 三个产品,分属于民用级、工业级和军用级三个等级,转换时间≤21 μs,具有简化的 SPI 接口,转换结果以串行方式输出,采用单 5 V 供电。

(2)引脚功能

TLC1549 具有 DIP、FK 等多种封装形式。其中 DIP 封装形式的引脚分布如图 5-3 所示。各引脚的功能如表 5-1 所示。

表 5-1　　　　　　　　　TLC1549 的引脚功能

引脚	符号	功能
1	REF+	正基准电压,通常取 V_{CC}
2	AIN	模拟量输入端
3	REF−	负基准电压,通常接地
4	GND	接地引脚
5	$\overline{CS}$	片选脚
6	Dout	A/D 转换结果输出引脚。$\overline{CS}$=1 时,该端处于高阻态。$\overline{CS}$=0 时,该端有效
7	SCLK	串行时钟输入端
8	V_{CC}	正电源端

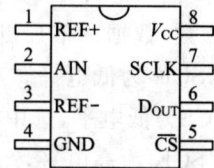

图 5-3　TLC1549 引脚分布

(3)TLC1549 的工作方式

TLC1549 具有 6 种工作方式,其特点如表 5-2 所示。TLC1549 工作在哪种工作方式下,取决于串行时钟 SCLK 的速度和$\overline{CS}$的操作方式。在实际应用中快速方式与慢速方式并无本质的区别,主要取决于时钟周期的大小。通常认为,时钟频率高于 280 kHz 时,TLC1549 工作于快速方式,否则工作于慢速方式。如果不考虑时钟周期的大小,这 6 种工作方式可归并为两类:方式 1、方式 3、方式 5 为一类,其他三种方式为一类。

表 5-2　　　　　　　　　TLC1549 的工作方式

工作方式		$\overline{CS}$	SCLK 时钟数	Dout 引脚出现最高位(MSB)的时刻	时序图
快速方式	方式 1	转换周期之间为高电平	10	$\overline{CS}$下降沿	图 5-4
	方式 2	连续低电平	10	在 21 μs 内	图 5-5
	方式 3	转换周期之间为高电平	10~16	$\overline{CS}$下降沿	图 5-6
	方式 4	连续低电平	16	在 21 μs 内	图 5-7
慢速方式	方式 5	转换周期之间为高电平	11~16	$\overline{CS}$下降沿	图 5-8
	方式 6	连续低电平	16	第 16 个时钟下降沿	图 5-9

（4）操作时序

所谓操作时序,是指主控器对接口芯片进行读写操作时,接口芯片的各引脚上的信号的时序关系。TLC1549 的 6 种工作方式的操作时序如图 5-4 至图 5-9 所示。这 6 种工作方式的操作时序图相似,下面以方式 1 为例说明其时序图的含义,其他工作方式的时序图含义读者可仿效归纳。方式 1 的时序含义如下:

①一次 A/D 转换分三个阶段:前次 A/D 转换结果传输期(简称为数据传输期)、数据采样期、A/D 转换间隔期。其中数据采样期发生在前次数据传输期内,数据传输期内第 3 个时钟脉冲后,TLC1549 既进行前次转换结果的传输,又进行本次数据的采样工作。

②$\overline{CS}$的下降沿启动 A/D 数据传输期,数据传输期内$\overline{CS}$必须保持低电平,一次数据传输的时钟数为 10 个,在时钟的作用下,前次 A/D 转换的结果按照高位在先低位在后的次序,从 Dout 引脚串行移出,在时钟的上升沿,Dout 引脚上出现的是对应位的数据位。

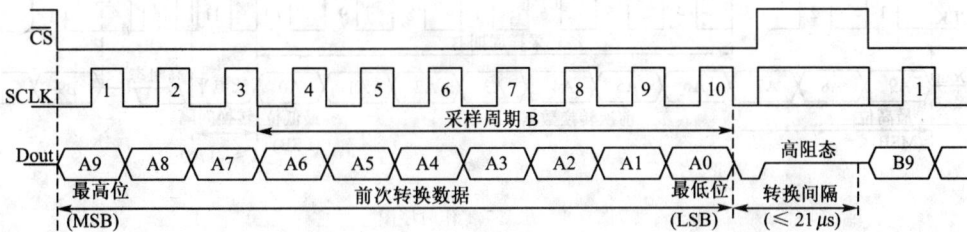

图 5-4 方式 1 工作时序图

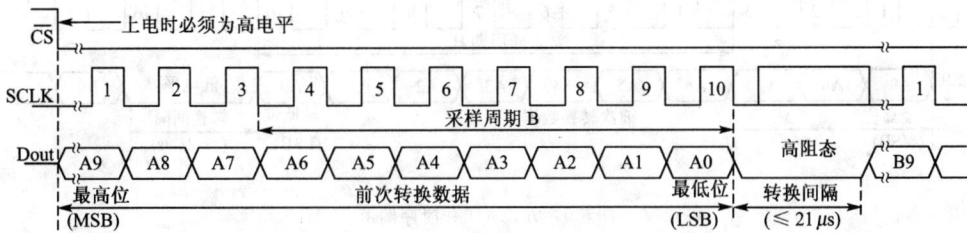

图 5-5 方式 2 工作时序图

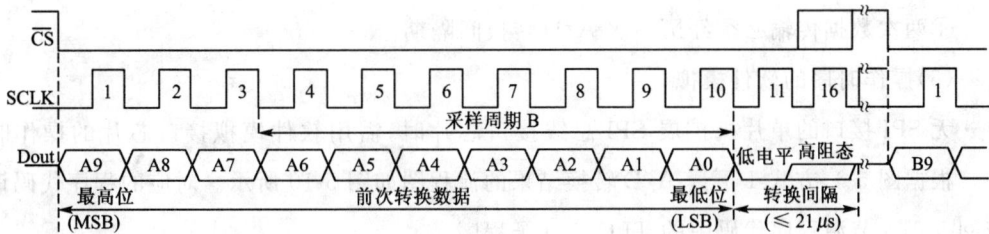

图 5-6 方式 3 工作时序图

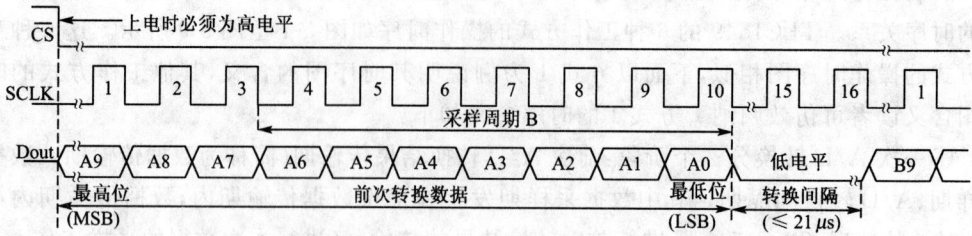

图 5-7　方式 4 工作时序图

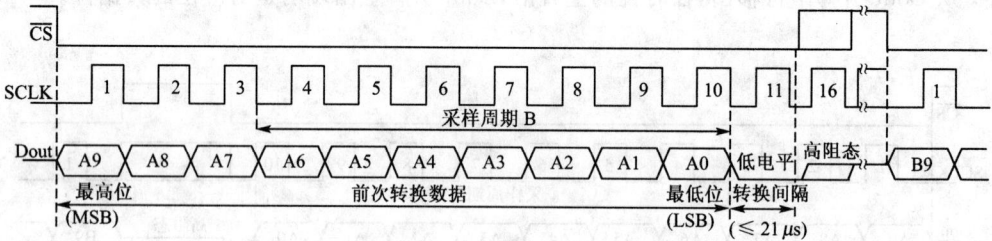

图 5-8　方式 5 工作时序图

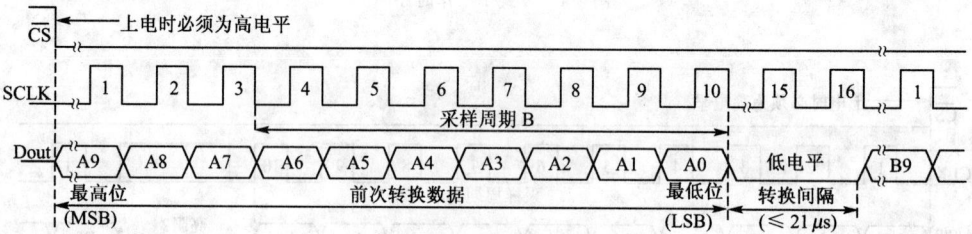

图 5-9　方式 6 工作时序图

③ $\overline{CS}$＝1 时，TLC1549 处于 A/D 转换间隔期，此时无论时钟线上的状态如何，Dout 均处于高阻态。A/D 转换间隔期不大于 21 μs。

④两次数据传输必须经历一次 A/D 转换间隔期。

(5)操作时序的软件模拟

无 SPI 接口的单片机扩展 SPI 总线接口芯片时，需用软件模拟接口芯片的操作时序。根据图 5-4，方式 1 下读 A/D 转换结果的流程图如图 5-10 所示。对应的程序代码请查阅 5.1.5 节源程序代码中的 TLC1549 子程序。

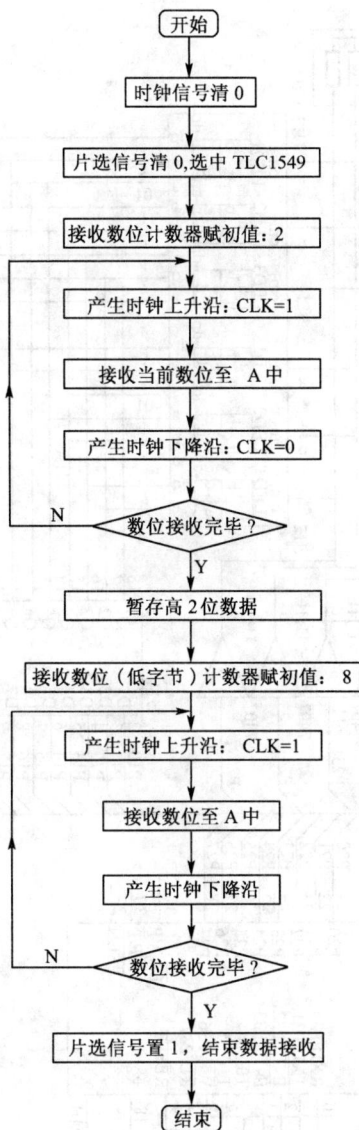

图 5-10 方式 1 读转换结果流程图

5.1.3 搭建硬件电路

根据实例的功能要求,本例的硬件电路图如图 5-11 所示,其中 U8(TLC1549)的 1 脚(REF＋)接电源 V_{CC},3 脚(REF－)接 GND。2 脚(AIN)与可变电阻 VR1 的滑线端相接,其参考电压为 V_{CC}。调节 VR1,可使 AIN 输入电压在 0～5 V 之间变化,5、6、7 脚分别与单片机的 P3.3、P3.2、P3.1 脚相接。硬件电路中的其他部分为实例 3-1 中介绍的 6 位数码管显示接口电路,用来显示输入电压值。

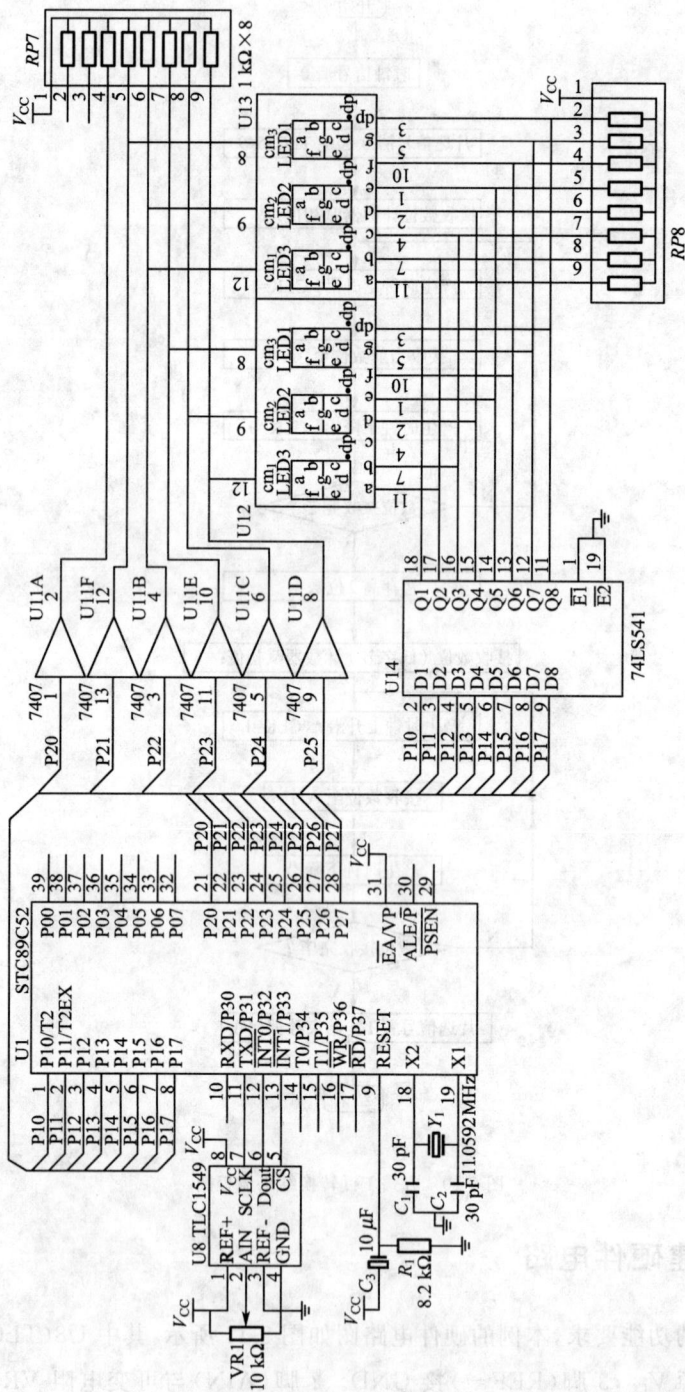

图 5-11 实例 5-1 硬件电路图

在 MFSC-2 实验平台上,用 8 芯扁平数据线将 J4 与 J8 相接(其中 J4 的 P30 脚对应 J8 的 1 脚),将 J6 与 J12 相接(其中 J6 的 P20 脚对应 J12 的 C1 脚),将 J3 与 J15 相接(其中 J3 的 P10 脚对应 J15 的 D0 脚),就构成了上述电路。

5.1.4 编写软件程序

(1)系统程序流程图

本例的软件程序的总体流程图如图 5-12 所示。图中各主要模块的功能如下:

读 A/D 转换结果:启动 TLC1549,读取一次 A/D 转换结果(共 10 位),并存入 B、A 中。

数字滤波:ADC 的模拟量输入信号有可能夹杂着各种干扰信号,这些干扰信号叠加在模拟信号中后,会使 A/D 转换结果偏离其真实值。数字滤波的作用就是用软件程序滤除这些干扰信号,使 A/D 转换结果回归真实值。

标度转换:即电压值转换。TLC1549 输出的数码为 000H～3FFH,这些数码虽然代表了电压值的大小,但并不表示电压值的本身,例如,用 3FFH 代表的是 5 V 电压。显然这些数码还不能直接用来进行显示和打印,必须转换成对应的电压值。标度转换实现的是将 ADC 输出的数码转换成电压值。

显示电压值:将电压值分离成非压缩的 BCD 码数后送往各数码管的显存中进行显示输出。

在硬件电路上,本例用两个并行口控制 6 个数码管显示,所以数据的显示必须像实例 3-1 一样采用 3 ms 定时扫描显示,因此电压显示模块还要分成两部分。一部分实现的是对显存中的数据扫描显示,一部分实现的是将电压值分离成非压缩的 BCD 码并送对应的显存中工作。

为了提高系统的抗干扰性,我们把读 A/D 转换结果、数字滤波、标度转换、显示电压值分离成非压缩的 BCD 码并写入对应显存,这几个模块放在 T0 定时中断服务程序中,T0 的定时时间为 10 ms。把显示子程序放在 T1 定时中断服务程序中,T1 的定时时长为 3 ms。把初始化程序放到主程序中,用来完成 T0、T1 的初始化以及各种指针、计数器的初始化工作,主程序完成初始化后就置 CPU 睡眠。系统程序的流程图如图 5-13 所示。

(2)读 A/D 转换值程序

关于该程序的编写方法,我们已在 5.1.3 中介绍过,按照硬件电路,我们作如下数据定义:

```
CLK   EQU P3.1   ;TLC1549 的串行时钟引脚
Dout  EQU P3.2   ;TLC1549 的串行数据输出脚
CS    EQU P3.3   ;TLC1549 的片选脚
```

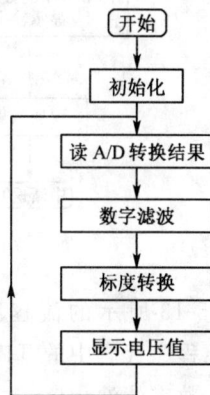

图 5-12 总体流程图

T1中断 (3 ms)

```
        开始
         ↓
       现场保护
         ↓
  调用 DisPlay 子程序
  对显存中的数据进行
       显示输出
         ↓
       现场恢复
         ↓
      中断返回
```

T0中断 (10 ms)

```
        开始
         ↓
    读 A/D 转换结果
         ↓
      数字滤波
         ↓
      标度转换
         ↓
     显示电压值
         ↓
      中断返回
```

主程序

```
        开始
         ↓
     上电初始化
         ↓
    → 置 CPU 睡眠
    ↑_____|
```

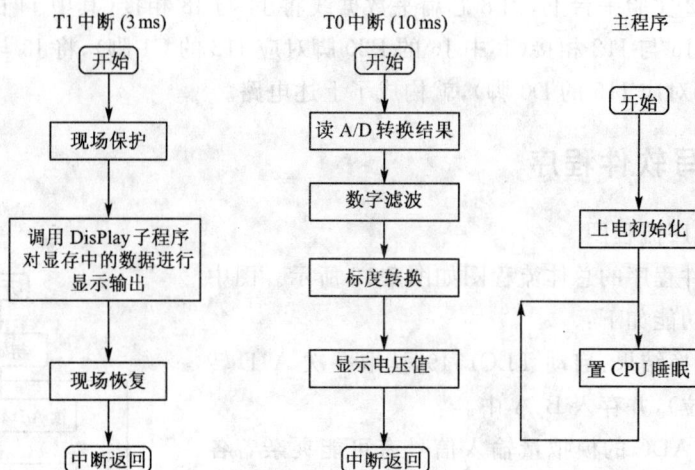

图 5-13　系统程序流程图

图 5-13 所示的流程图所对应的程序代码如 5.1.5 源程序代码中的 TLC1549 子程序所示。

（3）数字滤波程序

常用的数字滤波算法有程序判断滤波、中值滤波、算术平均值滤波、去极值滤波、加权平均滤波、滑动平均值滤波、低通滤波等多种。本例中采用滑动平均值滤波，其设计思想是将本次 A/D 转换值与过去连续的 n−1 次 A/D 转换值一起求平均值，用该平均值作为本次的 A/D 转换使用值。其实现方法是，用一片连续的存储区作为 A/D 转换值的存放区域，每次存放一个新的 A/D 转换值时就将该数据存放到最老的 A/D 转换值存放的地址处，用来覆盖掉存储区中最老的 A/D 转换值，保证这 n 个 A/D 转换值始终是最近的 n 个 A/D 转换值，然后对这 n 个数据求平均值。这种数据存储结构就是数据结构中所介绍的环形队列结构。

通常情况下取 $n=2^k$，这样可以采取将值右移 k 位的办法实现除法运算。本例中，取 $n=16$。由于每次 A/D 转换的结果为 10 位，需占用 2 个字节，我们选用片内 RAM 50H～6FH 这 32 个字节的区域作这 16 个最近 A/D 转换值的存放区域，数据存放格式为低字节数存放在低地址处。用片内

```
        开始
         ↓
  A/D 转换值入队尾指针
  Point 所指向单元
         ↓
  调整指针使其指向下一数据存储单元
  Point=Point+2
         ↓
   ┌─────────────┐
N  │   超界吗？    │
←──│  Point>6FH   │
│  └─────────────┘
│         ↓ Y
│  指针指向 50 H 单元
│  Point=50 H
│         ↓
└───→ 对队列中各元素求和
      结果入 R2R3 中
         ↓
  求平均值：
  R2R3 中的和值右移 4 位（除以 16）
         ↓
  平均值存入 ADVal 中
         ↓
       返回
```

图 5-14　数字滤波流程图

RAM 的某一单元 Point 保存当前 A/D 值存放的地址，即 Point 为一个指针，始终指向当前 A/D 转换值存入的单元，指针 Point 在环形队列中就叫做队尾指针。每次获得一个新

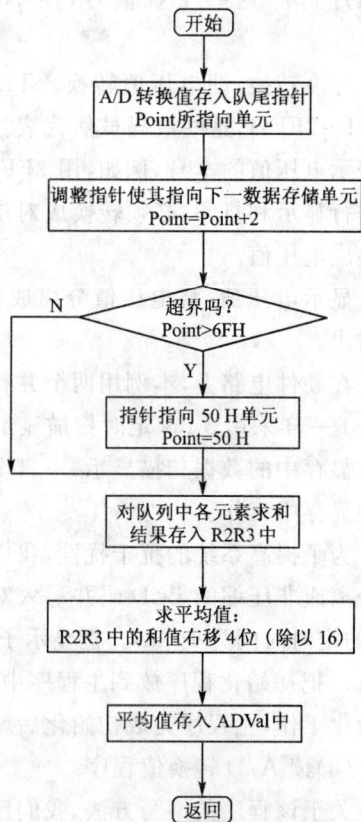

A/D 转换值后就将该值存放到 Point 所指向的单元,然后将 Point 的值加 2,使其指向下一个数据存放单元。很显然,当数据存放到 6EH、6FH 之后,存储区中最老的数据是 50H、51H 单元中存放的数据,下一个 A/D 转换值就应该存放到 50H、51H 中,也就是说,Point 加 2 之后,如果其值大于 6FH,则应该将 Point 的值调整为 50H。滑动平均值滤波的流程图如图 5-14 所示,其对应的程序代码详见 5.1.5 源程序代码中的 Filt 子程序。

(4)标度转换程序

ADC 输入端输入的是待测量的电压值 V_x,V_x 与 A/D 转换值之间为线性关系,其关系为

$$V_x = V_0 + (V_m - V_0)(N_x - N_0)/(N_m - N_0)$$

式中,V_0、N_0 分别为测量下限的电压值和 A/D 转换值;

V_m、N_m 分别为测量上限的电压值和 A/D 转换值;

V_x、N_x 分别为当前测量的电压值和 A/D 转换值;

本例中,$V_0 = 0$,$N_0 = 0$,$N_m = 3FFH$。

为了提高测量的精度,我们把电压值的单位取为 mV,因此 $V_m = 5000$ mV。

$$V_x = N_x \times 5000/3FFH (mV)。$$

由此可见,标度转换算法并不复杂,只需要编写双字节乘法、双字节除法程序就可以了。其程序代码详见 5.1.5 节中的 ADToVolt 子程序。

(5)双字节无符号数乘法程序

设被乘数在 R2R3 中,乘数在 R6R7 中,其中 R2、R6 中为高字节数,乘积在 R2R3R4R5 中,最高字节保存在 R2 中,由于双字节数 R2R3 可表示为 $R2 \times 2^8 + R3$,因此

$$R2R3 \times R6R7 = (R2 \times 2^8 + R3) \times (R6 \times 2^8 + R7)$$
$$= R2 \times R6 \times 2^{16} + (R2 \times R7 + R3 \times R6) \times 2^8 + R3 \times R7$$

用 RiRjH 表示 Ri×Rj 的高字节,RiRjL 表示 Ri×Rj 的低字节,上式用乘法算式列表表示如下:

		R2	R3
×)		R6	R7
		R3R7H	R3R7L
	R3R6H	R3R6L	
	R2R7H	R2R7L	
+)	R2R6H	R2R6H	
	R2	R3	R4	R5

式中 RiRjH、RiRjL 也称为部分积,按照上式列出的顺序,边乘边进行部分积的累加就可以计算出双字节无符号数的乘积。

双字节无符号数乘法程序详见源程序代码中 MULD 子程序。

(6) 双字节无符号数除法程序

由于两个双字节无符号数乘积为 4 字节数，所以双字节无符号数除法程序中，被除数为 4 字节数，除数为双字节数。设被除数在 R2R3R4R5 中，除数在 R6R7 中，其中 R2、R6 中为高字节数，除法运算如果不发生溢出，则置 OV 为 0，双字节的余数在 R4R5 中，商在 R2R3 中；如果发生溢出，则置 OV 为 1，不进行除法运算。

在下列两种情况下，除法运算发生溢出：①除数为 0，②被除数的高两位字节大于或等于除数，此时商值超过 16 位，不能用双字节表示。

在不发生溢出的情况下，除法程序的编写方法是，参照手算除法的方法，采取左移相减求商，步骤如下：

①在被除数中，从最高位开始向低位截取与除数位数相等的数位作为余数。

②将被除数的下一位左移到余数的后面。

③判断余数是否大于除数，若余数大，则该位商 1，并从余数中减去除数，差值作为新的余数。否则该位商 0，余数保持不变。

④重复②③步，直到余数为 0 或者商的位数足够为止。

在上述算法实现的过程中，关键问题是，要使商和被除数正确对位。其方法是在试减之前将商和被除数（实际上是余数和余下的被除数）都逻辑左移一位。为方便实现，一般是用被除数移位后的低位保存当前商位。

在双字节除法运算中，被除数为 32 位，除数为 16 位，R2R3 中的数就是步骤①中的余数，②、③步重复次数为 32−16＝16 次，每次循环时都是将 R2R3R4R5 左移一位，左移的结果是被除数余下位的最高位移到了余数（R2R3）的最后面，当前商位（R5 的最低位）为 0，然后用 R2R3−R6R7 判断余数与除数的大小，若 R2R3＞R6R7，则当前商位为 1，只需将 R5 加 1 即可，否则当前商位为 0，不需要调整当前商值。如此 16 次运算结束后，16 位的余数在 R2R3 中，16 位的商在 R4R5 中。双字节无符号数除法程序流程图如图 5-15 所示，其程序代码详见源程序代码中的 DIVD 子程序。

(7) 十六进制的电压值转换成非压缩的 BCD 码电压值程序

标度转换后的值为电压真实值，但它是 4 位十六进制数，还需要将它们转换成非压缩的 BCD 码，然后将各位数码写入到各数码管显存中进行显示。将十六进制电压值转换成非压缩 BCD 码电压值的子程序如源代码中的 DisVolt 子程序所示，该子程序首先是调用 HB2 子程序将 R6R7 中的十六进制数转换成压缩的 BCD 码，结果存放在 R3R4R5 中，然后用除法将各位 BCD 码中的个、十、百位分离出来再写入对应显存中。当然也可以采取下列方法来分离电压值的个、十、百、千位：

①求 $V_x/1000$ 的商 V_{10} 和余数 V_{20}，商 V_{10} 为千位值。

②求 $V_{20}/100$ 的商 V_{11} 和余数 V_{21}，商 V_{11} 为百位值。

③求 $V_{21}/10$ 的商 V_{12} 和余数 V_{22}，商 V_{12} 为十位值，余数 V_{22} 为个位值。

这种算法简单，但要多次使用除运算，效率低一些。

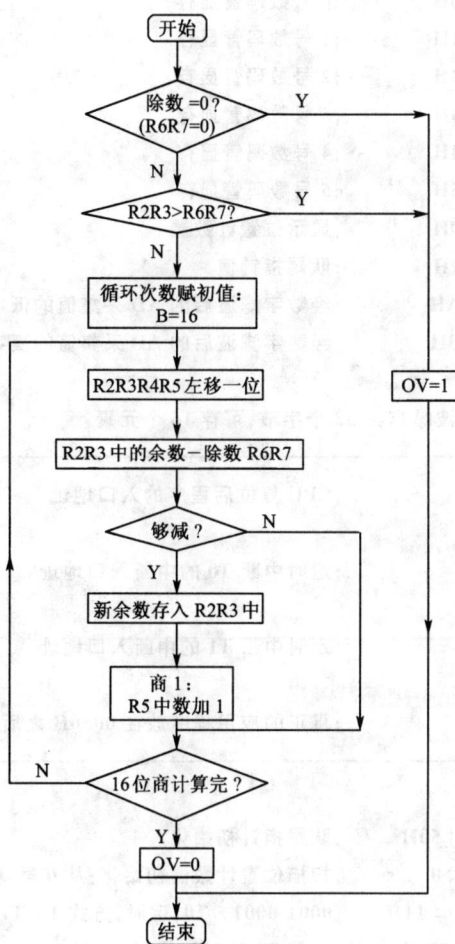

图 5-15　双字节无符号数除法程序流程图

5.1.5　源程序代码

本例的源程序代码如下：

```
;----------------------------------------------------------------------------------
;常数定义
DCount          EQU 6           ;数码管总数
;资源分配
PORT_S          EQU P1          ;段选口
PORT_B          EQU P2          ;位选口
Key_Port        EQU P3          ;键盘输入口
CLK             EQU P3.1        ;TLC1549 的串行时钟引脚
Dout            EQU P3.2        ;TLC1549 的串行数据输出脚
CS              EQU P3.3        ;TLC1549 的片选脚
DFISTADD        EQU 30H         ;显存首地址
```

```
DISBUF0      EQU 30H          ;0 号数码管显存
DISBUF1      EQU 31H          ;1 号数码管显存
DISBUF2      EQU 32H          ;2 号数码管显存
DISBUF3      EQU 33H          ;3 号数码管显存
DISBUF4      EQU 34H          ;4 号数码管显存
DISBUF5      EQU 35H          ;5 号数码管显存
Wcnt         EQU 40H          ;显示位置计数器
Point        EQU 49H          ;队尾指针值
ADValL       EQU 4AH          ;经数字滤波后的 AD 采集值的低字节
ADValH       EQU 4BH          ;经数字滤波后的 AD 采集值的高字节
;08h——1FH    堆栈区
;50H——6FH    数字滤波缓存共 32 个字节,可存 16 个元素
;----------------------------------------------------------------
ORG          0000H            ;CPU 复位后程序的入口地址
AJMP         INIT
ORG          000BH            ;定时中断 T0 的中断入口地址
AJMP         TIME0
ORG          001BH            ;定时中断 T1 的中断入口地址
AJMP         TIME1
ORG          0050H            ;真正的应用程序放在 0050H 之后
;----------------------------------------------------------------
INIT:
    MOV      Point,#50H       ;队尾指针初始化
    MOV      Wcnt,#0          ;扫描位置计数器初始化:从 0 号管开始
    MOV      TMOD,#11H        ;0001 0001   T0:定时,方式 1   T1:定时,方式 1
    MOV      TH0,#0D5H        ;设置 T0 计时初值:10 ms
    MOV      TL0,#9EH
    MOV      TH1,#0F4H        ;设置 T1 计时初值:约 3 ms
    MOV      TL1,#48H
    SETB     ET0              ;允许 T0 中断
    SETB     ET1              ;允许 T1 中断
    SETB     EA               ;开全局中断
    SETB     PT1              ;T1 中断采用高优先级
    SETB     TR0              ;启动定时器 T0
    SETB     TR1              ;启动定时器 T1
    MOV      DISBUF0,#0
    MOV      DISBUF1,#0
    MOV      DISBUF2,#0
    MOV      DISBUF3,#0
    MOV      DISBUF4,#0
    MOV      DISBUF5,#0
```

```
MAINE:
   ORL        PCON,＃01H
   SJMP       MAINE
```
;--

;定时/计数器 T0 中断服务程序(10 ms 定时扫描)
```
TIME0:
   MOV        TH0,＃0D5H      ;重置计数初值
   MOV        TL0,＃9EH
   LCALL      TLC1549         ;读一次 A/D 转换的结果,所读数据存放在 BA 中
   LCALL      FILT            ;对 A/D 转换值进行数字滤波,结果在 ADValH,ADValL 中
   LCALL      ADToVolt        ;将 ADValH,ADValL 中的 A/D 值转换成电压值,结果在 R4R5 中
   LCALL      DisVolt         ;将 R4R5 中的电压值转换成显示代码并写入显存中
   RETI
```
;--

;定时/计数器 T1 中断服务程序(3 ms 定时扫描显示)
```
TIME1:
   PUSH       ACC
   PUSH       B
   PUSH       DPH
   PUSH       DPL
   MOV        TH1,＃0F4H      ;重置计数初值
   MOV        TL1,＃48H
   LCALL      DISPLAY         ;显示输出
   POP        DPL
   POP        DPH
   POP        B
   POP        ACC
   RETI
```
;--

;数字滤波子程序:Filt
;功能:1. 将当前 A/D 采集值存入片内 RAM 由 16 个元素 32 个字节组成的环形队列中
;   环形队列的物理首地址:50H,物理尾地址:6FH
;   队尾指针:片内 RAM Point 单元
;   队列中的数据存放格式:低字节在低地址中
;   2. 对队列中数据采用滑动平均滤波并将滤波后的 A/D 值存入 ADVal 中
;入口:10 位的 A/D 采集值在 BA 中,B 中为高两位数据,A 中为低 8 位数据
;出口:滤波后的数据保存在片内 RAM 的 ADValH,ADValL 中
```
Filt:
   MOV        R0,Point        ;取队尾指针值
   MOV        @R0,A           ;当前 A/D 采集值存入队尾中
   INC        R0
   MOV        A,B             ;取高字节数
```

```
        MOV         @R0,A               ;保存高地址处
        MOV         A,Point             ;调整队尾指针值
        ADD         A,#2
        MOV         Point,A
        ADD         A,#90H              ;指针超界吗？90H:70H 的补码
        JNC         Filt1               ;没超界,转 Filt1
        MOV         Point,#50H          ;超界了,指向首址处
Filt1:
        MOV         R0,#50H             ;对队列中的数累加求和,结果存入 R2R3 中
        MOV         R2,#0               ;求和初始化
        MOV         R3,#0
        MOV         R7,#16
Filt2:
        MOV         A,@R0               ;取低字节数据
        ADD         A,R3                ;累加低字节数据
        MOV         R3,A
        INC         R0                  ;指向高字节数
        MOV         A,@R0               ;取高字节数
        ADDC        A,R2                ;累加高字节数
        MOV         R2,A
        INC         R0
        DJNZ        R7,Filt2            ;数据没加完,继续
        MOV         A,R3                ;求平均值,除以 16(右移 4 位)
        SWAP        A                   ;取低字节的高 4 位并移至低 4 位中
        ANL         A,#0FH
        MOV         R3,A
        MOV         A,R2                ;取高字节的低 4 位并与低字节的高 4 位拼成一个字节数存入
                                        ;ADValL 中
        ANL         ;A,#0FH
        SWAP        A
        ORL         A,R3
        MOV         ADValL,A
        MOV         A,R2                ;取高字节的高 4 位存入 ADValH 中
        SWAP        A
        ANL         A,#0FH
        MOV         ADValH,A
        RET
;--------------------------------------------------------------------------------
;显示电压子程序(DisVolt)
;入口:待显示的电压值(十六进制数)在 R4,R5 中
DisVolt:
        MOV         A,R5                ;十六进制数转换成 BCD 码,结果在 R3,R4,R5 中
```

```
    MOV       R7,A
    MOV       A,R4
    MOV       R6,A
    LCALL     HB2
    MOV       A,R5              ;将单字节的 BCD 码分离后写入显存中
    MOV       B,#10H
    DIV       AB
    MOV       DISBUF0,B
    MOV       DISBUF1,A
    MOV       A,R4
    MOV       B,#10H
    DIV       AB
    MOV       DISBUF2,B
    MOV       DISBUF3,A
    RET
```

; *
;TLC1549 应用子程序(从 TLC1549 中读取 A/D 转换结果)
;出口:转换后的 10 位二进制数在 BA 中,其中 B 中存放高两位数据,A 中存放低 8 位数据

```
TLC1549:
    CLR       CLK              ;时钟信号清 0
    NOP
    CLR       CS               ;选中 TLC1549
    MOV       R7,#2            ;准备接收高两位转换结果
    CLR       A
    LCALL     RDATA            ;接收转换结果
    MOV       B,A              ;高两位转换结果保存于 B 中
    MOV       R7,#8            ;准备接收低 8 位
    LCALL     RDATA            ;接收数据
    SETB      CS               ;片选信号无效,结束一次转换
    RET
RData:
    SETB      CLK              ;产生时钟上升沿
    MOV       C,Dout           ;接收一位数据并存入 C 中
    RLC       A                ;存入 A 中
    CLR       CLK              ;产生时钟下降沿
    DJNZ      R7,RDATA         ;数据没接收完则继续
    RET
```

;--
;A/D 值转换成电压值子程序(ADToVolt)
;转换公式:V=A/D 值 * 5000mV/3FFH,其中 5000mV 为参考电压
;入口:待转换的 A/D 值在 ADValH,ADValL 中
;出口:转换后的电压值在 R4R5(十六进制数,单位:毫伏)

```
ADToVolt：
    MOV         DPTR,＃5000          ;取量程常数并存入 R6,R7 中
    MOV         R6,DPH
    MOV         R7,DPL
    MOV         R2,ADValH           ;取 A/D 转换值并与量程常数相乘,结果在 R2～R5 中
    MOV         R3,ADValL
    LCALL       MULD                ;R2R3×R6R7→R2R3R4R5
    MOV         R6,＃03H             ;除以满偏电压 5V 时 A/D 采集值(3FFH)
    MOV         R7,＃0FFH
    LCALL       DIVD                ;R2R3R4R5÷R6R7,商在 R4R5 中,余数在 R2R3 中
    RET

;------------------------------------------------------------------------
;双字节二进制无符号数乘法子程序
;入口条件:被乘数在 R2R3 中,乘数在 R6R7 中。
;出口信息:乘积在 R2R3R4R5 中。
;资源影响:PSW,A,B,R2～R7
;堆栈需求:两个字节
MULD：
    MOV         A,R3                ;计算 R3 乘 R7
    MOV         B,R7
    MUL         AB
    MOV         R4,B                ;暂存部分积
    MOV         R5,A
    MOV         A,R3                ;计算 R3 乘 R6
    MOV         B,R6
    MUL         AB
    ADD         A,R4                ;累加部分积
    MOV         R4,A
    CLR         A
    ADDC        A,B
    MOV         R3,A
    MOV         A,R2                ;计算 R2 乘 R7
    MOV         B,R7
    MUL         AB
    ADD         A,R4                ;累加部分积
    MOV         R4,A
    MOV         A,R3
    ADDC        A,B
    MOV         R3,A
    CLR         A
    RLC         A
    XCH         A,R2                ;计算 R2 乘 R6
```

```
    MOV        B,R6
    MUL        AB
    ADD        A,R3                ;累加部分积
    MOV        R3,A
    MOV        A,R2
    ADDC       A,B
    MOV        R2,A
    RET
```

;--

;双字节二进制无符号数除法子程序

;入口条件:被除数在 R2R3R4R5 中,除数在 R6R7 中。

;出口信息:OV=0 时,双字节余数在 R2R3,商在 R4R5 中,OV=1 时溢出。

;资源影响:PSW,A,B,R1~R7

;堆栈需求:两个字节

```
DIVD:
    CLR        C                   ;比较被除数和除数
    MOV        A,R3
    SUBB       A,R7
    MOV        A,R2
    SUBB       A,R6
    JC         DVD1
    SETB       OV                  ;溢出
    RET
DVD1:
    MOV        B,#10H              ;计算双字节商
DVD2:
    CLR        C                   ;部分商和余数同时左移一位
    MOV        A,R5
    RLC        A
    MOV        R5,A
    MOV        A,R4
    RLC        A
    MOV        R4,A
    MOV        A,R3
    RLC        A
    MOV        R3,A
    XCH        A,R2
    RLC        A
    XCH        A,R2
    MOV        F0,C                ;保存溢出位
    CLR        C
    SUBB       A,R7                ;计算(R2R3-R6R7)
```

```
        MOV         R1,A
        MOV         A,R2
        SUBB        A,R6
        ANL         C,/F0            ;结果判断
        JC          DVD3
        MOV         R2,A             ;够减,存放新的余数
        MOV         A,R1
        MOV         R3,A
        INC         R5               ;商的低位置一
DVD3:
        DJNZ        B,DVD2           ;计算完十联位商(R4R5)
        RET
```

;--
;双字节十六进制整数转换成双字节 BCD 码整数子程序
;入口条件:待转换的双字节十六进制整数在 R6,R7 中。
;出口信息:转换后的三字节 BCD 码整数在 R3,R4,R5 中。
;资源影响:PSW,A,R2~R7
;堆栈需求:两个字节

```
HB2:
        CLR         A                ;BCD 码初始化
        MOV         R3,A
        MOV         R4,A
        MOV         R5,A
        MOV         R2,#10H          ;转换双字节十六进制整数
HB3:
        MOV         A,R7             ;从高端移出待转换数发一位到 C 中
        RLC         A
        MOV         R7,A
        MOV         A,R6
        RLC         A
        MOV         R6,A
        MOV         A,R5             ;BCD 码带进位自身相加
        ADDC        A,R5
        DA          A
        MOV         R5,A
        MOV         A,R4
        ADDC        A,R4
        DA          A
        MOV         R4,A
        MOV         A,R3
        ADDC        A,R3
        MOV         R3,A
        DJNZ        R2,HB3           ;处理完 16 位
```

```
    RET
;---------------------------------------------------------------------------------------
DISPLAY：
    MOV        PORT_S,＃0        ;消隐输出
    MOV        A,Wcnt            ;查表读取当前点亮数码管的控制码
    MOV        DPTR,＃DISCTRL
    MOVC       A,@A＋DPTR
    MOV        PORT_B,A          ;控制码送位选口
    MOV        A,＃DFISTADD      ;计算当前点亮数码管的显存地址
    ADD        A,Wcnt
    MOV        R0,A              ;指针指向当前点亮数码管的显存
    MOV        A,@R0             ;读显示代码
    MOV        DPTR,＃DISTAB      ;查表获得其笔型码
    MOVC       A,@A＋DPTR
    MOV        PORT_S,A          ;笔型码送段选口显示输出
    INC        Wcnt              ;显示位置计数加1
    MOV        A,Wcnt            ;超界处理
    MOV        B,＃DCount
    DIV        AB
    MOV        Wcnt,B
    RET
;---------------------------------------------------------------------------------------
DISCTRL：;显示位置控制码表
    DB         0FEH              ;0 号数码管显示
    DB         0FDH              ;1 号数码管显示
    DB         0FBH              ;2 号数码管显示
    DB         0F7H              ;3 号数码管显示
    DB         0EFH              ;4 号数码管显示
    DB         0DFH              ;5 号数码管显示
;---------------------------------------------------------------------------------------
DISTAB：;显示笔型码表
    DB         3FH               ;0 的笔型码    代码 0
    DB         06H               ;1 的笔型码    代码 1
    DB         5BH               ;2 的笔型码    代码 2
    DB         4FH               ;3 的笔型码    代码 3
    DB         66H               ;4 的笔型码    代码 4
    DB         6DH               ;5 的笔型码    代码 5
    DB         7DH               ;6 的笔型码    代码 6
    DB         07H               ;7 的笔型码    代码 7
    DB         7FH               ;8 的笔型码    代码 8
    DB         6FH               ;9 的笔型码    代码 9
    DB         00H               ;灭的笔型码    代码 10
;---------------------------------------------------------------------------------------
    END
```

5.1.6 应用总结

SPI 总线接口是一种常用的串行接口,SPI 总线接口芯片有很多种,目前已有带 SPI 接口的键盘、显示接口芯片、A/D 芯片、D/A 芯片、E^2PROM 芯片、看门狗芯片等等。单片机外围扩展完全可以选用全 SPI 总线接口芯片来实现。无 SPI 总线接口的单片机扩展 SPI 总线接口芯片时,在硬件连接上,可以用几根 I/O 线充当串行时钟线和数据输入/输出线以及片选线。在软件编程时要模拟芯片的操作时序。在研究芯片操作时序时要注意以下几点:

①数据线上数据位移动的先后顺序。

②在时钟信号的上升沿、下降沿时刻,数据线上对应的信号。

③一次读写操作所需时钟脉冲数。

④片选信号何时清 0,何时置 1。

这些因素决定了软件程序中何时发送/接收数据位、是采用左移还是右移方式发送/接收数据位、收/发周期数(循环次数)。

A/D 转换器是一种将模拟信号转换成数字信号的器件,ADC 的位数决定了转换的精度,实际应用中,要根据任务的要求适当地选用 ADC 的位数。在含有 A/D 转换的应用系统中,由于模拟量中有可能夹杂着各种干扰信号,应用软件中常采用数字滤波算法对 A/D 转换结果进行滤波处理。另外,A/D 转换值还要进行标度转换才能反映输入模拟量本身的值。

数字滤波有很多种算法,不同算法适合于不同场合。滑动平均值算法的设计思想是对最近 n 个 A/D 转换值取平均值,其实现方法是用环形队列存放 A/D 转换值,在环形队列中要用一个指针 Point 指向队尾元素,当前 A/D 值存放在队尾中以冲销队列中最老的数据,然后对队列中各数据元素求平均值,用平均值作为 A/D 转换使用值。

标度转换就是要将 A/D 转换值换算成被测物理量的实际值。实现标度转换需要弄清楚被测物理量与 A/D 转换值之间的函数关系式,然后依据函数关系式编程计算。

多字节无符号数的乘、除法运算是数值运算中常遇到的运算,其程序编写方法是仿手工运算步骤进行运算。

习 题

1.画出无 SPI 总线接口的单片机外部扩展 3 片带有标准 SPI 总线接口芯片的硬件电路图。

2.按照接口芯片的时钟序列,SPI 接口芯片有哪几类?试述其时序特点。

3.设某 SPI 总线接口芯片为 SCK 上升沿接收数据,其时钟线为 SCK、数据线为 DIO,写数据操作方式为高位在前,低位在后,请画出单片机将 A 中数据写入芯片中的流程图。

4. 设某 SPI 总线接口芯片的时钟线为 SCK、数据收发线为 DIO、时钟时序为下降沿接收数据,接收数据格式为高位在前,请画出单片机从此芯片中读取一个字节数据的流程图。

5. TLC1549 采用方式 2 传输数据,单片机对 TLC1549 的控制电路采用本例的硬件电路,试编写单片机从 TLC1549 中读取 A/D 转换结果的程序。

6. 试述滑动平均值滤波的设计思想和实现方法。

7. 某应用系统中需用滑动平均值算法对 A/D 转换值进行数字滤波,A/D 转换值为 8 位,参与平均值计算的 A/D 值为 16 个,环形队列的物理首地址为 40H,试编写其数字滤波程序。

8. 本例的滑动平均值滤波程序中,求平均值是采用右移的方法来实现的,并没有考虑四舍五入的问题,如果要考虑四舍五入,该如何实现,请修改滤波程序。

9. 本例中标度转换程序的作用是什么? 如何实现线性标度转换?

扩展实践

ADS7816 是带有 SPI 总线接口的 12 位 A/D 转换器,请查阅 ADS7816 的使用手册,用 ADS7816 替代本例中的 TLC1549 来设计一个数字电压表。试设计硬件电路,编写出软件程序。

5.2 非电量数据采集

5.2.1 实例功能

单片机的 $f_{osc} = 11.0592$ MHz,用 P3.0 口线作单总线,控制单总线接口芯片 DS18B20,用 P1、P2 两个并行口控制 3 个数码管显示,P1 口作段选口,P2 口作位选口,定时/计数器 T1 作扫描定时器,使 3 个数码管扫描显示不超过 99℃ 的环境温度,其中 0 号数码管为温度值的个位显示管,1 号数码管为温度的十位显示管,2 号数码管为温度的符号显示管。温度为正时,符号位不显示,温度为负时,显示负号"—"。

5.2.2 相关知识

完成本例所需要的知识主要有单总线接口、具有单总线接口的数字化温度传感器 DS18B20 等。

1. 单总线接口

单总线(One-Wire Bus)是美国 Dallas 公司推出的外围串行扩展总线。它只需要一根数据线就可以实现主控器与从控器之间的数据通信。由于只占用单片机或 PC 机的一根 I/O 线,目前被广泛地应用于控制系统中。

（1）单总线接口的特点

单总线通信属于串行通信的范畴，但与传统的串行通信相比，单总线接口具有以下特点：

①用单根信号线传输时钟信号和数据信号，而且数据传输是双向的。接口部件一般只有一个数据线引脚、一个电源引脚和一个接地引脚。

②每一个单总线接口部件都有一个全球唯一的 ID 标识码，该 ID 标识码用于主控器对单总线接口部件的寻址。单总线的数据线上可以挂接多个单总线接口部件，不需要为每一个单总线接口部件增设片选信号线。

③当系统中只有一个从控设备时，系统可按单节点系统操作，当系统中有多个从控设备时，系统则按多节点系统操作。

④在进行数据通信时，主控器和从控器都可以向信号线发送数据，总线上的电平是两者发送数据在信号线上相"与"后的结果，当且仅当主控器和从控器均为高电平时，总线上的电平才为高电平。单总线系统要求总线空闲时，数据线保持高电平。

⑤在单总线系统中，接入系统的主控器和从控器至少有一方是通过一个漏极开路或三态端口连接至总线上，以允许设备在不发送数据时能够释放总线。

⑥单总线通常要求外接一个 4.7 kΩ～10 kΩ 的上拉电阻，以便使总线闲置时总线状态为高电平。

⑦主控器和从控器进行数据通信时，必须严格按照单总线通信协议所规定的时序要求来工作。

（2）单总线通信协议

单总线协议中定义了复位信号（初始化信号）、应答信号、写 0 信号、写 1 信号和读信号等几种基本的信号类型。这些基本的信号是用总线上高电平或者低电平持续时间的长短来表示的，所有单总线命令序列和数据序列都是由这些基本的信号类型组合而成的。在这些信号中，除应答信号是由从控机发出的以外，其他信号都是由主控器发出的，并且所有发送的命令和数据都是字节低位在前、字节高位在后。

单总线系统进行数据通信时，一般要经历通信启动和数据读写两个阶段。通信启动阶段主要完成设备的联络工作，每一次数据通信都是从通信启动阶段开始的。主控器在总线上发送复位信号就开始了数据通信，系统就进入了通信启动阶段。通信启动阶段的时序图如图 5-16 所示。

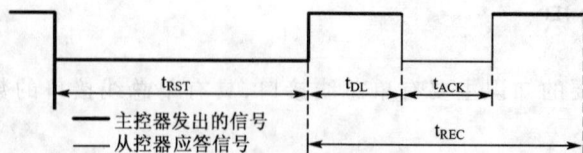

图 5-16　通信启动阶段时序图

通信启动阶段的通信过程如下：

①主控器产生复位脉冲。复位脉冲为低电平有效，宽度 t_{RST} 为 480 μs～960 μs。

②主控器产生一个由低电平到高电平的上升沿，主控器释放总线并进入接收模式阶

段，接收模式阶段持续时间 t_{REC} 为 480 μs～960 μs。

③从控器在主控器产生由低到高的上升沿后，再经过 t_{DL} 时间（15 $\mu s \leqslant t_{DL} \leqslant 60$ μs）后就向总线上发出一个应答脉冲,应答脉冲为低电平有效,宽度 t_{ACK} 为 60 μs～240 μs。

④主控器在 t_{ACK} 时间段内如果监测到总线上有应答脉冲,则表示有单总线器件在线,通信启动成功,再过 $t_{REC} - t_{DL} - t_{ACK}$ 时间后就可以进入数据读写阶段,否则通信启动失败,不可进入数据读写阶段。

数据读写阶段所完成的工作是,主控器向从控器发布命令、向从控器写入数据和读取从控器中的数据。无论是向从控器发布命令还是向从控器写入数据,其实质是写数。主控器写一位数据的时序图如图 5-17 所示。每写一位数据,主控器首先要在总线上产生一个由高到低的负跳变以启动写,低电平持续时间为 t_{WR},t_{WR} 时间后,主控器产生高电平以释放总线,从控器在主控器发出由高到低的启动写信号,15 μs～60 μs 时间内采样总线上的信号,若在这段时间内总线上的信号为高电平,则从控器自动写入 1,若在这段时间内总线上的信号为低电平,则从控器自动写入 0。因此,若主控器在拉低总线 15 μs 之内释放总线（即 $t_{WR} < 15$ μs）,则向从控器写入 1;若主控器拉低总线后能保持至少 60 μs 的低电平（即 $t_{WR} \geqslant 60$ μs）,则向从控器写入 0。一位写时序时间 t_{WRC} 至少需要 60 μs,一位数据写后,总线上还需保持 $t_{REC} \geqslant 1$ μs 的高电平,以便从控器准备接收下一位数据。

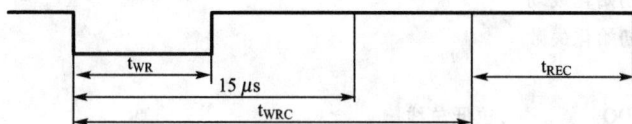

图 5-17 写一位数据的时序图

主控器读取从控器中的数据是按照读时序来操作的。每读取一位数据的时序如图 5-18 所示,一位读时序持续时间 t_{RDC} 为 $t_{RDC} \geqslant 60$ μs。主控器每读取一位数据时,首先通过总线向从控器发送一个启动读脉冲,启动脉冲为低电平有效,宽度 t_{RD} 要求大于 1 μs。从控器在主控器发送由高到低的负跳变后,过 15 μs 就将内部数据位传输到数据线上。因此,为了保证接收数据的正确性,主控器必须在从控器向总线发送数据之前释放总线,也就是启动脉冲宽度 t_{RD} 必须满足关系式:1 $\mu s < t_{RD} < 15$ μs。一位读时序结束后,总线上还必须保持 $t_{REC} \geqslant 1$ μs 的高电平,以便从控器准备发送下一位数据。

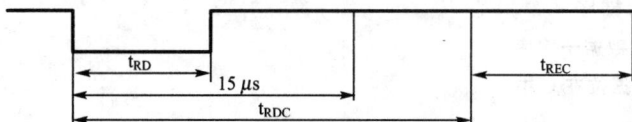

图 5-18 读一位数据的时序图

（3）单总线软件包

根据单总线通信协议,数据通信包括设备联络、写数、读数三方面的操作,各种操作的流程图如图 5-19 所示。设单片机系统的晶振频率为 12 MHz,单总线的数据线为 DQ,各操作的程序如下:

①设备联络程序

也叫初始化单总线设备程序，其程序如下：

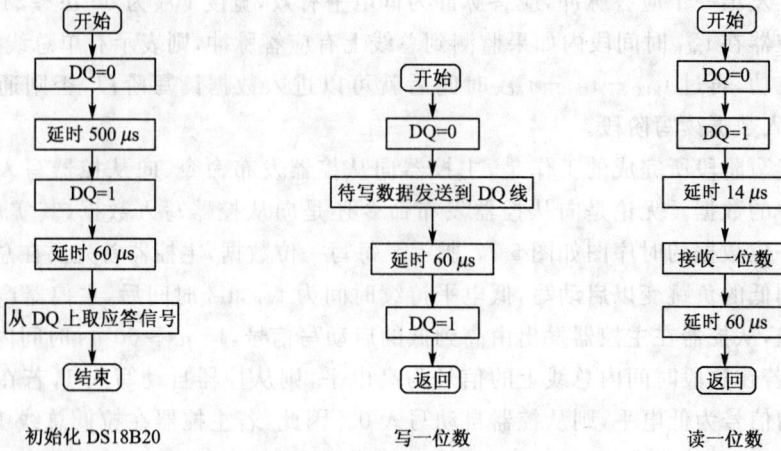

图 5-19 单总线操作流程图

```
;初始化子程序(INIT_OW)
;出口： C＝0,初始化成功
;       C＝1,初始化失败
INIT_OW:
    CLR         DQ          ;拉低总线
    MOV         R6,＃250     ;延时500 μs(复位脉冲宽度为480 μs～960 μs)
    DJNZ        R6,$
    SETB        DQ          ;释放总线
    MOV         R6,＃30      ;延时60 μs,等待应答信号
    DJNZ        R6,$
    MOV         C,DQ        ;读取应答信号
    MOV         R6,＃220     ;延时440 μs,等待通信启动周期结束
    DJNZ        R6,$
    RET
```

②写一位数据程序

```
;WRBIT:写一位数据子程序
;入口:待写入数据位在C中
WRBIT:
    MOV         R6,＃30      ;延时计数赋值30(延时60 μs)
    CLR         DQ          ;拉低总线,启动写
    NOP                     ;延时2 μs
    NOP
    MOV         DQ,C        ;待写数据传送至总线上(写0或写1)
    DJNZ        R6,$        ;延时60 μs
    SETB        DQ          ;释放总线
```

NOP

RET

③读一位数据数据程序

;读一位数据子程序(RDBIT)

;出口:所读入的数据位在 C 中

RDBIT:

CLR	**DQ**	;拉低总线,启动读
NOP		;延时 2 μs
NOP		
SETB	**DQ**	;释放总线
MOV	**R6,♯7**	;再延时 14 μs,等待从控器发送数据
DJNZ	**R6,$**	
MOV	**C,DQ**	;读总线上的数据位至 C 中
MOV	**R6,♯23**	;再延时 46 μs,等待读时序结束以及读恢复结束
DJNZ	**R6,$**	
RET		

2. DS18B20 芯片

DS18B20 是 Dallas 公司生产的具有单总线接口的数字化温度传感器,其测温范围为 −55 ℃～+125 ℃,具有 0.5、0.25、0.125 和 0.0625 4 种温度转换精度,可以编程选择其测温转换精度,其最长温度转换时间为 750 ms,温度读数为 16 位补码数据,具有非易失性的上下限温度报警设定功能,用户可以编程设定温度报警的上、下限值。目前广泛地应用于空调、恒温控制器等家用电器中以及其他温度报警系统中。

(1)引脚功能

DS18B20 具有 3 引脚的 TO-92 和 8 引脚 SOIC 两种封装形式,各封装形式下的引脚分布如图 5-20 所示,其引脚功能如表 5-3 所示。

表 5- 3　　　　DS18B20 引脚功能

引脚	功能
NC	空引脚,不与任何电路相接
GND	接地脚
DQ	数据输入/输出脚
V_{DD}	可选的供电电源引脚

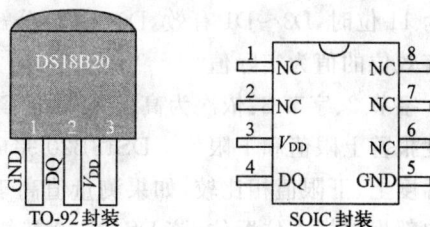

图 5-20　DS18B20 引脚分布图

(2)接口电路

DS18B20 的供电可以由 DQ 引脚供电,也可以采用 V_{DD} 引脚供电。实际应用中,一般是采用 V_{DD} 引脚供电,采用 V_{DD} 引脚供电时,DS18B20 与单片机的接口电路如图5- 21 所示。

图中,单片机用一根 I/O 口线作单总线,DS18B20 的 V_{DD} 引脚接+3 V～+5 V 的外部电源,GND 引脚接地,DQ 引脚接单总线。必须特别注意的是,在接口电路中,单总线上必须接有一个 4.7 kΩ～10 kΩ 的上拉电阻,以保证总线空闲时,总线呈高电平状态。

另外,由于单片机的 I/O 口驱动能力有限,单总线上挂接的 DS18B20 不能超过 8 个,否则需要对总线进行驱动。除此以外,总线上的分布电容也会使信号发生畸变,使用普通电缆时,传输长度不能超过 50 m,如果使用双绞线传输,传输长度可达到 150 m。

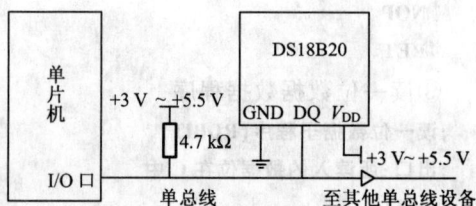

图 5-21　DS18B20 与单片机的接口电路图

(3)内部结构

DS18B20 的内部主要由 64 位光刻 ROM、高速缓存 RAM、E^2PROM 存储器、温度传感器、单总线接口、存储与控制逻辑、寄生电源等几部分组成。从编程的角度来说,用户所需要掌握的是其内部存储组织结构和各类访问命令。其存储组织结构包括 64 位光刻 ROM、高速缓存 RAM、E^2PROM 存储器。

①64 位光刻 ROM:只读不能写,用来保存芯片的 ROM 序列号,即 ID 标识码。共 8 个字节,64 位。

②高速缓存 RAM:共 9 个字节,用来存放各类数据。各字节的作用如下:

字节 0、字节 1:存放当前 16 位温度转换结果,字节 1 为高字节,字节 0 为低字节。其数据为 16 位补码形式,格式如下:

D15	D14	D13	D12	D11	D10	D9	D8	D7	D6	D5	D4	D3	D2	D1	D0
S	S	S	S	S	2^6	2^5	2^4	2^3	2^2	2^1	2^0	2^{-1}	2^{-2}	2^{-3}	2^{-4}

字节1的内容　　　　　　　　　　字节0的内容

各位的含义如下:

D15～D11:共 5 位,符号位 S,用来表示温度值的正负。S=0:温度值为正。

D10～D4:共 7 位,温度值的整数位。

D3～D0:共 4 位,温度值的小数位。这 4 位并非在所有分辨率下均有效,分辨率为 9 位时,D3(2^{-1}位)有效,D2～D0 无效;分辨率为 10 位时,D3、D2 有效,D1、D0 无效;分辨率为 11 位时,D3～D1 有效,D0 无效;分辨率为 12 位时,D3～D0 均有效。无效位的值为 0,有效位的值为实际值。

字节 2、字节 3:依次为高温触发器 TH 和低温触发器 TL,用来临时存放用户设定的温度报警上限值和下限值。DS18B20 完成温度转换后,就会将温度测量值与这两个字节中温度上、下限值相比较,如果测量值高于 TH 中的值或者低于 TL 中的值,就会自动地将内部报警标志位置位,该 DS18B20 就能够对随后单片机发出的第一个报警搜索命令作出响应,否则就不会对报警搜索命令作出响应。

字节 4:配置寄存器,用来临时存放用户设定的配置数据。配置寄存器的结构如下:

D7	D6	D5	D4	D3	D2	D1	D0
0	R1	R0	1	1	1	1	1

其中,R1、R0 为温度转换精度选择控制位,它们的取值组合与分辨率的关系如表 5-4 所示。

表 5-4　　　　　　　R1R0 的取值组合与分辨率的关系

R1	R0	分辨率	转换精度	最大转换时间
0	0	9 位	0.5 ℃	93.75 ms
0	1	10 位	0.25 ℃	187.5 ms
1	0	11 位	0.125 ℃	375 ms
1	1	12 位	0.0625 ℃	750 ms

字节 5～字节 7:保留字节。

字节 8:CRC 校验字节,其内容为便笺式 RAM 前 8 个字节内容的冗余循环校验值。

③E^2PROM 存储器:共 3 个字节,分别与高速缓存 RAM 的字节 2(TH)、字节 3(TL)、字节 4(配置寄存器)相对应,用来保存用户对 DS18B20 的设定值。注意,单片机读写温度触发数据或配置数据时,是对高速缓存 RAM 中的对应字节进行读写。复制高速缓存 RAM 命令 48H 是将 RAM 中这 3 个字节的内容保存到 E^2PROM 中,复制这 3 个字节数据时必须在 DS18B20 复位之前一次性地复制完毕,否则本次复制数据全部无效。每次上电复位时 DS18B20 都会用 E^2PROM 中的内容分别对这 3 个字节进行刷新。

(4)访问命令

DS18B20 的访问命令包括 ROM 命令和存储控制命令两类。其中 ROM 命令主要用于后续访问操作的定位。各 ROM 命令的代码及其功能说明如表 5-5 所示,各存储控制命令的代码及其用法如表 5-6 所示。

表 5-5　　　　　　　　　　DS18B20 的 ROM 命令表

命令	代码	用法说明
读 ROM	33H	读取 64 位光刻 ROM 的内容。用于单总线上只挂接了一个 DS18B20 的场合。
匹配 ROM	55H	该命令发布后,要紧随发送 64 位光刻 ROM 序列号,之后只有与该序列号相匹配的 DS18B20 才对后续的存储控制命令作出响应。用于单总线上挂接有多 DS18B20 时,对某个 DS18B20 进行寻址。
跳过 ROM	CCH	忽略 64 位的 ROM 序列号的匹配而直接访问单总线上的 DS18B20。适用于单总线系统中只有一个 DS18B20 的场合。
搜索 ROM	F0H	获取单总线上各 DS18B20 的 64 位光刻 ROM 序列号。
报警搜索	ECH	搜索处于温度报警状态的 DS18B20 的 ROM 代码。该命令发布后,只有最后一次温度测量时,测量值超过报警温度的上、下限的 DS18B20 才对此命令作响应。

表 5-6　　　　　　　　　　DS18B20 的存储控制命令

命令	代码	用法说明
温度转换	44H	启动 DS18B20 进行温度转换。DS18B20 温度转换结束后会自动地将结果存入内部高速缓存 RAM 的字节 0、字节 1 中。在该命令之后接着发布读一位时序可以检测温度转换工作是否完成,若温度转换尚没结束,则所读数位值为 0,否则所读数位值为 1。
写高速缓存 RAM	4EH	命令后要紧随 1—3 个字节的待写入的数据。用于将数据依次写入高速缓存 RAM 中的高温触发寄存器 TH 中、低温触发寄存器 TL 中、配置寄存器中。在 DS18B20 复位之前,这 3 个字节数据必须全部写完。
读高速缓存 RAM	BEH	命令执行后,DS18B20 会依次将高速缓存 RAM 中的字节 0 至字节 8 的内容发送到单总线上。如果不必读取 9 个字节中的数据,可以通过发布复位命令(即初始化 DS18B20)来中止后续数据的传输工作。

（续表）

命 令	代码	用法说明
复制高速缓存 RAM	48H	将高速缓存 RAM 中字节 2 至字节 4 的内容复制到片内 E^2PROM 中。在该命令之后接着发布读一位时序可以检测复制工作是否完成，若复制工作尚没完成，则所读得的数位值为 0，否则所读得的数位值为 1。
读 E^2PROM	B8H	将片内 E^2PROM 的内容对应地复制到高速缓存 RAM 的字节 2 至字节 4 中。上电时，DS18B20 会自动用 E^2PROM 的内容刷新高速缓存 RAM 的字节 2 至字节 4。
读电源供电方式	B4H	该命令发布后，接着发布读一位时序，则所读得的数据位为 DS18B20 的供电方式值。0：寄生供电方式；1：外部供电电源。

（5）单片机访问 DS18B20 的方法

通过单总线访问 DS18B20 按以下步骤进行：

①初始化 DS18B20：通过单总线发送一个不少于 480 μs 的低电平。其作用是确定系统中是否有 DS18B20 存在。

②发布 ROM 命令：发布 5 个 ROM 命令中的某一个 ROM 命令。其主要作用是对器件寻址。

③发布存储控制命令。

④被定位的 DS18B20 执行处理或者主控器与被定位的 DS18B20 之间交换数据。

必须强调的是，在发布存储控制命令之前，必须先发布 ROM 命令，仅当 DS18B20 成功地执行了某个 ROM 命令后，并且确定了自己是被访问对象之后，该 DS18B20 才对后续的存储控制命令作出响应。

5.2.3　搭建硬件电路

根据实例的功能要求，本例的硬件电路如图 5-22 所示。

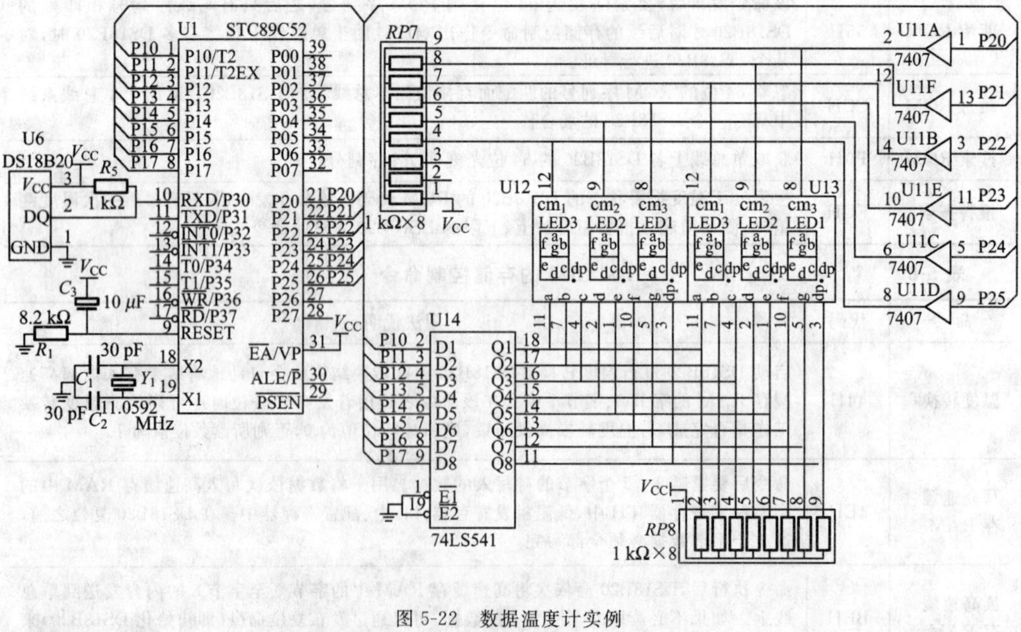

图 5-22　数据温度计实例

图中,DS18B20(U6)的 DQ 线挂接在单片机的 P3.0 口线上,P3.0 口线充当单总线,总线上接有上接电阻 R_5。电路中的显示接口部分与实例 3-1 相似。

在 MFSC-2 实验平台上,用 8 芯扁平数据线将 J4 与 J8 相接(其中 J4 的 P30 脚对应 J8 的 1 脚),将 J6 与 J12 相接(其中 J6 的 P20 脚对应 J12 的 C1 脚),将 J3 与 J15 相接(其中 J3 的 P10 脚对应 J15 的 D0 脚),就构成了上述电路。

5.2.4　编写软件程序

本例的流程图如图 5-23 所示。系统程序包括获取温度转换值、取 8 位带符号的整数温度值、温度数据显示预处理、数据扫描显示等几部分。其中数据扫描显示放在 3 ms 定时中断服务程序中,其他模块放在主程序中。

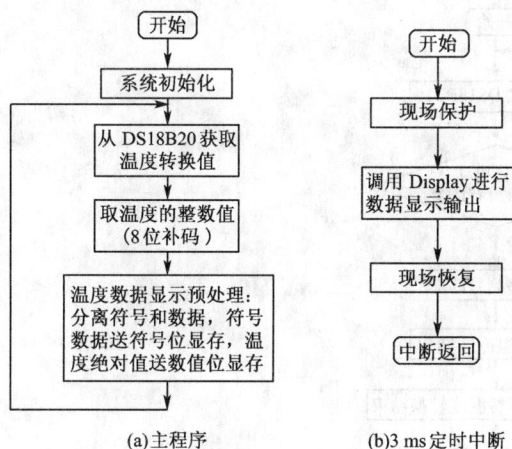

图 5-23　实例 5-2 系统流程图

1. 从 DS18B20 中获取温度转换值

其流程图如图 5-24 所示,单片机从 DS18B20 中获取一次温度转换值时,需要向 DS18B20 发布两次存储控制命令,第一次是发布命令 44H,启动温度转换;第二次是发布命令 BEH,读取高速缓存 RAM。每次发布存储控制命令之前,必须先初始化 DS18B20,以便单片机与 DS18B20 之间建立起通信联络。初始化完成后才能发布 ROM 命令,用于芯片寻址,最后是发布存储控制命令。所以,在流程图中有两次初始化 DS18B20 操作。另外,本例中只有一片 DS18B20,不必进行 ROM 序列号的匹配操作,我们选用了跳过序列号匹配 ROM 命令,加快器件寻址。

DS18B20 的最长的温度转换时间为 750 ms,启动温度转换后再过 750 ms 读转换结果,可确保读温度转换结果之前,温度转换已经结束。所以,在程序中插入了 750 ms 延时等待程序。

2. 取 8 位补码形式的整数温度值

温度转换值是 16 位的补码数,D3~D0 位为小数位,D15~D11 位为符号位,D10~D4 位为补码数值位。从这 16 位数据中截取其 D11~D4 位就可以得到 8 位补码形式的整数温度值。从 16 位温度转换值中获取 8 位补码形式的整数温度值的方法是,将温度转换值右移 4 位,然后取低字节数。当然这种方式处理并没有考虑四舍五入的问题。如果要考虑四舍五入,就应该判断温度转换值的 D3 位是否为 1,若为 1,则将 8 位整数温度值加 1。本例中不考虑四舍五入问题。取温度的整数值程序代码详见 5.2.5 源程序代码中子程序 TVal。

3. 温度数据显示预处理

其流程图如图 5-25 所示。8 位补码形式的整数温度值是带符号的十六进制数,还不能直接用于显示,必须分离出符号值,并求出温度的绝对值。求温度的绝对值的算法比较简单,首先判断符号位的值,符号位为 1,该数为负数,则将该数连同符号位一起按位取反再加 1(即末位加 1),就得到负数的绝对值;符号为 0,该数为正数,则不作变换处理。温度数据显示预处理程序代码详见 5.2.5 源程序代码中子程序 DisTem。

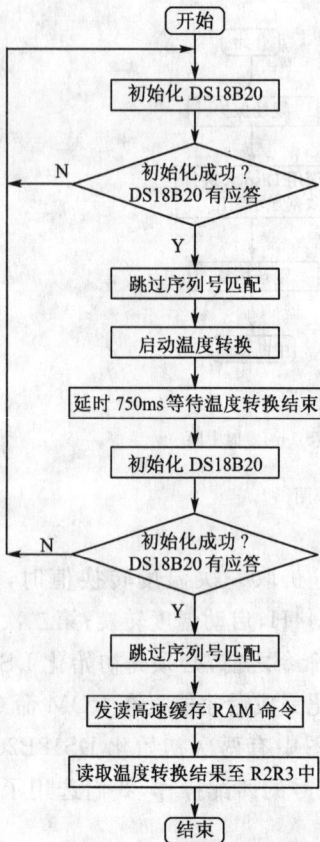

图 5-24   获取温度转换值流程图   图 5-25   显示预处理流程图

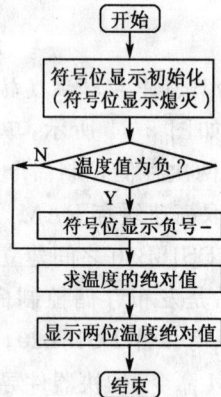

4. 数据显示处理

本例的数据显示程序仍采用实例 3-1 中的显示程序。但是,本例中只用了 3 位数码管显示数据,所以在常数定义中,DCount 要定义为 3,另外,本例中要显示负号"—",其显示笔型码为 40H,将该笔型码加在显示笔型码表的最后面,它在码表中的位置是第 11 个元素,其显示代码为 11。

5.2.5　源程序代码

本例的源程序代码如下：

```
;-------------------------------------------------------------------------------
;实例 5-2 非电量数据采集(数字温度计)实例
;-------------------------------------------------------------------------------
;数据定义
DCount      EQU       3           ;数码管总数为 3
PORT_S      EQU       P1          ;段选口
PORT_B      EQU       P2          ;位选口
Key_Port    EQU       P3          ;键盘输入口
DFISTADD    EQU       30H         ;显存首地址
DISBUF0     EQU       30H         ;0 号数码管显存
DISBUF1     EQU       31H         ;1 号数码管显存
DISBUF2     EQU       32H         ;2 号数码管显存
Wcnt        EQU       40H         ;显示位置计数器
DQ          EQU       P3.0        ;DS18B20 的数据线
;-------------------------------------------------------------------------------
    ORG       0000H               ;CPU 复位后程序的入口地址
    AJMP      INIT
    ORG       001BH               ;定时中断 T1 的入口地址
    AJMP      TIME1
    ORG       0050H               ;真正的应用程序放在 0050H 之后
;-------------------------------------------------------------------------------
INIT:
    MOV       SP,#5FH             ;定义堆栈区:60H 以后的区域
    MOV       Wcnt,#0             ;扫描位置计数器初始化:从 0 号管开始
    MOV       TMOD,#11H           ;0001 0001  T0:定时,方式 1  T1:定时,方式 1
    MOV       TH1,#0F4H           ;设置 T1 计时初值:约 3 ms
    MOV       TL1,#48H
    SETB      ET1                 ;允许 T1 中断
    SETB      EA                  ;开全局中断
    SETB      TR1                 ;启动定时器 T1
    MOV       DISBUF0,#10         ;各数码管显存初始化:全熄灭
    MOV       DISBUF1,#10         ;10:熄灭的显示代码
    MOV       DISBUF2,#10
MAIN:
    LCALL     INIT_DS18B20        ;初始化 DS18B20
    JC        MAIN                ;初始化失败(C=1),则转 MAIN
    MOV       A,#0CCH             ;发 CCH 的 ROM 命令,跳过序列号匹配
    LCALL     WRBYTE
```

```
        MOV       A,#44H            ;发 44H 的存储控制命令:启动温度转换
        LCALL     WRBYTE
        LCALL     DELAY             ;延时 750 ms,等待温度转换结束(温度转换的最长时间为 750 ms)
        LCALL     DELAY
        LCALL     DELAY
        LCALL     INIT_DS18B20      ;初始化 DS18B20
        JC        MAIN              ;初始化失败(C=1),则转 MAIN
        MOV       A,#0CCH           ;发 CCH 的存储控制命令,启动温度转换
        LCALL     WRBYTE
        MOV       A,#0BEH           ;发 BEH 的存储控制命令:读高速缓存 RAM
        LCALL     WRBYTE
        LCALL     RDBYTE            ;读 RAM 中字节 0(转换结果的低字节数)至 R3 中
        MOV       R3,A
        LCALL     RDBYTE            ;读 RAM 中字节 1(转换结果的高字节数)至 R2 中
        MOV       R2,A
        LCALL     TVal              ;从温度转换值中获取 8 位补码的整数温度值至 A 中(R2R3 右移 4 位)
        LCALL     DisTem            ;温度值显示预处理:符号数据送符号位显存,数值数据送数值位显存
MAINE:
        SJMP      MAIN
;--------------------------------------------------------------------------------
;定时中断 T1 服务程序
TIME1:
        PUSH      ACC               ;现场保护
        PUSH      B
        PUSH      DPH
        PUSH      DPL
        MOV       TH1,#0F4H         ;重置计数初值
        MOV       TL1,#48H
        LCALL     DISPLAY           ;显示输出
        POP       DPL               ;现场恢复
        POP       DPH
        POP       B
        POP       ACC
        RETI
;--------------------------------------------------------------------------------
;初始化 DS18B20 子程序
INIT_DS18B20:
        CLR       DQ                ;DQ 线产生 500 μs 的低电平(复位脉冲)
        MOV       R6,#250
        DJNZ      R6,$
        SETB      DQ                ;DQ 线置高电平
        MOV       R6,#30            ;等待应答(等待时间:15 μs~60 μs)
```

```
    DJNZ      R6,$
    MOV       C,DQ            ;读取应答信号
    MOV       R6,#220         ;DQ 线再产生 440 μs 的高电平
    DJNZ      R6,$
    RET
;-------------------------------------------------------------
;WRBIT:写一位子程序
;入口:待写入位在 C 中
WRBIT:
    MOV       R6,#30          ;延时计数赋值 30(延时 60 μs)
    CLR       DQ              ;拉低总线,启动写
    NOP                       ;延时 2 μs
    NOP
    MOV       DQ,C            ;待写数据传送至总线上(写 0 或写 1)
    DJNZ      R6,$            ;延时 60 μs
    SETB      DQ              ;释放总线
    NOP
    RET
;-------------------------------------------------------------
;RDBIT:读一位子程序
;出口:所读入的位在 C 中
RDBIT:
    CLR       DQ
    NOP
    SETB      DQ
    MOV       R6,#7
    DJNZ      R6,$
    MOV       C,DQ
    MOV       R6,#30
    DJNZ      R6,$
    RET
;-------------------------------------------------------------
;WRBYTE:写一个字节子程序
;入口:待写入的数据在 A 中
WRBYTE:
    MOV       R7,#8
WRB:
    RRC       A
    LCALL     WRBIT
    DJNZ      R7,WRB
    RET
;-------------------------------------------------------------
```

```
;RDBYTE:读一个字节子程序
;出口:所读入的数据在 A 中
RDBYTE:
    MOV         R7,#8
RDB:
    LCALL       RDBIT
    RRC         A
    DJNZ        R7,RDB
    RET
DELAY:
    MOV         R6,#250
DL1:    MOV R7,#250
DL2:    NOP
    NOP
    DJNZ        R7,DL2
    DJNZ        R6,DL1
    RET
```

;---

```
;子程序 TVal:从 16 位温度转换值中获取 8 位补码形式的整数温度值
;入口:16 位温度转换值在 R2R3 中
;出口:8 位补码形式的整数温度值在 A 中
TVal:
    MOV         A,R3            ;取 R3 中的高 4 位(温度值的 D3~D0 位)
    SWAP        A
    ANL         A,#0FH
    MOV         R3,A            ;暂存于 R3 中
    MOV         A,R2            ;取 R2 中的低 4 位(温度值的 D6D5D4 及符号位)
    ANL         A,#0FH
    SWAP        A
    ORL         A,R3            ;拼凑成一个字节的整数温度值
    RET
```

;---

```
;子程序 DisTem:从 8 位补码整数温度值中分离出符号和数值并将符号显示
;代码和十个位数码分别送符号位、十位、个位显存中
;入口:8 位补码形式的整数温度值在 A 中
DisTem:
    MOV         DISBUF2,#10     ;符号位显示初始化:熄灭
    JNB         ACC.7,POST      ;温度值为正,转 POST 作数值显示处理
    CPL         A               ;为负,则求补得其绝对值
    INC         A
    MOV         DISBUF2,#11     ;符号位显示负号
POST:
```

```
    MOV       B,＃10H         ;用除法分离个位和十位数
    DIV       AB
    MOV       DISBUF1,B       ;十位数送十位显存
    MOV       DISBUF0,A       ;个位数送个位显存
    RET
;--------------------------------------------------------------------------------
DISPLAY:
    MOV       PORT_S,＃0       ;消隐输出
    MOV       A,Wcnt          ;查表读取当前点亮数码管的控制码
    MOV       DPTR,＃DISCTRL
    MOVC      A,@A+DPTR
    MOV       PORT_B,A        ;控制码送位选口
    MOV       A,＃DFISTADD     ;计算当前点亮数码管的显存地址
    ADD       A,Wcnt
    MOV       R0,A            ;指针指向当前点亮数码管的显存
    MOV       A,@R0           ;读显示代码
    MOV       DPTR,＃DISTAB    ;查表获得其笔型码
    MOVC      A,@A+DPTR
    MOV       PORT_S,A        ;笔型码送段选口显示输出
    INC       Wcnt            ;显示位置计数加 1
    MOV       A,Wcnt          ;超界处理
    MOV       B,＃DCount
    DIV       AB
    MOV       Wcnt,B
    RET
;--------------------------------------------------------------------------------
DISCTRL:  ;显示位置控制码表
    DB        0FEH            ;0 号数码管显示
    DB        0FDH            ;1 号数码管显示
    DB        0FBH            ;2 号数码管显示
    DB        0F7H            ;3 号数码管显示
    DB        0EFH            ;4 号数码管显示
    DB        0DFH            ;5 号数码管显示
;--------------------------------------------------------------------------------
DISTAB:;显示笔型码表
    DB        3FH             ;0 的笔型码   代码 0
    DB        06H             ;1 的笔型码   代码 1
    DB        5BH             ;2 的笔型码   代码 2
    DB        4FH             ;3 的笔型码   代码 3
    DB        66H             ;4 的笔型码   代码 4
    DB        6DH             ;5 的笔型码   代码 5
    DB        7DH             ;6 的笔型码   代码 6
```

DB	07H	;7 的笔型码　代码 7
DB	7FH	;8 的笔型码　代码 8
DB	6FH	;9 的笔型码　代码 9
DB	00H	;灭的笔型码　代码 10
DB	40H	;负号的笔型码　代码 11

;--

END

5.2.6　应用总结

单总线接口是单片机应用系统中常用的一种总线接口,单片机片外扩展单总线接口芯片时,在硬件电路上一般是用一根 I/O 线充当单总线,将单总线接口芯片的数据输入/输出线挂接在单总线上,总线上还要接一个 $4.7\ k\Omega \sim 10\ k\Omega$ 的上拉电阻。在软件设计上需要模拟单总线的操作时序。单总线的操作时序比较特殊,其基本信号有复位信号、应答信号、写 0 信号、写 1 信号几种。这些信号是用总线上高低电平持续时间的长短来表示的,所以必须特别注意单总线上何时出现高、低电平,此时的高、低电平所代表的含义是什么。

DS18B20 是一种带有单总线接口的集成温度传感器,其内部存储组织包括光刻 ROM、高速缓存 RAM、E^2PROM。光刻 ROM 用来保存芯片的 ID 号,E^2PROM 用来保存用户的设定值,单片机读写 DS18B20 时,访问的是高速缓存 RAM。

访问 DS18B20 的命令包括 ROM 命令和存储控制命令,每次访问 DS18B20 时都必须先初始化芯片,在初始化成功后向芯片发布 ROM 命令,用于器件的寻址。然后发布存储控制命令,让 DS18B20 执行某种操作或者与单片机交换数据。

对一个补码数求绝对值的方法是,判断数的正负,如果是负数,则连同符号位一起按位取反,末位加一。如果是正数,则不作变换。

习　题

1. 单片机用 P1.0 口线作单总线,总线上需挂接两片 DS18B20,试画出其硬件电路图。

2. 画出单片机初始化单总线接口芯片的时序图,简述其通信过程。

3. 画出单总线协议中写一位数据的时序图,简述其含义。

4. 画出单总线协议中读一位数据的时序图,简述其含义。

5. 设单片机的 $f_{osc}=6$ MHz,单总线接口芯片的数据线为 DQ,请编写下列程序:
① 初始化单总线设备。
② 写一位数据(待写数据在 C 中)。
③ 从单总线设备中读取一个字节数据到 A 中。

6. 简述单片机访问 DS18B20 的方法。

7. 画出单片机从 DS18B20 中读取温度转换数据的流程图。

8. 设 R2、R3 中分别存放的是用户设定的高温报警值和低温报警值,编程实现将 R2、R3 中的数据写入 DS18B20 的 E^2PROM 高低温触发器中的程序,要求画出流程图并编写程序代码。

9. 设 R2R3 中存放的是 16 位补码数,R2 的最高位为符号位,编程实现:求 16 位带符号数的绝对值,其结果保存在 R2R3 中。

扩展实践

1. 用两个定时中断实现实例 5-2 中的系统程序,其中一个定时器定时周期为 3 ms,用于数码管扫描显示控制,另一个定时器定时周期为 10 ms,系统的其他各功能模块均放在 10 ms 定时中断服务中。

2. 单片机的 $f_{osc} = 11.0592$ MHz,用 P1.0 口线作单总线,外接单总线接口芯片 DS18B20,用 P0、P2 两个并行口控制 5 个数码管显示,P0 口作段选口,P2 口作位选口,定时/计数器 T1 作扫描定时器,使 5 个数码管扫描显示当前的环境温度,各数码管的显示数据是,0 号数码管作小数位的显示,1 号管作个位显示,2 号管作十位显示,3 号管作百位显示,4 号管作符号位显示。温度为正时,符号位不显示,温度为负时,显示负号"—"。试设计硬件电路、编写软件程序,并在 MFSC-2 实验平台上检查你所设计的结果。

项目6　数字钟的设计与开发

6.1　设计要求

用 6 位数码管和 3 只发光二极管分屏显示当前的时间和日期以及调整的时间和日期;用 SPI 总线的实时时钟接口芯片 HT1380 作实时时钟,记录当前的日期和时间;用 8 个按键开关作键盘,用来切换显示状态和调整时间和日期。6 位数码管在各状态下的显示内容如表 6-1 所示,3 只发光二极管指示的内容如表 6-2 所示,8 个按键的安排如表 6-3 所示。

表 6-1　数码管的显示内容

数码管编号	5	4	3	2	1	0
设定/显示日期时	年十位	年个位	月十位	月个位	日十位	日个位
设定/显示时间时	灭	星期	时十位	时个位	分十位	分个位

表 6-2　发光二极管的指示内容

发光二极管的编号	D0	D1	D2
显示内容	闪烁指示秒的走时	正常显示/设定状态指示	日期/时间类型指示

表 6-3　按键的安排

键号	S7	S6	S5	S4	S3	S2	S1	S0
功能	显示/设定	日期	时间	右移	左移	加	减	确定

3 只发光二极管指示含义如下:

D0:秒走时指示。数码管显示时间或者日期时,以 1 Hz 的频率闪烁。其中,亮灭的时间均为 0.5 s;系统进行日期或者时间设定时,D0 熄灭。

D1:数码管显示状态指示。设定时间或者日期时,D1 亮。显示时间或者日期时,D1 熄灭。

D2:显示数据类型指示。显示时间或者设定时间时,D2 熄灭。显示日期或者设定日期时,D2 亮。

8 个按键的操作方式如下:

(1)上电时,系统显示当前时间,6 个数码管静态显示。S5(时间)、S4(右移)、S3(左移)、S2(加)、S1(减)、S0(确定)为无效键。按这些键系统无反应。S7、S6 为有效键。

①按 S6(日期)键:系统显示当前时间。

②按 S7(显示/设定)键:系统进入设定状态,以当前时间为基准进行显示,且时间冻结(无走时显示),0 号数码管闪烁显示,指示当前数据调整的位置。

(2)系统显示当前日期时,6 个数码管静态显示。S6(日期)、S4(右移)、S3(左移)、S2(加)、S1(减)五键无效,S0(确定)、S5(时间)、S7(显示/设定)三键为有效键。其中,S0(确定)与 S5(时间)的功能相同。

①按 S0(确定)或者 S5(时间)键:系统显示当前时间。

②按 S7(显示/设定)键:系统进入设定时间态。

(3)设定时间时,6 个数码管中有 5 个数码管静态显示,1 个数码管闪烁显示。闪显数码管指示当前数据调整位置。刚进入设定时间态时,数码管显示的是当前时间,以后如果不按任何键,则各数码管中显示数据不变。设定时间时,S5(时间)键无效,其他 7 个键为有效键。

①按 S0(确定)键:系统会将当前数码管上显示的设定值保存下来,并以此时间为基础进行走时显示。

②按 S1(减)键:闪显数码管的显示值作 9～0 的循环减 1。如果当前闪显值为 0,则按 S1 后闪显位的值变为 9。

③按 S2(加)键:闪显数码管的显示值作 0～9 的循环加 1。如果当前闪显值为 9,则按 S2 后闪显位的值变为 0。

④按 S3(左移)键:闪显位置左移一位。如果当前闪显位为最高位(5 号数码管闪显),则按 S3 后,闪显位置保持不变。

⑤按 S4(右移)键:闪显位置右移一位。如果当前闪显位为最低位(0 号数码管闪显),则按 S4 后,闪显位置保持不变。

⑥按 S6(日期)键:当前设定值丢弃,系统转入日期设定,显示日期设定的初始值。

⑦按 S7(显示/设定)键:当前设定值丢弃,系统转入时间显示,显示当前时间。

设定日期时,6 个数码管中有 5 个数码管静态显示,1 个数码管闪烁显示。闪显数码管指示当前数据调整位置。刚进入设定时间态时,数码管显示的是当前日期,且最低位数码管闪烁显示,以后如果不按任何键,则各数码管中显示数据不变。设定日期时,S6(日期)键无效,其他 7 个键为有效键。

按 S0(确定)键:系统会将当前数码管上显示的设定值作为设定日期值保存下来,以后的日期将以此次设定的日期为基础计算。日期数据保存后,系统自动进行走时显示。

按 S1、S2、S3、S4、S7 的操作与设定时间时的操作相同。

按 S5(时间)键:当前设定值丢弃,系统转入时间设定状态。

6.2 实时时钟芯片 HT1380

HT1380 是 HOLTEK(和泰)公司生产的具有 SPI 总线接口的低功耗串行实时时钟芯片,空载时最大工作电流为 1.2 μA,具有时钟(时、分、秒)和日历(年、月、日、星期)功能。能自动调整闰年和每月的天数,具有 12 小时制和 24 小时制两种计时模式和单字节数据读写和多字节数据成批读写两种访问方式。芯片内设有时钟控制功能和写保护功能,可以通过编程控制 HT1380 内部振荡器的启停和数据写保护,芯片所需时钟独立于微处理器,外接 32.768 kHz 晶振就可以工作。

6.2.1 HT1380 的引脚功能

HT1380 采用 DIP8 封装形式封装,其引脚分布如图 6-1 所示。各引脚的功能及其用法如下:

①脚(NC):空引脚。

②脚(X1):内部振荡器输入脚。

③脚(X2):内部振荡器输出脚。

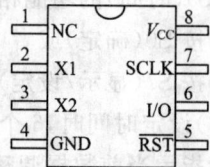

图 6-1　HT1380 引脚分布图

HT1380 片内集成有高增益的自激振荡放大电路,②、③脚为该放大电路的输入、输出引脚,②、③脚间外接 32.768 kHz 晶振,就可以产生频率为 32.768 kHz 的时钟信号。

④脚(GND):接地引脚。

⑤脚($\overline{\text{RST}}$):复位引脚。当 $\overline{\text{RST}}=0$ 时,芯片复位,单片机对 HT1380 所建立的控制逻辑无效,所有数据传送终止。当 $\overline{\text{RST}}=1$ 时,所建立的控制逻辑有效。只有 $\overline{\text{RST}}=1$ 时,才可对 HT1380 进行读、写或测试操作。

⑥脚(I/O):数据输入/输出引脚。

⑦脚(SCLK):串行时钟输入脚。

HT1380 为时钟上升沿接收数据(单片机写数),下降沿发送数据(单片机读数)器件。SCLK 上升沿对 HT1380 所写的数据位有效,SCLK 下降沿期间,从 HT1380 中所读的数据位有效。

⑧脚(V_{CC}):电源引脚。

6.2.2 单片机与 HT1380 的接口电路

对于无标准的 SPI 总线接口的 MCS-51 单片机而言,扩展 HT1380 时一般是用三根 I/O 口线分别作为串行时钟线、数据线和复位控制线。其接口电路如图 6-2 所示。

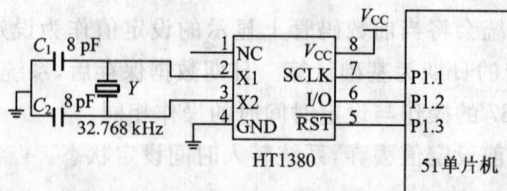

图 6-2　单片机与 HT1380 的接口电路图

图中,C_1、C_2、Y 及 X_1、X_2 内部的振荡器组成了 HT1380 的时钟发生电路。C_1、C_2 为 5 pF ~ 8 pF 的小电容,起稳频和加速起振的作用。

6.2.3　HT1380 的访问控制

1. 数据寄存器

HT1380 内部设有 8 个 8 位数据寄存器,用来保存年、月、日、星期、时、分、秒等时间数据和写保护数据。其中,年、月、日、时、分、秒等时间数据均以 BCD 码格式存放,这些寄存器的地址及其内部数据格式如表 6-4 所示。

表 6-4　　　　　　　　　　　数据寄存器的地址及其数据格式

寄存器名	地址 $A_2A_1A_0$	数据范围(BCD 码)	寄存器定义							
			D7	D6	D5	D4	D3	D2	D1	D0
秒	000	00~59	CH	秒十位			秒个位			
分	001	00~59	分十位			分个位				
小时	010	01~12	12/24	0	AP	HR	小时个位			
		00~23		0	HR					
日期	011	01~31	日十位			日个位				
月	100	01~12	月十位			月个位				
星期	101	01~07	0000			星期				
年	110	00~99	年十位			年个位				
写保护	111	00~80	WP	通常为 0						

表中,秒寄存器的 D7(CH)位为时钟停止控制位,用于控制振荡器的工作。CH=0:振荡器工作,CH=1:禁止振荡器工作(停振)。

小时寄存器的 D7(12/24)位为 12 小时/24 小时计时模式标志位。D7=1:采用 12 小时模式计时,D7=0:采用 24 小时模式计时;D5(AP)位为 AM/PM 标志,AP=1:下午(PM),AP=0:上午(AM)。

写保护寄存器的 D7(WP)位为写保护控制位,WP=0:数据寄存器允许写,WP=1:数据寄存器禁止写(写保护)。

2. 访问命令

在访问 HT1380 时,首先要用一个命令字节指定 CPU 对 HT1380 的访问方式(单字节读写或多字节成批读写)、访问数据寄存器的地址、对 HT1380 的操作模式(是读还是写或者是测试),以便 HT1380 内部寻址和内部操作;然后是在串行时钟(SCLK)的驱动下,在数据总线(I/O 线)上发送(写时)或接收(读时)数据。命令字节的格式如下:

D7	D6	D5	D4	D3	D2	D1	D0
1	0	D5	D4	A2	A1	A0	R/$\overline{\text{W}}$

各位的含义如下:

D7D6 位:固定为 10。

D5 位:访问方式位。D5=0:单字节访问,D5=1:多字节成批访问。

D4 位:操作模式选择位。仅当 D5=0 时有效。D5=1 时,D4 固定为 1。D5=0 时,D4=1:测试模式(此模式供 HOLTEK 公司测试芯片用,一般用户不用此模式),D4=0:

普通单字节读写模式。

A2A1A0 位：访问数据寄存器的地址。仅在单字节读写方式下有效，用来指示 CPU 要访问单元的地址；在多字节成批读写模式下此三位全为 1；在测试模式下，此三位可为任意值。

R/$\overline{W}$ 位：读写方式选择位。R/$\overline{W}$=1：读 HT1380 中的数据寄存器，R/$\overline{W}$=0：将数据写入 HT1380 中。在测试模式下此位为 1。

一般用户在使用 HT1380 时常用的操作（不含测试操作）命令共 18 种，这些命令的代码及其功能如表 6-5 所示。

表 6-5　　　　　　　　　　　　HT1380 的常用命令表

命令	功能	命令	功能	命令	功能
80H	写秒寄存器	86H	写日期寄存器	8CH	写年寄存器
81H	读秒寄存器	87H	读日期寄存器	8DH	读年寄存器
82H	写分寄存器	88H	写月寄存器	8EH	写写保护寄存器
83H	读分寄存器	89H	读月寄存器	8FH	读写保护寄存器
84H	写小时寄存器	8AH	写星期寄存器	BEH	数据寄存器成批写
85H	读小时寄存器	8BH	读星期寄存器	BFH	数据寄存器成批读

3. 访问方法

通常情况下，应用 HT1380 主要涉及三个方面：初始化 HT1380，从 HT1380 中读取时间数据并显示（读 HT1380），调整设置 HT1380 中的时间数据（写 HT1380）。

(1) 数据写

包括向 HT1380 中写入命令字节数据和向数据寄存器写入数据，两者操作完全相同。不过，在向数据寄存器写数前必须先写命令字节数据，再写数据寄存器，以便 HT1380 内部寄存器寻址。数据写入是在时钟脉冲驱动下完成的，在 SCLK 上升沿期间，所写数据位有效，写数据是从低位开始的。因此，在编程时，应先将待写数据位放在数据总线上，再产生时钟的上升沿。其流程图如图 6-3 所示。

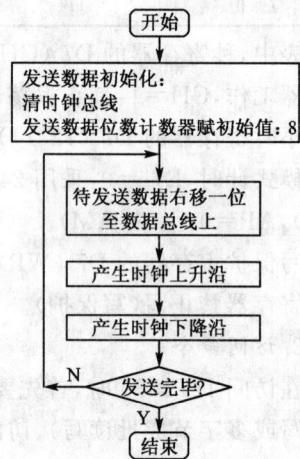

图 6-3　数据写程序流程图

为了方便读者引用，现给出端口定义如下：

;端口定义

```
SCLK    BIT    P1.1    ;时钟控制总线
IOData  BIT    P1.2    ;数据传送总线
RST     BIT    P1.3    ;复位总线
```

写子程序代码如下：

;子程序 Write：向 HT1380 中写入一个字节的数据

;入口：A 中为待写入的数据

```
;出口:无
;资源影响:A,PSW
;堆栈需求:2 个字节
Write:
        CLR     SCLK        ;清时钟总线
        NOP
        MOV     R7,#08H     ;发送位数计数器赋初始值 8
WR1:
        RRC     A           ;将最低位传送给进位位 C
        MOV     IOData,C    ;位传送至数据总线
        NOP
        SETB    SCLK        ;产生时钟上升沿
        NOP
        CLR     SCLK        ;产生时钟下降沿
        DJNZ    R7,WR1      ;8 位数据传送完毕吗? 没有,则转 WR1 继续
        RET
```

(2)从 HT1380 中读取数据

读数据也是在时钟脉冲驱动下完成的,在 SCLK 下降沿期间,读数据有效,读数据也是从低位开始的。必须指出的是,从 HT1380 中读取数据之前必须先向 HT1380 写入命令字节数据,以便 HT1380 内部寄存器寻址,命令字节数据写完后,紧接着的 SCLK 的下降沿所要接收的数据的最低位(D0 位)有效。因此,在编程时,应先产生时钟的下降沿,然后从数据总线上读取所要接收的数据位。读数据的流程图如图 6-4 所示。读程序代码如下:

```
;子程序(Read):从 HT1380 中读取单字节数据
;出口:A 中为所读出的数据
;资源影响:A,PSW
;堆栈需求:2 个字节
Read:
        CLR     A           ;清累加器
        CLR     C           ;清进位位 C
        MOV     R7,#08H     ;接收位数计数器赋初始值 8
RD1:
        NOP
        MOV     C,IOData     ;数据总线上的数据传送给 C
        RRC     A           ;从最低位接收数据
        SETB    SCLK        ;产生时钟上升沿
        NOP
        CLR     SCLK        ;产生时钟下降沿
```

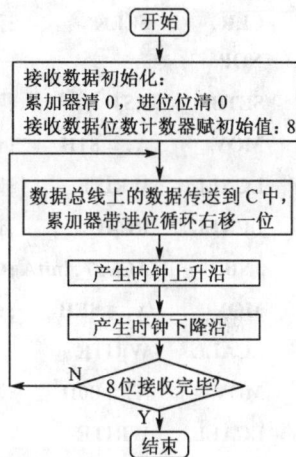

图 6-4 读数据程序流程图

```
        DJNZ      R7,RD1        ;8 位数据接收完毕吗？没有,则转 RD1 继续
RET
```

（3）初始化 HT1380

其主要任务是启动 HT1380 内部振荡器。
HT1380 的秒寄存器（地址为 00H）的 D7 位为 CH
位,CH＝1 时,振荡器停止工作。因此,要使
HT1380 正常工作,除了外接晶振正常外,还必须
在初次上电时将 CH 位清 0。另外,为了防止数据
误写入,HT1380 内设了数据写保护,数据写入前
必须先禁止写保护,以后数据才可以写入。综合上
述,初始化 HT1380 的流程图如图 6-5 所示。初始
化代码如下：

```
开始
  │
读秒寄存器的内容至累加器 A 中
  │
 CH=0? ──Y──>
  │N
向写保护寄存器写入数据 00H
解除写保护
  │
向秒寄存器写入命令 00H
启动振荡
  │
向写保护寄存器写入命令 80H
启动写保护
  │
结束
```

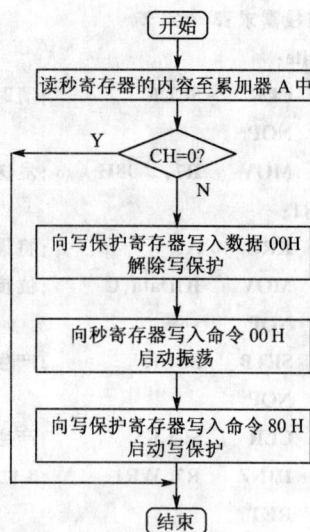

图 6-5　初始化程序流程图

```
;子程序(Init1380):初始化 HT1380
Init1380:
        CLR       RST       ;终止数据传送,控制逻辑失效;
        NOP
        CLR       SCLK      ;清时钟总线
        NOP
        SETB      RST       ;控制逻辑生效
        MOV       A,＃81H    ;命令为 81H,读秒寄存器
        LCALL     WRITE     ;写命令字节
        LCALL     READ      ;读数据
        JNB       ACC.7,InitA ;CH＝0 吗？ 是,转 InitA 结束,不是,则继续
        MOV       A,＃8EH    ;命令字节数据为 8EH,写写保护寄存器
        LCALL     WRITE
        MOV       A,＃00H    ;写保护寄存器写入数据 00H,禁止写保护
        LCALL     WRITE
        MOV       A,＃80H    ;命令字节数据为 80H,写秒寄存器
        LCALL     WRITE
        MOV       A,＃00H    ;秒寄存器写入数据 00H,启动内部振荡器
        LCALL     WRITE
        MOV       A,＃8EH    ;命令字节数据为 8EH,写写保护寄存器
        LCALL     WRITE
        MOV       A,＃80H    ;写保护寄存器写入数据 80H,启动写保护
        LCALL     WRITE
InitA:
        NOP
        CLR       RST       ;终止数据传送,控制逻辑失效
        RET
```

6.3　硬件电路设计

按照设计要求,我们选用实时时钟芯片 HT1380,由 HT1380 负责走时记录和闰年调整。单片机选用 STC89C52,用单片机的 P2.1、P2.2、P2.3 三根口线作为 HT1380 串行时钟线、数据线和复位控制线,控制 HT1380 与单片机进行数据通信。用 P2.5、P2.6、P2.7 三根口线控制 3 只发光二极管。单片机的 P0 口作为键盘口,外接 8 只按键开关。P1、P3 口作为数据显示口,控制 6 只数码管的显示。其中,P1 口作为数码管的段选口,P3 口作为数码管的位选口。本例的硬件电路如图 6-6 所示。

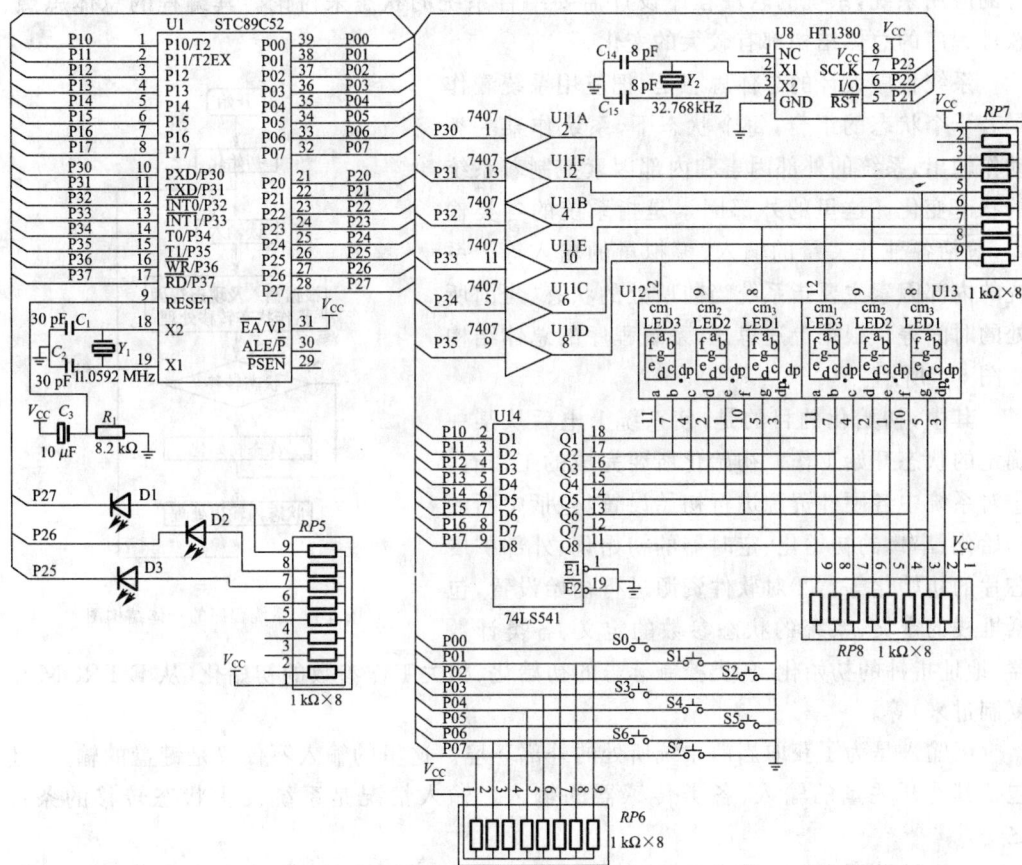

图 6-6　数字钟硬件电路图

在 MFSC-2 实验平台上,用 8 芯扁平数据线将 J6 与 J8 相接(其中 J6 的 P20 脚对应 J8 的 10 脚),将 J6-1 与 J9 相接(其中 J6-1 的 P20 脚对应 J9 的 8 脚),将 J5 与 J10 相接(其中 J5 的 P00 脚对应 J10 的 S0 脚),将 J4 与 J12 相接(其中 J4 的 P30 脚对应 J12 的 C1 脚),将 J3 与 J15 相接(其中 J3 的 P10 脚对应 J15 的 D0 脚),就构成了上述电路。

6.4　软件程序设计

6.4.1　系统程序的总体结构

在前面的各子项目介绍的实例中,应用系统只有一个状态,编写系统的软件程序时,不必考虑系统的状态因素。本例中,系统的状态有多个,不同的状态下,系统的输出(显示的内容和含义)不同,各按键的功能也不相同。例如,显示时间时,按 S7 键,系统显示设定时间,在设定时间或设定日期时,按 S7 键,则显示当前时间。像这样包含有多个状态的应用系统,系统的软件程序设计需要结合系统的状态来讨论。其编程的总体思想、软件程序的总体结构都有较大的变化。

系统程序设计的总体思想是,把应用系统看作是若干个状态的组合,每个状态下,系统作某一类动作输出,系统的外部因素和内部因素控制着系统的状态变化。这里的外部因素是指系统的各类输入,包括各种开关量的输入、模拟量的输入等。系统的内部因素主要指系统当前所处的状态、当前所处的时间等。根据上述思想,系统程序的总体结构如图 6-7 所示。

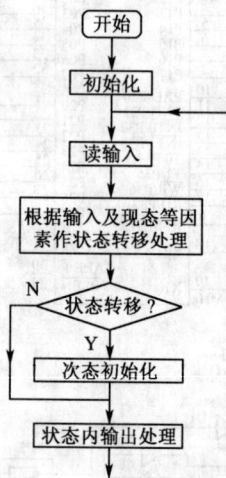

图 6-7　系统程序的总体结构图

其中,初始化的目的是,使系统上电后从某一确定的状态开始工作。初始化所要完成的工作有,①对系统中各硬件资源进行初始设置,包括中断的初始化、串口的初始化、定时器的初始化、外部扩展芯片的初始化等。②对软件资源进行初始设置,包括堆栈的定义、系统的状态参数的定义、各类计数器、地址指针的初始化、各类控制标志的初始化、相关工作参数的初始化(从 E^2PROM 中复制过来)等。

读输入是为了获取当前系统所处的外部环境。这里的输入不仅仅是键盘的输入,还包括其他开关量的输入、各类传感器的输入。输入情况是系统发生状态转移的条件之一。

状态转移处理主要是对系统当前所处的环境,包括输入状况、当前的状态(现态)、当前的时间等,进行分析判断,决定系统的状态是否发生转移、转移到哪一个状态中去。有些系统的状态与时间密切相关,例如打铃计时器等,系统当前所处的时间也是状态转移的一个因素。状态转移处理是系统程序设计的关键,这部分程序起着监视系统的状态、控制程序的运行的作用。工程上常把这部分程序叫做监控程序。

如果状态不发生变化,就作本状态内的数据变换、数据输出处理。

如果状态发生变化,则系统转入下一状态(次态)。在进入次态之前还需要作一些准备工作,便于系统进入次态后以此为基准开始工作。这些准备工作就是次态的初始化。

次态初始化所要完成的工作是,相关地址指针的初始化,相关计数器的初始化,相关标志位、状态参数的初始化,相关存储区的初始化以及相关输出状态的初始化等。

实例编程时,可以把循环体部分放在定时中断服务程序中,用定时中断实现循环体的循环执行,将初始化部分放在主程序中,主程序完成了初始化后,就置 CPU 睡眠,这样有利于提高系统的抗干扰性。本例的程序就是采用这种结构。

另外,当系统中含有键盘时,键盘的输入是读输入的一部分,键盘的解释处理是状态转移处理的一部分,因此,有时也将读输入与状态转移处理这两部分合在一起编写。

本例中,系统的输入只有按键输入,系统发生状态转移的原因是按键的操作。因此系统程序由初始化、键盘处理、状态内的输出处理这几部分组成。

6.4.2　状态分析

1. 系统的状态

状态分析的一般原则是,根据系统所要完成的动作,将系统划分成若干个状态,保证每个状态下,系统都做同一类动作。实际划分状态时,一般是根据输出执行机构所处的状态将系统分成若干个状态。按照这一原则,本例可划分为如表 6-6 所示的 4 个状态。

表 6-6　　　　　　　　　　　系统的状态表

状态名称	输出执行机构的动作
显示时间	数码管静态地显示当前时间,D0 闪烁显示,D1、D2 熄灭。
显示日期	数码管静态地显示当前日期,D0 闪烁显示,D1 熄灭,D2 亮。
调整时间	数码管显示调整时间值,其中一位为闪显,D0、D2 熄灭,D1 亮。
调整日期	数码管显示调整日期值,其中一位为闪显,D0、D1 熄灭,D2 亮。

2. 状态编码

计算机只能识别和处理二进制数,因此,规划好的状态必须用二进制代码来表示。用二进制代码表示系统状态的过程就叫做状态编码。和按键编码一样,状态编码可以采用顺序编码,也可以采用特征编码。顺序编码有利于用散转程序实现按状态转移,当系统的状态数比较多时,常采用顺序编码。特征编码有利于用条件判断实现按状态转移,当系统的状态数不多时,采用特征编码可方便程序的编写。本例中,系统的状态数为 4个,我们采用特征编码方案。用 SetDis 位表示设定/显示态,SetDis＝0:显示态,SetDis＝1:设定态。用 DatTim 位表示显示数据类型,DatTim＝0:时间,DatTim＝1:日期。系统的状态编码如表 6-7 所示。

表 6-7　　　　　　　　　　　状态编码表

状态	编码(SetDis DatTim)	状态	编码(SetDis DatTim)
显示时间	0　　0	设定时间	1　　0
显示日期	0　　1	设定日期	1　　1

6.4.3　状态转移

1. 状态转移表

将系统的当前状态(现态)、转移条件、转移的下一状态(次态),列成一张表,就构成了系统的状态转移表,状态转移表用来指导我们编写系统的监控程序。本例中,系统的状态变化的条件是按键操作,其状态转移表如表 6-8 所示。

表 6-8　　　　　　　　　　　　　系统的状态转移表

现态	条件	次态	说明
显示当前时间态 (00)	按显示/设定键	显示设定时间(10)	
	按日期键	显示当前日期(01)	
	按时间键	显示当前时间(00)	按键无效,状态不变
	按左移键	显示当前时间(00)	按键无效,状态不变
	按右移键	显示当前时间(00)	按键无效,状态不变
	按加键	显示当前时间(00)	按键无效,状态不变
	按减键	显示当前时间(00)	按键无效,状态不变
	按确定键	显示当前时间(00)	按键无效,状态不变
显示当前日期态 (01)	按显示/设定键	显示设定时间(10)	
	按日期键	显示当前日期(01)	按键无效,状态不变
	按时间键	显示当前时间(00)	
	按左移键	显示当前日期(01)	按键无效,状态不变
	按右移键	显示当前日期(01)	按键无效,状态不变
	按加键	显示当前日期(01)	按键无效,状态不变
	按减键	显示当前日期(01)	按键无效,状态不变
	按确定键	显示当前时间(00)	
设定时间态 (10)	按显示/设定键	显示当前时间(00)	
	按日期键	设定日期态(11)	
	按时间键	设定时间态(11)	按键无效,状态不变
	按左移键	设定时间态(11)	闪显位置左移一位
	按右移键	设定时间态(11)	闪显位置右移一位
	按加键	设定时间态(11)	闪显位数值加 1
	按减键	设定时间态(11)	闪显位数值减 1
	按确定键	显示当前时间(00)	保存设定值
设定日期态 (11)	按显示/设定键	显示当前时间(00)	
	按日期键	设定日期态(11)	按键无效,状态不变
	按时间键	设定时间态(10)	
	按左移键	设定日期态(11)	闪显位置左移一位
	按右移键	设定日期态(11)	闪显位置右移一位
	按加键	设定日期态(11)	闪显位数值加 1
	按减键	设定日期态(11)	闪显位数值减 1
	按确定键	显示当前时间(00)	保存设定值

2.依转移条件的状态转移表

在列状态转移表时也可以按转移条件、现态、次态的顺序列放。这种转移表就叫做依转移条件的状态转移表。本例的依转移条件的状态转移表如表 6-9 所示。

表 6-9　　　　　　　　　依转移条件的状态转移表

按键	现态	次态	特点
按显示/设定键	显示当前时间态(00)	设定时间态(10)	SetDis=0,转 10 态 SetDis=1,转 00 态
	显示当前日期态(01)	设定时间态(10)	
	设定时间态(10)	显示当前时间态(00)	
	设定日期态(11)	显示当前时间态(00)	
按日期键	显示当前时间态(00)	显示当前日期态(01)	SetDis=0,转 01 态 SetDis=1,转 11 态
	显示当前日期态(01)	显示当前日期态(01)	
	设定时间态(10)	设定日期态(11)	
	设定日期态(11)	设定日期态(11)	
按时间键	显示当前时间态(00)	显示当前时间态(00)	SetDis=0,转 00 态 SetDis=1,转 10 态
	显示当前日期态(01)	显示当前时间态(00)	
	设定时间态(10)	设定时间态(10)	
	设定日期态(11)	设定时间态(10)	
按左移键	显示当前时间态(00)	无效	SetDis=0,无效(状态不变) SetDis=1,闪显位左移(状态不变)
	显示当前日期态(01)	无效	
	设定时间态(10)	本态,闪显位左移	
	设定日期态(11)	本态,闪显位左移	
按右移键	显示当前时间态(00)	无效	SetDis=0,无效(状态不变) SetDis=1,闪显位右移(状态不变)
	显示当前日期态(01)	无效	
	设定时间态(10)	本态,闪显位右移	
	设定日期态(11)	本态,闪显位右移	
按加键	显示当前时间态(00)	无效	SetDis=0,无效(状态不变) SetDis=1,闪显位数值加 1(状态不变)
	显示当前日期态(01)	无效	
	设定时间态(10)	本态,闪显位数值加 1	
	设定日期态(11)	本态,闪显位数值加 1	
按减键	显示当前时间态(00)	无效	SetDis=0,无效(状态不变) SetDis=1,闪显位数值减 1(状态不变)
	显示当前日期态(01)	无效	
	设定时间态(10)	本态,闪显位数值减 1	
	设定日期态(11)	本态,闪显位数值减 1	
按确定键	显示当前时间态(00)	显示当前时间态(00)	SetDis=0,转 00 态 SetDis=1,保存数据后转 00 态
	显示当前日期态(01)	显示当前时间态(00)	
	设定时间态(10)	显示当前时间态(00)	
	设定日期态(11)	显示当前时间态(00)	

在这两种状态转移表中,第一种表的第一列为现态,它直接反应了状态是如何变换的,容易编制。按照这种状态转移表编写监控程序时,一般是先依现态转移,再判断各转

移条件。当系统的状态数多而转移条件少时,常采用这种表。第二种形式的状态转移表中,第一列是转移条件,它直接反应了转移条件对状态的影响,编制这种状态转移表的难度要大一些,它需要以第一种表为基础。按这种状态转移表编写监控程序时,一般是先依转移条件散转,再判断现态。当系统的状态数少而转移条件多时,常采用这种形式的状态转移表。

本例中,我们采用第二种形式的状态转移表来指导监控程序的编写。8个转移条件实际上是8个按键的键值,所以监控程序也是键盘的解释程序。

6.4.4　键盘处理程序

1. 键盘处理流程图

键盘处理程序包括读按键输入、去抖动、获取键值和键盘的解释4个部分。本例的8个按键中,加、减键为连击键,其键盘处理流程图如图6-8所示。除键盘解释处理以外,其他部分我们已在实例3-6中做了详细介绍,在此不再赘述了。

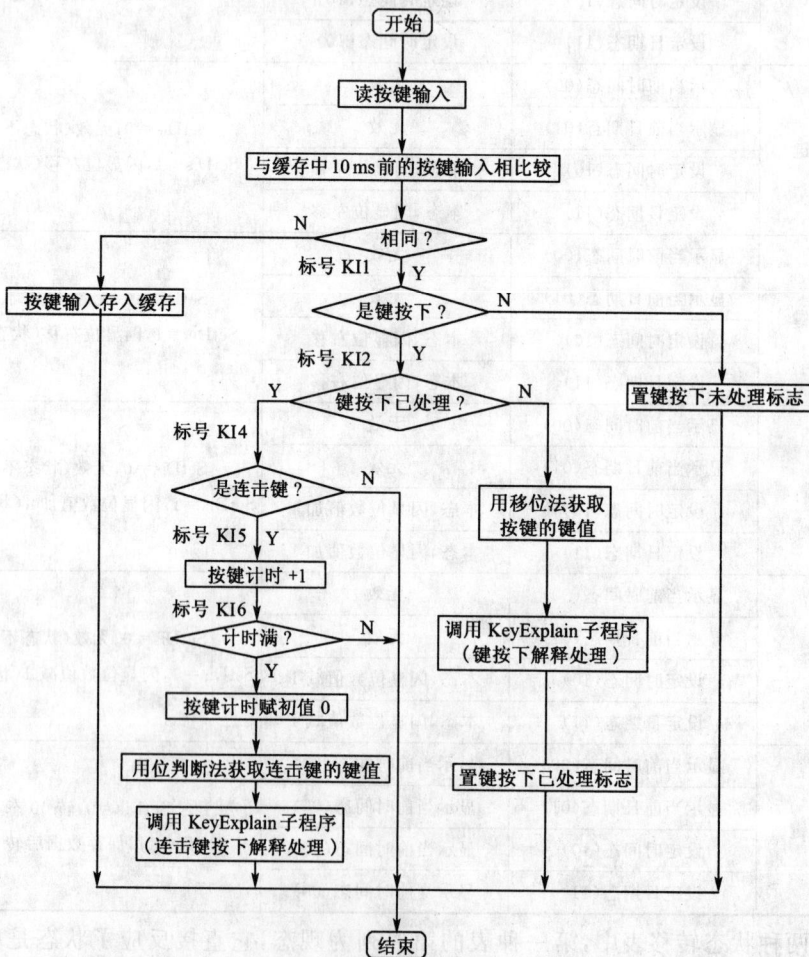

图 6-8　键盘处理流程图

流程图中所用资源的定义如表 6-10 所示。流程图所对应的程序代码详见 6.5 节源程序代码中的 KeyIn 子程序。

表 6-10   键盘处理流程图中所用资源定义

名称	资源占用	符号	作用
键值缓存	1 个字节	KeyBuf	存放 10 ms 前的按键输入情况
按键计时器	1 个字节	KeyTim	记录连击键按下的时间
键按下处理标志	1 位	KeyDn	标识键按下是否已处理

2. 键盘解释

键盘解释的子程序名是 KeyExplain, 其框架是先读取按键的键值, 然后依键值散转到各键的解释处理程序中去。其框架图如图 6-9 所示。

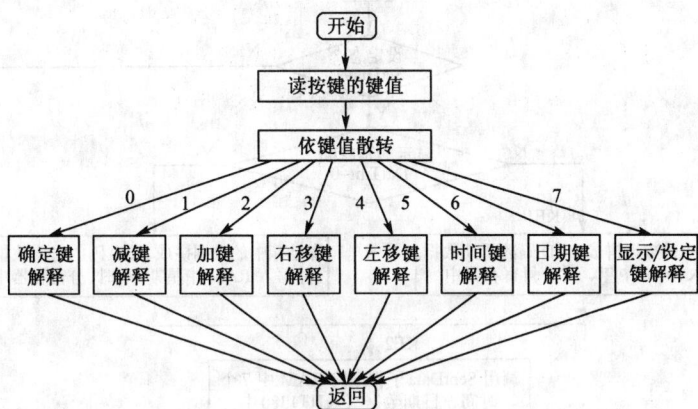

图 6-9 键盘解释处理框架图

对应的代码如下：

```
;------------------------------------------------------------------
;按键解释子程序
;入口:键值在 A 中
KeyExplain:
    ;依键值散转
    CLR     C            ;散转表中使用的是 AJMP 指令,所以键值乘 2
    RLC     A
    MOV     DPTR,#KEJMP  ;取转移表的首地址
    JMP     @A+DPTR      ;散转
KEJMP:
    AJMP    KENTER       ;键值为 0  确定键
    AJMP    KMINUS       ;键值为 1  减键
    AJMP    KPLUS        ;键值为 2  加键
    AJMP    KRIGHT       ;键值为 3  右移键
    AJMP    KLEFT        ;键值为 4  左移键
    AJMP    KTIM         ;键值为 5  时间键
```

```
    AJMP    KDAT            ;键值为 6  日期键
    AJMP    KSET            ;键值为 7  显示/设定键
KENTER：
;    确定键处理
;    ……
KSET：
;    显示/设定键处理
;--------------------------------------------------------------------------
```

3. 确定键解释

根据设计要求,按照表 6-9,确定键解释程序的流程图如图 6-10 所示。

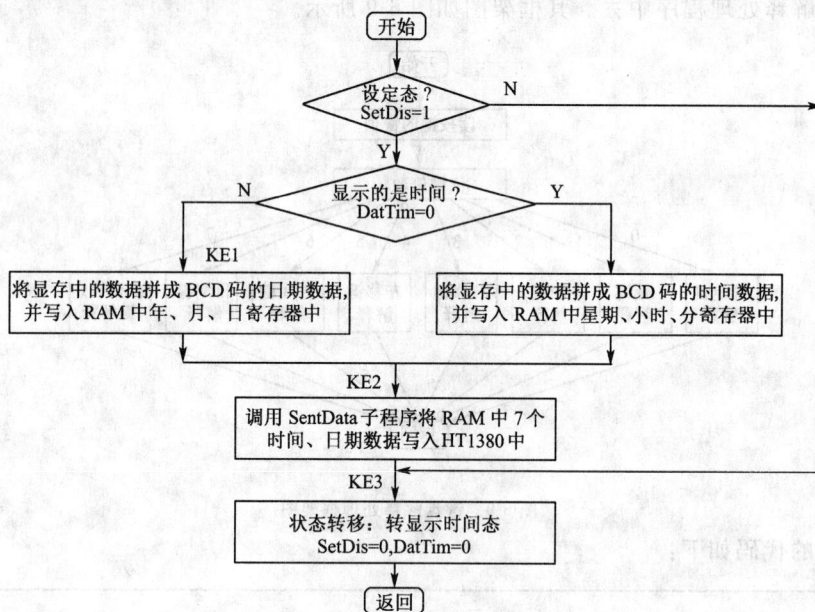

图 6-10　确定键解释流程图

图中所提及的 RAM 中 7 个时间、日期数据分别为年、星期、月、日、时、分、秒。它们在片内 RAM 中存放的顺序与 HT1380 中的顺序相同,这样可以方便对 HT1380 采用多字节读写操作,其中年数据存放的地址为 3CH,秒数据存放的地址为 42H。其定义详见源程序代码中的资源分配部分。图 6-10 所对应的程序代码如下:

```
;--------------------------------------------------------------------------
;确定键的解释处理
KENTER：
    JNB     SetDis,KE3      ;当前处于非设定态,转移至 KE3
    JB      DatTim,KE1      ;当前处于设定日期态,转 KE1
;    设定时间态的处理
    MOV     A,DISBUF1       ;从显存中取分显示数据
    SWAP    A               ;拼成 BCD 码数
    ORL     A,DISBUF0
```

```
        MOV     Minute,A            ;保存到 RAM 分寄存器中
        MOV     A,DISBUF3           ;从显存中取小时显示数据
        SWAP    A                   ;拼成 BCD 码数
        ORL     A,DISBUF2
        MOV     Hour,A              ;保存到 RAM 小时寄存器中
        MOV     Week,DISBUF4        ;取星期显示数据,保存至 RAM 星期寄存器中
        SJMP    KE2
KE1:;设定日期态的处理
        MOV     A,DISBUF1           ;取显示的日数据
        SWAP    A
        ORL     A,DISBUF0
        MOV     Day,A               ;存入 RAM 日寄存器中
        MOV     A,DISBUF3           ;取显示月数据
        SWAP    A
        ORL     A,DISBUF2
        MOV     Month,A             ;存入 RAM 月寄存器中
        MOV     A,DISBUF5           ;取显示年数据
        SWAP    A
        ORL     A,DISBUF4
        MOV     Year,A              ;存入 RAM 年寄存器中
KE2:;RAM 中日期时间数据写入 HT1380 中
        MOV     A,#8EH              ;打开 HT1380 的写保护,发命令 8EH
        MOV     B,#00H              ;置 WP=0
        LCALL   WriteSingle
        MOV     R0,#SecAdd          ;数据写的首地址
        MOV     R6,#07H             ;数据个数
        MOV     A,#0BEH             ;多字节写命令
        ACALL   SentData            ;调用 SentData 子程序进行多字节写数据
        MOV     A,#8EH              ;置 HT1380 写保护,发命令 8EH
        MOV     B,#80H              ;置 WP=1
        LCALL   WriteSingle
KE3:;状态转移处理
        ACALL   INITDISTIM          ;显示时间态初始化
        CLR     SetDis              ;系统状态设为显示时间态
        CLR     DatTim
        RET
;-------------------------------------------------------------------
```

4.加减键解释

　　加减键解释程序的流程图如图 6-11、图 6-12 所示。加、减键只在设定状态下有效。它们只是对数据进行调整,不产生状态转移。在设定状态下,加、减实现方法与实例 3-4 中所介绍的方法完全一样。

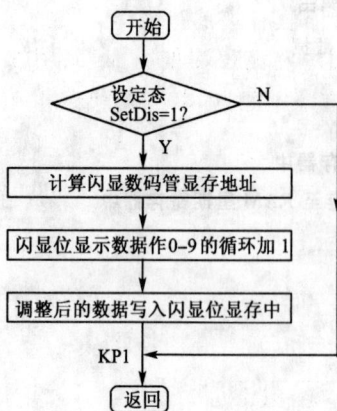

图 6-11　加键解释流程图　　　　　　　图 6-12　减键解释流程图

　　图 6-11、图 6-12 所对应的程序代码详见源程序代码中的 KPLUS 子程序和 KMINUS 子程序。

　　5. 左移、右移键解释

　　实现数码管闪显位置移动的方法是，在程序中引入一个闪显位置计数器 FlashSite，用来保存闪显数码管的编号。按移位键时对 FLASHSITE 的值进行调整。再编写一个子程序 FLASHSITE，其作用是根据 FLASHSITE 的值设定数码管闪显。这种方法我们已在实例 3-2 中作了详细介绍。本例的左移、右移键的处理就是采用这种方法，其流程图如图 6-13、图 6-14 所示，对应的程序代码详见源程序代码中的 KLEFT 子程序和 KRIGHT 子程序。

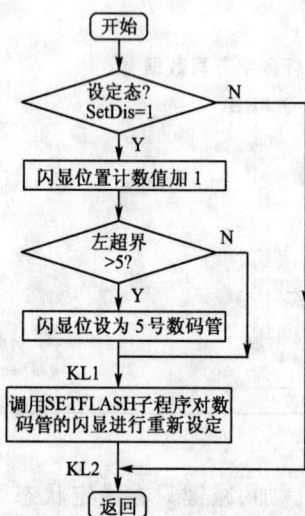

图 6-13　左移键解释流程图　　　　　　　图 6-14　右移键解释流程图

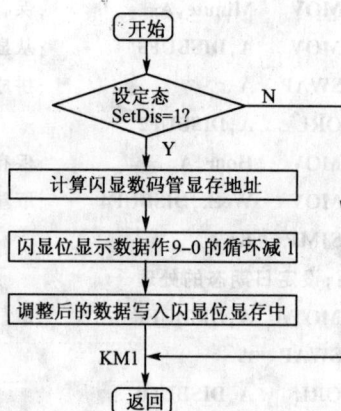

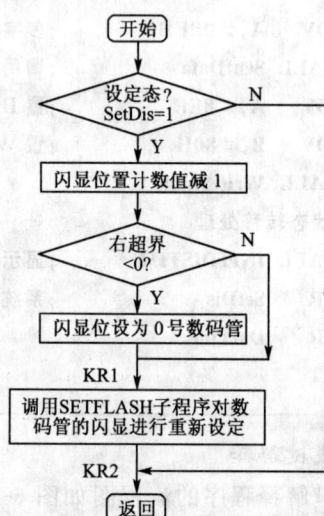

6．时间键、日期键、显示/设定键的解释

　　根据系统的功能，按照表 6-9，这 3 个键的解释程序的流程图如图 6-15、图 6-16、图 6-17 所示。这 3 个键都要实现状态的转移，它们的结构基本相同，其程序代码也相似，其

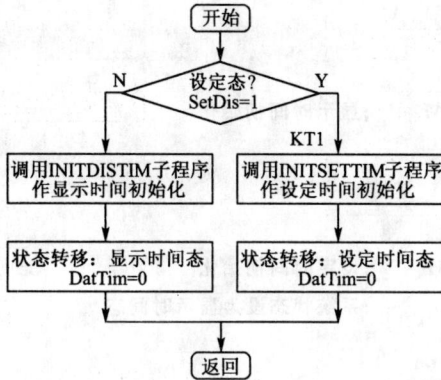

图 6-15　时间键解释流程图

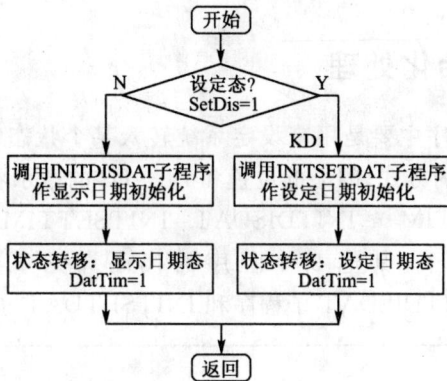

图 6-16　日期键解释流程图

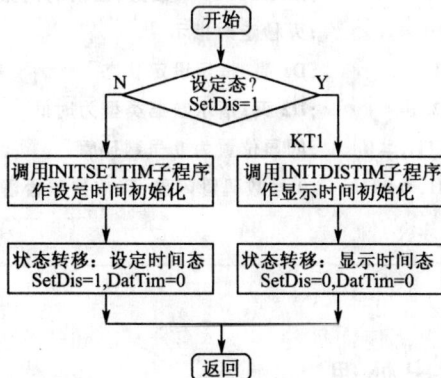

图 6-17　显示/设定键解释流程图

中显示/设定键解释程序的代码如下,另外两个流程图所对应的程序代码详见 6.5 节源程序代码中 KTIM 子程序和 KDAT 子程序。

```
;--------------------------------------------------------------------------------
;显示/设定键的解释处理
KSET:
        JB          SetDis,KS1
        ACALL       INITSETTIM        ;显示时间初始化
        SETB        SetDis
        CLR         DatTim
        RET
KS1:ACALL  INITDISTIM                 ;设定时间初始化
        CLR         SetDis            ;系统状态设为显示时间态
        CLR         DatTim
        RET
;--------------------------------------------------------------------------------
```

6.4.5   状态的初始化处理

4 个状态的初始化程序主要是用来设定系统转入某个状态时各控制变量的值,包括显存的内容、数码管显示的方式、闪显的位置和 D0～D2 的指示状态。4 个状态的初始化程序分别为:INITDISTIM 、INITDISDAT、INITSETTIM、INITSETDAT。其中 INITSETTIM 的代码如下,其他 3 个程序的代码详见 6.5 节源程序代码中的 INITDISTIM 子程序、INITDISDAT 子程序和 INITSETDAT 子程序。

```
;--------------------------------------------------------------------------------
;设定时间状态初始化
INITSETTIM:
        ACALL       DisTim            ;从 HT1380 中读数,当前时间数据写入显存
        SETB        Port_D0           ;灭秒走时指示
        CLR         PORT_D1           ;D1 亮:指示设定状态
        SETB        PORT_D2           ;D2 灭:指示数据类型为时间
        MOV         FLASHSITE,♯0      ;闪显位置为 0 号数码管
        MOV         ENFLASH,♯01H      ;0 号数码管闪显,其他数码管静态显示
RET
;--------------------------------------------------------------------------------
```

6.4.6   状态内的输出处理

状态内输出处理主要完成的工作是状态内的动作输出。也需要结合状态讨论。本例的状态内输出处理程序的流程图如图 6-18 所示。流程图所对应的代码如下:

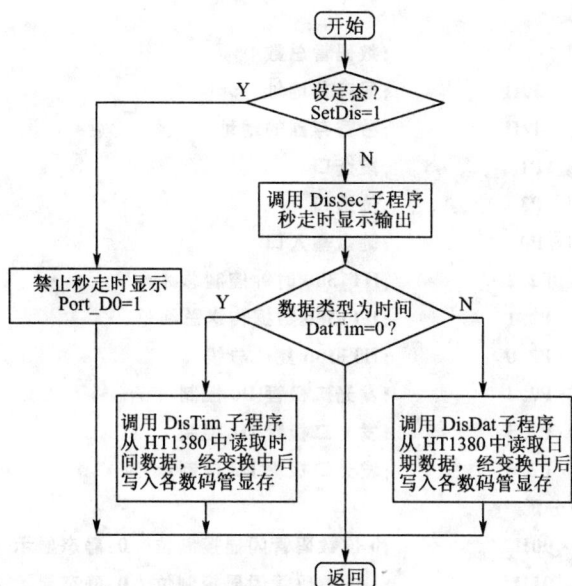

图 6-18　状态内输出处理流程图

```
;--------------------------------------------------------------------------------
;状态内的输出处理
StatOP:
      JNB       SetDis,SOP1      ;非设定态转 SOP1
      SETB      Port_D0          ;禁止秒走时显示
      RET
SOP1:   ;非设定态的处理
      ACALL  DisSec              ;秒走时显示
      JB        DatTim,SOP2      ;显示日期态转 SOP2
      ACALL  DisTim              ;从 HT1380 中读数,当前时间数据写入显存
    RET
SOP2:
      ACALL  DisDat              ;从 HT1380 中读数,当前日期数据写入显存
      RET
;--------------------------------------------------------------------------------
```

6.5　源程序代码

为了使读者能对系统程序有一个清楚的了解,我们列出了系统的全部代码。系统的源程序代码如下:

```
;--------------------------------------------------------------------------------
;数字钟实例
;--------------------------------------------------------------------------------
```

```
;        常数定义
DCount      EQU   6          ;数码管总数
DFISTADD    EQU   30H        ;显存首地址
SecAdd      EQU   42H        ;秒寄存器的地址
PORT_S      EQU   P1         ;段选口
PORT_B      EQU   P3         ;位选口
Key_Port    EQU   P0         ;键盘输入口
SCLK        BIT   P2.2       ;HT1380 时钟控制总线
IOData      BIT   P2.1       ;HT1380 数据传送总线
RST         BIT   P2.0       ;HT1380 复位总线
Port_D0     BIT   P2.4       ;发光二极管 D0 控制
Port_D1     BIT   P2.5       ;发光二极管 D1 控制
Port_D2     BIT   P2.6       ;发光二极管 D2 控制
;        资源分配
EnFlash0    BIT   00H        ;0 位数码管闪显控制位   0:静态显示 1:闪动显示
EnFlash1    BIT   01H        ;1 位数码管闪显控制位   0:静态显示 1:闪动显示
EnFlash2    BIT   02H        ;2 位数码管闪显控制位   0:静态显示 1:闪动显示
EnFlash3    BIT   03H        ;3 位数码管闪显控制位   0:静态显示 1:闪动显示
EnFlash4    BIT   04H        ;5 位数码管闪显控制位   0:静态显示 1:闪动显示
EnFlash5    BIT   05H        ;5 位数码管闪显控制位   0:静态显示 1:闪动显示
FlashStatue BIT   06H        ;闪显时,当前的显示状态   0:灭态 1:亮态
DatTim      BIT   08H        ;时间/日期状态标志   0:时间 1:日期
SetDis      BIT   09H        ;显示/设定状态标志   0:正常显示 1:设定显示
KeyDn       BIT   19H        ;键按下已处理标志   0:未处理 1:已处理
EnFlash     EQU   20H        ;闪显控制寄存器,其中各位定义为 EnFlashi
State       EQU   21H        ;系统状态标志寄存器
KeyVal      EQU   22H        ;键值寄存器(顺序编码,0:无键按下,i:第 i-1 号键按下)
DISBUF0     EQU   30H        ;0 号数码管显存
DISBUF1     EQU   31H        ;1 号数码管显存
DISBUF2     EQU   32H        ;2 号数码管显存
DISBUF3     EQU   33H        ;3 号数码管显存
DISBUF4     EQU   34H        ;4 号数码管显存
DISBUF5     EQU   35H        ;5 号数码管显存
Year        EQU   3CH        ;年值(BCD 码形式)
Week        EQU   3DH        ;星期
Month       EQU   3EH        ;月值(BCD 码形式)
Day         EQU   3FH        ;日值(BCD 码形式)
Hour        EQU   40H        ;时值(BCD 码形式)
Minute      EQU   41H        ;分值(BCD 码形式)
Second      EQU   42H        ;秒值(BCD 码形式)
Wcnt        EQU   43H        ;显示位置计数器
SecCnt      EQU   44H        ;秒闪显计时器
```

FlashTim	EQU	45H	;闪显计时器,记录闪显时,亮态/灭态持续的时间
KEYTIM	EQU	46H	;连击键按下计时器
KEYBUF	EQU	47H	;按键输入缓存(保存前 10 ms 的按键输入情况)
FLASHSITE	EQU	48H	;闪显位置指针

```
;------------------------------------------------------------------------
        ORG     0000H           ;CPU 复位后程序的入口地址
        AJMP    INIT
        ORG     000BH           ;定时中断 T0 的中断入口地址
        AJMP    TIME0
        ORG     001BH           ;定时中断 T1 的中断入口地址
        AJMP    TIME1
        ORG     0050H           ;真正的应用程序放在 0050H 之后
;------------------------------------------------------------------------
INIT:
        MOV     SP,#5FH         ;堆栈定义
        ;HT1380 初始化:允许写,启动内部时钟振荡
        MOV     A,#81H          ;读秒寄存器
        LCALL   Readsingle
        JNB     ACC.7,INITB     ;时钟已启动(CH=0)转 INITB
        MOV     A,#8EH          ;打开 HT1380 的写保护,发命令 8EH
        MOV     B,#00H          ;置 WP=0
        LCALL   WriteSingle
        MOV     A,#80H          ;启动 HT1380 内部振荡,发命令 80H
        MOV     B,#30H          ;置 CH=0
        LCALL   WriteSingle
        MOV     A,#8EH          ;置 HT1380 写保护,发命令 8EH
        MOV     B,#80H          ;置 WP=1
        LCALL   WriteSingle
INITB:
        MOV     Wcnt,#0         ;扫描位置计数器初始化:从 0 号管开始
        MOV     FlashTim,#0     ;闪显计时器初始化
        MOV     EnFlash,#00H    ;数码各位静态显示
        MOV     KeyVal,#0       ;键值初始化:无键按下
        CLR     DatTim          ;系统状态初始化:显示时间
        CLR     SetDis
        MOV     TMOD,#11H       ;0001 0001   T0:定时,方式 1   T1:定时,方式 1
        MOV     TH0,#0D5H       ;设置 T0 计时初值:10 ms
        MOV     TL0,#9EH
        MOV     TH1,#0F4H       ;设置 T1 计时初值:约 3 ms
        MOV     TL1,#48H
        SETB    ET0             ;允许 T0 中断
        SETB    ET1             ;允许 T1 中断
```

```
        SETB    EA                  ;开全局中断
        SETB    PT1                 ;T1 中断采用高优先级
        SETB    TR0                 ;启动定时器 T0
        SETB    TR1                 ;启动定时器 T1
MAIN:
        ORL     PCON,#01H           ;CPU 睡眠
        SJMP    MAIN
```

;---

;定时/计数器 T0 中断服务程序(10 ms 定时扫描处理)

;10 ms 定时扫描

```
TIME0:
        MOV     TH0,#0D5H           ;重置计数初始值
        MOV     TL0,#9EH
        ACALL   KEYIN               ;按键输入处理
        ACALL   StatOP              ;状态内的输出处理
        RETI
```

;---

;定时/计数器 T1 中断服务程序(3 ms 定时扫描显示)

```
TIME1:
        PUSH    ACC                 ;现场保护
        PUSH    B
        PUSH    DPH
        PUSH    DPL
        MOV     TH1,#0F4H           ;重置计数初始值
        MOV     TL1,#48H
        SETB    RS0                 ;选用第 1 组工作寄存器组
        CLR     RS1
        LCALL   DISPLAY             ;显示输出
        CLR     RS0                 ;恢复工作寄存器组的选择
        CLR     RS1
        POP     DPL
        POP     DPH
        POP     B
        POP     ACC
        RETI
```

;---

;显示输出处理子程序

```
DISPLAY:
        MOV     PORT_S,#0           ;消隐输出
        MOV     A,Wcnt              ;查表读取当前点亮数码管的控制码
        MOV     DPTR,#DISCTRL
        MOVC    A,@A+DPTR
```

```
        MOV    PORT_B,A              ;控制码送位选口
        MOV    A,EnFlash             ;闪显控制寄存器的内容,用移位法读取
        MOV    R7,Wcnt               ;扫描当前显示位的闪显控制位的值至 C 中
        INC    R7
DP1:RRC        A
        DJNZ   R7,DP1
        JC     DP2                   ;当前显示位为闪显,转 DP2
        ACALL  OUTPUT_S              ;为静态显示,调用 OUTPUT_S 作正常段选口输出
        SJMP   DP5
DP2:;闪显处理
        INC    FlashTim              ;闪显计数值加 1
        MOV    A,FlashTim            ;判断计时时间
        ADD    A,#256-30
        JNC    DP3                   ;未满,转 DP3
        CPL    FlashStatue
        MOV    FlashTim,#0
DP3:JB         FlashStatue,DP4
        MOV    PORT_S,#0
        SJMP   DP5
DP4:ACALL      OUTPUT_S
DP5:INC        Wcnt                  ;显示位置计数值加 1
        MOV    A,Wcnt                ;超界处理
        MOV    B,#DCount
        DIV    AB
        MOV    WCnt,B
        RET
;-------------------------------------------------------------------------
OUTPUT_S:
        MOV    A,#DFISTADD           ;计算扫描数码管显存的地址
        ADD    A,Wcnt
        MOV    R0,A                  ;指针指向当前点亮数码管的显存
        MOV    A,@R0                 ;读显示代码
        MOV    DPTR,#DISTAB          ;查表获得其笔型码
        MOVC   A,@A+DPTR
        MOV    PORT_S,A              ;笔型码送段选口显示输出
        RET
;-------------------------------------------------------------------------
DISCTRL:;显示位置控制码表
        DB     0FEH                  ;0 号数码管显示
        DB     0FDH                  ;1 号数码管显示
        DB     0FBH                  ;2 号数码管显示
        DB     0F7H                  ;3 号数码管显示
```

```
        DB      0EFH                ;4 号数码管显示
        DB      0DFH                ;5 号数码管显示
;---------------------------------------------------------------------
DISTAB：;显示笔型码表
        DB      3FH                 ;0 的笔型码   代码 0
        DB      06H                 ;1 的笔型码   代码 1
        DB      5BH                 ;2 的笔型码   代码 2
        DB      4FH                 ;3 的笔型码   代码 3
        DB      66H                 ;4 的笔型码   代码 4
        DB      6DH                 ;5 的笔型码   代码 5
        DB      7DH                 ;6 的笔型码   代码 6
        DB      07H                 ;7 的笔型码   代码 7
        DB      7FH                 ;8 的笔型码   代码 8
        DB      6FH                 ;9 的笔型码   代码 9
        DB      00H                 ;灭的笔型码   代码 10
;---------------------------------------------------------------------
;显示时间子程序
DisTim：
        MOV     R0,#SecAdd          ;数据读出的首地址
        MOV     R6,#07H             ;数据个数
        MOV     A,#0BFH             ;多字节读命令
        ACALL   RcvData             ;调用 RcvData 子程序进行多字节读数
        MOV     A,Minute            ;读分钟
        MOV     B,#10H
        DIV     AB
        MOV     DISBUF0,B
        MOV     DISBUF1,A
        MOV     A,Hour
        MOV     B,#10H
        DIV     AB
        MOV     DISBUF2,B
        MOV     DISBUF3,A
        MOV     A,Week
        MOV     B,#10H
        DIV     AB
        MOV     DISBUF4,B
        MOV     DISBUF5,#0
        RET
;---------------------------------------------------------------------
DisDat：
        MOV     R0,#SecAdd          ;数据读出的首地址
        MOV     R6,#07H             ;数据个数
```

```
        MOV     A,#0BFH              ;多字节读命令
        ACALL   RcvData             ;调用 RcvData 子程序进行多字节读数
        MOV     A,Day
        MOV     B,#10H
        DIV     AB
        MOV     DISBUF0,B
        MOV     DISBUF1,A
        MOV     A,Month
        MOV     B,#10H
        DIV     AB
        MOV     DISBUF2,B
        MOV     DISBUF3,A
        MOV     A,Year
        MOV     B,#10H
        DIV     AB
        MOV     DISBUF4,B
        MOV     DISBUF5,A
        RET
```

```
;------------------------------------------------------------------------
;* * * * * * * * * * * * * *HT1380 应用子程序* * * * * * * * * * * * * * *
;------------------------------------------------------------------------
```

;1. 从 HT1380 中读取单字节数据子程序
;入口:A 中为命令数据
;出口:A 中为所读出的数据

```
ReadSingle:
        CLR     RST                 ;复位引脚为低电平,所有数据传送终止
        NOP
        CLR     SCLK                ;清时钟总线
        NOP
        SETB    RST                 ;复位引脚为高电平,逻辑控制有效
        MOV     R7,#08H             ;传送位数为 8 位
RdS0:
        RRC     A                   ;将最低位传送给进位位 C
        MOV     IOData,C            ;位传送至数据线
        NOP
        SETB    SCLK                ;产生时钟上升沿,发送数据有效
        NOP
        CLR     SCLK                ;产生时钟下降沿
        DJNZ    R7,RdS0             ;8 位传送未完则继续
        NOP                         ;准备接收数据
        CLR     A                   ;清累加器
        CLR     C                   ;清进位位 C
```

```
        MOV     R7,＃08H            ;接收位数为 8 位
RdS1:
        NOP
        MOV     C,IOData            ;数据总线上的数据传送给 C
        RRC     A                   ;从最低位接收数据
        SETB    SCLK                ;产生时钟上升沿
        NOP
        CLR     SCLK                ;产生时钟下降沿,接收数据有效
        DJNZ    R7,RdS1             ;8 位接收未完则继续
        NOP
        CLR     RST                 ;逻辑操作完毕,清 RST
        RET
```

;---

;2.向 HT1380 中写入单字节数据子程序
;入口:A 中为命令数据,B 中为待写入的数据
;出口:无

```
WriteSingle:
        CLR     RST                 ;复位引脚为低电平,所有数据传送终止
        NOP
        CLR     SCLK                ;清时钟总线
        NOP
        SETB    RST                 ;复位引脚为高电平,逻辑控制有效
        NOP
        MOV     R7,＃08H            ;命令传送位数为 8
WrS0:
        RRC     A                   ;将最低位传送给进位位 C
        MOV     IOData,C            ;位传送至数据总线
        NOP
        SETB    SCLK                ;产生时钟上升沿,发送数据有效
        NOP
        CLR     SCLK                ;产生时钟下降沿
        DJNZ    R7,WrS0             ;8 位未传送完则继续
        NOP
        MOV     A,B                 ;取待传送的数据
        MOV     R7,＃08H            ;数据传送位数为 8
WrS1:
        RRC     A                   ;将最低位传送给进位位 C
        MOV     IOData,C            ;位传送至数据总线
        NOP
        SETB    SCLK                ;产生时钟上升沿,发送数据有效
        NOP
        CLR     SCLK                ;产生时钟下降沿
```

```
        DJNZ    R7,WrS1             ;8 位未传送完则继续
        NOP
        CLR     RST                 ;逻辑操作完毕,清 RST
        RET
```

;--

;3. 发送数据子程序 SentData

;功能: 发送(R6)个字节给 HT1380

;入口: 命令数据在 A 中

;所发送数据的字节数在 R6 中,

;发送的数据事先存放在 R0 所指向的片内 RAM 连续存储区中

```
SentData:
        CLR     RST                 ;复位引脚为低电平,所有数据传送终止
        NOP
        CLR     SCLK                ;清时钟总线
        NOP
        SETB    RST                 ;复位引脚为高电平,逻辑控制有效
        NOP
        MOV     R7,#08H             ;发送的命令位数为 8
SD0:
        RRC     A                   ;将最低位传送给进位位 C
        MOV     IOData,C            ;位传送至数据总线
        NOP
        SETB    SCLK                ;产生时钟上升沿,发送数据有效
        NOP
        CLR     SCLK                ;产生时钟下降沿
        DJNZ    R7,SD0              ;8 位命令未传送完则继续
        NOP
SD1:                                ;准备发送数据
        MOV     A,@R0               ;取待传送的数据
        MOV     R7,#08H             ;每个数据为 8 位
SD2:
        RRC     A                   ;将最低位传送给进位位 C
        MOV     IOData,C            ;位传送至数据总线
        NOP
        SETB    SCLK                ;产生时钟上升沿,发送数据有效
        NOP
        CLR     SCLK                ;产生时钟下降沿
        DJNZ    R7,SD2              ;8 位数据位未传送完则继续
        DEC     R0                  ;发送数据的地址指针上移 1 位
        DJNZ    R6,SD1              ;字节数传送未完则继续
        NOP
        CLR     RST                 ;逻辑操作完毕,清 RST
```

```
        RET
```
;---
;4. 接收数据子程序(RcvData)
;功能：从 HT1380 中接收(R6)个字节数据
;入口：命令数据在 A 中，所接收数据的字节数在 R6 中，
;   接收的数据存放在 R0 所指向的片内 RAM 连续的存储区中
```
RcvData：
        CLR     RST              ;复位引脚为低电平,所有数据传送终止
        NOP
        CLR     SCLK             ;清时钟总线
        NOP
        SETB    RST              ;复位引脚为高电平,逻辑控制有效
        MOV     R7,♯08H          ;命令传送位数为 8 位
RData0：
        RRC     A                ;将最低位传送给进位位 C
        MOV     IOData,C         ;位传送至数据总线
        NOP
        SETB    SCLK             ;产生时钟上升沿,发送数据有效
        NOP
        CLR     SCLK             ;产生时钟下降沿
        DJNZ    R7,RData0        ;8 位命令未传送完则继续
        NOP
RData1：         ;准备接收数据
        CLR     A                ;清累加器
        CLR     C                ;清进位位 C
        MOV     R7,♯08H          ;每个接收数据的位数为 8 位
RData2：
        NOP
        MOV     C,IOData         ;数据总线上的数据传送给 C
        RRC     A                ;从最低位接收数据
        SETB    SCLK             ;产生时钟上升沿
        NOP
        CLR     SCLK             ;产生时钟下降沿,接收数据有效
        DJNZ    R7,RData2        ;8 位未接收完则继续
        MOV     @R0,A            ;接收到的数据字节放入接收内存缓冲区
        DEC     R0               ;接收数据内存地址指针指向上 1 个字节
        DJNZ    R6,RData1        ;字节数接收未完则继续
        NOP
        CLR     RST              ;逻辑操作完毕,清 RST
        RET
```
;---
;指示秒子程序

```
DisSec:
    INC     SecCnt                  ;10 秒计数值加 1
    MOV     A,SecCnt                ;判断是否计满 500 ms
    ADD     A,#256−51
    JC      DSE1                    ;计满 500 ms,则转 DSE1
    RET                             ;不满 500 ms,不作处理
DSE1:
    MOV     SecCnt,#0               ;计数值返回 0
    CPL     Port_D0                 ;D0 输出取反
    RET
```

;---
;按键输入子程序
;功能:读键输入、去拉动、形成顺序编码的键值并保存至 KeyVal 中

```
KEYIN:
    MOV     Key_Port,#0FFH          ;读按键输入
    MOV     A,Key_Port
    CPL     A                       ;按键输入以反码形式保存,方便处理
    MOV     R2,A                    ;暂存按键输入
    XRL     A,KEYBUF                ;当前按键输入与缓存中 10 ms 前的按键输入相比较
    JZ      KI1                     ;相同,转 KI1 处理
    MOV     KEYBUF,R2               ;不同,保存当前按键输入至缓存中,以便下次扫描比较
    RET
KI1:                                ;键稳定按下或释放处理
    MOV     A,R2                    ;取暂存中的按键输入
    JNZ     KI2                     ;是键按下,转 KI2 处理
    CLR     KEYDN                   ;置键按下未处理标志(即允许对键按下解释)
    RET
KI2:                                ;键按下处理
    JB      KEYDN,KI4               ;若键按下已处理,则转 KI4
    MOV     R7,#0                   ;未处理,用移位法获取键值并存入键值寄存器 KeyVal 中
KI3:RRC     A
    INC     R7
    JNC     KI3                     ;未找到按键的位置,转 KI3 继续找
    DEC     R7                      ;移位的次数减 1 得按键编号
    MOV     A,R7                    ;保存键值
    ACALL   KeyExplain              ;按键解释
    SETB    KEYDN                   ;置键按下已处理标志阻止键按下被多次解释
    RET                             ;结束
KI4:
    JB      ACC.1,KI5               ;是连击键减按下,转 KI5 处理
    JB      ACC.2,KI5               ;是连击键加按下,转 KI5 处理
    RET                             ;其他键按下,则不形成键值,结束
```

```
KI5:
    INC     KEYTIM          ;按键计时值加 1
    MOV     A,KEYTIM        ;计时满 500 ms 吗
    ADD     A,#256-51
    JC      KI6             ;计时满 500 ms,转 KI6 处理
    RET                     ;未满,结束
KI6:
    MOV     KEYTIM,#0       ;按键计时赋初始值 0
    MOV     A,R2            ;取暂存中的按键输入
    JB      ACC.1,KI7       ;是减键按下,转 KI7
    MOV     A,#2            ;是加键按下,形成加键的键值 2
    ACALL   KeyExplain      ;按键解释
    RET
KI7:
    MOV     A,#1            ;是减键按下,形成减键的键值 1
    ACALL   KeyExplain      ;按键解释
    RET
;---------------------------------------------------------------------
;按键解释子程序
;入口:键值在 A 中
KeyExplain:
;    依键值散转
    CLR     C               ;散转表中使用的是 AJMP 指令,所以键值乘 2
    RLC     A
    MOV     DPTR,#KEJMP     ;取转移表的首地址
    JMP     @A+DPTR         ;散转
KEJMP:
    AJMP    KENTER          ;键值为 0   确定键
    AJMP    KMINUS          ;键值为 1   减键
    AJMP    KPLUS           ;键值为 2   加键
    AJMP    KRIGHT          ;键值为 3   右移键
    AJMP    KLEFT           ;键值为 4   左移键
    AJMP    KTIM            ;键值为 5   时间键
    AJMP    KDAT            ;键值为 6   日期键
    AJMP    KSET            ;键值为 7   显示/设定键
;---------------------------------------------------------------------
;确定键的解释处理
KENTER:
    JNB     SetDis,KE3      ;当前处于非设定态,转移至 KE3
    JB      DatTim,KE1      ;当前处于设定日期态,转移至 KE1
;   设定时间态的处理
    MOV     A,DISBUF1       ;从显存中取分显示数据
```

```
      SWAP    A                          ;拼成 BCD 码数
      ORL     A,DISBUF0
      MOV     Minute,A                   ;保存到 RAM 分寄存器中
      MOV     A,DISBUF3                  ;从显存中取小时显示数据
      SWAP    A                          ;拼成 BCD 码数
      ORL     A,DISBUF2
      MOV     Hour,A                     ;保存到 RAM 小时寄存器中
      MOV     Week,DISBUF4               ;取星期显示数据,保存至 RAM 星期中
      SJMP    KE2
KE1:          ;设定日期态的处理
      MOV     A,DISBUF1                  ;取显示的日数据
      SWAP    A
      ORL     A,DISBUF0
      MOV     Day,A                      ;存入 RAM 日寄存器中
      MOV     A,DISBUF3                  ;取显示月数据
      SWAP    A
      ORL     A,DISBUF2
      MOV     Month,A                    ;存入 RAM 月寄存器中
      MOV     A,DISBUF5                  ;取显示年数据
      SWAP    A
      ORL     A,DISBUF4
      MOV     Year,A                     ;存入 RAM 年寄存器中
KE2:          ;RAM 中日期时间数据写入 HT1380 中
      MOV     A,#8EH                     ;打开 HT1380 的写保护,发命令 8EH
      MOV     B,#00H                     ;置 WP=0
      LCALL   WriteSingle
      MOV     R0,#SecAdd                 ;数据写的首地址
      MOV     R6,#07H                    ;数据个数
      MOV     A,#0BEH                    ;多字节写命令
      ACALL   SentData                   ;调用 SentData 子程序进行多字节写数
      MOV     A,#8EH                     ;置 HT1380 写保护,发命令 8EH
      MOV     B,#80H                     ;置 WP=1
      LCALL   WriteSingle
KE3:          ;状态转移处理
      ACALL   INITDISTIM                 ;显示时间态初始化
      CLR     SetDis                     ;系统状态设为显示时间态
      CLR     DatTim
      RET
;--------------------------------------------------------------------------------
;减键的解释处理
KMINUS:
      JNB     SetDis,KM1                 ;非设定态,转 KM1 结束
```

```
        MOV     A,FLASHSITE          ;计算闪显数码管的显存地址
        ADD     A,#DFISTADD          ;Addr=显存首址+闪显位置计数值
        MOV     R0,A                 ;指针指向闪显数码管的显存
        MOV     A,@R0                ;取闪显值
        ADD     A,#9                 ;加上 10-1,对 BCD 码而言是减 1
        MOV     B,#10                ;超界处理:对 10 取余
        DIV     AB
        MOV     A,B
        MOV     @R0,A                ;减 1 后的结果回存到闪显数码管的显存中
KM1:    RET
;------------------------------------------------------------------------
;加键的解释处理
KPLUS:
        JNB     SetDis,KP1           ;非设定态,转 KP1 结束
        MOV     A,FLASHSITE          ;计算闪显数码管的显存地址
        ADD     A,#DFISTADD          ;Addr=显存首址+闪显位置计数值
        MOV     R0,A                 ;指针指向闪显数码管的显存
        MOV     A,@R0                ;取闪显值
   INC  A                            ;加 1
        MOV     B,#10                ;超界处理:对 10 取余
        DIV     AB
        MOV     A,B
        MOV     @R0,A                ;加 1 后的结果回存闪显数码管的显存中
KP1:RET
;------------------------------------------------------------------------
;右移键的解释处理
KRIGHT:
        JNB     SetDis,KR2           ;是非设定态,转 KR2
        MOV     A,FLASHSITE          ;闪显位置计数值减 1
        CLR     C
        SUBB    A,#1
        JNC     KR2                  ;不超界,转 KR2
        MOV     A,#0                 ;超界,闪显位设为 0 号管
KR1:MOV     FLASHSITE,A
        ACALL   SETFLASH             ;设置闪显
KR2:RET
;------------------------------------------------------------------------
;左移键的解释处理
KLEFT:
        JNB     SetDis,KL2
        INC     FLASHSITE
        MOV     A,FLASHSITE
```

```
        ADD     A,#256-6
        JNC     KL2
        MOV     FLASHSITE,#5
KL1:ACALL    SETFLASH
KL2:RET
;-------------------------------------------------------------------------------
;时间键的解释处理
KTIM:
        JB      SetDis,KT1
        ACALL   INITDISTIM
        CLR     SetDis              ;系统状态设为显示时间态
        CLR     DatTim
        RET
KT1:ACALL  INITSETTIM
        SETB    SetDis
        CLR     DatTim
        RET
;-------------------------------------------------------------------------------
;日期键的解释处理
KDAT:
        JB      SetDis,KD1
        ACALL   INITDISDAT
        CLR     SetDis
        SETB    DatTim
        RET
KD1:ACALL  INITSETDAT
        SETB    SetDis
        SETB    DatTim
        RET
;-------------------------------------------------------------------------------
;显示/设定键的解释处理
KSET:
        JB      SetDis,KS1
        ACALL   INITSETTIM
        SETB    SetDis
        CLR     DatTim
        RET
KS1:ACALL  INITDISTIM
        CLR     SetDis              ;系统状态设为显示时间态
        CLR     DatTim
        RET
;-------------------------------------------------------------------------------
```

```
;设置闪显位子程序
SETFLASH:
    MOV     R7,FLASHSITE
    INC     R7
    CLR     A
    SETB    C
SF1:RLC     A
    DJNZ    R7,SF1
    MOV     ENFLASH,A
    RET
;-------------------------------------------------------------
;设定时间状态初始化
INITSETIM:
    ACALL   DisTim          ;从 HT1380 中读数,当前时间数据写入显存
    SETB    Port_D0         ;灭秒走时指示
    CLR     PORT_D1         ;D1 亮:指示设定状态
    SETB    PORT_D2         ;D2 灭:指示数据类型为时间
    MOV     FLASHSITE,#0    ;闪显位置为 0 号数码管
    MOV     ENFLASH,#01H    ;0 号数码管闪显
    RET
;-------------------------------------------------------------
;设定日期状态初始化
INITSETDAT:
    ACALL   DISDAT          ;从 HT1380 中读数,当前日期数据写入显存
    SETB    PORT_D0         ;灭秒走时指示
    CLR     PORT_D1         ;D1 亮:指示设定状态
    CLR     PORT_D2         ;D2 亮:指示数据类型为日期
    MOV     FLASHSITE,#0    ;闪显位置为 0 号数码管
    MOV     ENFLASH,#01H    ;0 号数码管闪显
    RET
;-------------------------------------------------------------
;显示时间状态初始化
INITDISTIM:
    ACALL   DisTim          ;从 HT1380 中读数,当前时间数据写入显存
    CLR     Port_D0         ;亮秒走时指示
    SETB    PORT_D1         ;D1 灭:指示正常显示状态
    SETB    PORT_D2         ;D2 灭:指示数据类型为时间
    MOV     ENFLASH,#00H    ;所有数码管静态显示
    RET
;-------------------------------------------------------------
;显示日期状态初始化
INITDISDAT:
```

```
        ACALL    DisDat              ;从 HT1380 中读数,当前日期数据写入显存
        CLR      Port_D0             ;亮秒走时指示
        SETB     PORT_D1             ;D1 灭:指示正常显示状态
        CLR      PORT_D2             ;D2 灭:指示数据类型为日期
        MOV      ENFLASH, #00H       ;所有数码管静态显示
        RET
;------------------------------------------------------------------------------
;状态内的输出处理
StatOP:
        JNB      SetDis, SOP1        ;非设定态转 SOP1
        SETB     Port_D0             ;禁止秒走时显示
        RET
SOP1:            ;非设定态的处理
        ACALL    DisSec              ;秒走时指示
        JB       DatTim, SOP2        ;显示日期态转 SOP2
        ACALL    DisTim              ;从 HT1380 中读数,当前时间数据写入显存
        RET
SOP2:
        ACALL    DisDat              ;从 HT1380 中读数,当前日期数据写入显存
        RET
;------------------------------------------------------------------------------
        END
```

6.6　设计总结

单片机应用系统的设计步骤是,先进行需求分析,再进行系统设计,最后进行系统调试与测试。

需求分析是系统设计的前期工作,主要是弄清楚用户对应用系统的功能要求,需要设计者走出去与用户交流,需求分析要清楚而明确,最后还要以设计说明书的形式表达出来。

系统设计包括硬件设计和软件设计两大部分。进行硬件设计时,要根据系统的功能要求合理地选择接口芯片。通常情况下,选择功能强大的芯片可以减少程序的编写量。

软件设计工作是应用系统设计的主要工作。它以硬件电路为基础。系统的软件设计要结合系统的状态来讨论。其设计思想是,把系统看做是若干个状态的组合,在某个状态下,系统完成某一类的操作,各种外部因素和内部因素是使系统发生状态转移的条件。软件设计的方法是,先分析系统的状态,再分析系统的状态转移,列出状态转移表,根据状态转移表编写监控程序,编写状态内的输出程序。

单片机的软件程序包括监控程序和执行程序两部分。执行程序是一些功能模块程序,负责某一功能的实现。监控程序起着监视系统的状态变化、控制程序运行调度的作用。它是应用系统的框架结构,也是软件设计的重点。

HT1380 是带有 SPI 接口的实时时钟芯片,具有走时记录和闰年、每月的天数自动调整功能。单片机定时地读取 HT1380 中的时间数据并进行显示,就可以显示当前日期和时间,进行日期和时间调整时,只需要将设定的时间和日期写入 HT1380 的时间和日期寄存器中,HT1380 就会自动在所设定的时间和日期基础上进行走时。

习 题

1. 单片机用 P1. 0、P1. 1 和 P1. 2 控制 HT1380,试画出单片机与 HT1380 的接口电路。

2. 画出启动 HT1380 的流程图,编写出启动 HT1380 的程序。

3. 编写读 HT1380 中年数据的程序,所读取数据存放在片内 RAM 30H 中。

4. HT1380 可以采用多字节读取方式进行访问,试采用多字节读取方式将 HT1380 内部 7 个时间和日期数据读至片内 RAM 30H 开始的一片连续的存储区中。

5. 试述含有多个状态的应用系统的软件程序设计思想,画出程序的框架结构图。

6. 试述应用系统的软件程序编写的一般方法。

7. 试述状态分解的一般原则,并举例说明。

附录 MCS-51 单片机指令表

助记符	功能说明	对标志位的影响				字节数	周期数
		P	OV	AC	C_y		
MOV A, Rn	将 Rn 中的内容传送至 A	√	×	×	×	1	1
MOV A, dir	将 dir 单元中的内容传送至 A	√	×	×	×	2	1
MOV A ,@Ri	将 Ri 所指单元中的内容传送至 A	√	×	×	×	1	1
MOV A ,♯data	将立即数 data 传送至 A	√	×	×	×	2	1
MOV Rn,A	将 A 中的内容传送至 Rn	×	×	×	×	1	1
MOV Rn, dir	将 dir 单元中的内容传送至 Rn	×	×	×	×	2	2
MOV Rn,♯data	将立即数 data 传送至 Rn	×	×	×	×	2	1
MOV dir,A	将 A 中内容传送至 dir 单元中	×	×	×	×	2	1
MOV dir,Rn	将 Rn 中的内容传送至 dir 单元中	×	×	×	×	2	2
MOV dir2,dir1	将 dir1 单元内容传送至 dir2 单元中	×	×	×	×	3	2
MOV dir,@Ri	将 Ri 所指单元中的内容传送至 dir 单元中	×	×	×	×	2	2
MOV dir,♯data	将立即数 data 传送至 dir 单元中	×	×	×	×	3	2
MOV @Ri,A	将 A 中内容传送至 Ri 所指单元中	×	×	×	×	1	1
MOV @Ri,dir	将 dir 单元中的内容传送至 Ri 所指单元中	×	×	×	×	2	2
MOV @Ri,♯data	将立即数 data 传送至 Ri 所指单元中	×	×	×	×	2	1
MOV DPTR,♯data16	将 16 位立即数 data16 传送至 DPTR 中	×	×	×	×	3	2
MOVC A,@A+DPTR	将程序存储器中某地址单元的内容传送至 A 中,该单元的地址为 A 与 DPTR 中的内容之和	√	×	×	×	1	2
MOVC A,@A+PC	将程序存储器中某地址单元的内容传送至 A 中,该单元的地址为 A 与 PC 中的内容之和	√	×	×	×	1	2
MOVX A,@Ri	将扩展数据存储器中某单元的内容传送至 A 中,该单元的高 8 位地址由 P2 给出,低 8 位地址由 Ri 给出	√	×	×	×	1	2
MOVX A,@DPTR	将扩展数据存储器中某单元的内容传送至 A 中,DPTR 的内容为该单元的地址	√	×	×	×	1	2
MOVX @Ri,A	将 A 的内容传送至扩展数据存储器某单元中,该单元的高 8 位地址由 P2 给出,低 8 位地址由 Ri 给出	×	×	×	×	1	2
MOVX @DPTR,A	将 A 的内容传送至扩展数据存储器某单元中,DPTR 的内容为该单元的地址	×	×	×	×	1	2

（续表）

助记符	功能说明	对标志位的影响				字节数	周期数
		P	OV	AC	C_y		
PUSH dir	将 SP 加 1,再将 dir 单元的内容压入 SP 所指向的单元中	×	×	×	×	2	2
POP dir	先将 SP 所指向的单元弹至 dir 单元中,再将 SP 减 1	×	×	×	×	2	2
XCH A,Rn	Rn 中内容与 A 中的内容互换	√	×	×	×	1	1
XCH A,dir	dir 单元中内容与 A 中的内容互换	√	×	×	×	2	1
XCH A,@Ri	Ri 所指单元的内容与 A 中的内容互换	√	×	×	×	1	1
XCHD A,@Ri	Ri 所指单元的低 4 位与 A 的低 4 位互换	√	×	×	×	1	1
ADD A,Rn	A 与 Rn 相加,结果存入 A 中	√	√	√	√	1	1
ADD A,dir	A 与 dir 单元中的内容相加,结果存入 A 中	√	√	√	√	2	1
ADD A,@Ri	A 与 Ri 所指单元中的内容相加,结果存入 A 中	√	√	√	√	1	1
ADD A,#data	A 加数 data,结果存入 A 中	√	√	√	√	2	1
ADDC A,Rn	A 加上 Rn 的内容再加上 C,结果存放在 A 中	√	√	√	√	1	1
ADDC A,dir	A 加 dir 单元内容再加上 C,结果存放在 A 中	√	√	√	√	2	1
ADDC A,@Ri	A 加上 Ri 所指单元的内容,再加上 C,结果存放在 A 中	√	√	√	√	1	1
ADDC A,#data	A 加上立即数 data,再加上 C,结果存放在 A 中	√	√	√	√	2	1
SUBB A,Rn	A 中内容与 Rn 中的内容及借位位 C 相减,结果存放在 A 中	√	√	√	√	1	1
SUBB A,dir	A 减去 dir 单元中的内容,再减去 C,结果存放在 A 中	√	√	√	√	2	1
SUBB A,@Ri	A 减去 Ri 所指单元的内容,再减去 C,结果存放在 A 中	√	√	√	√	1	1
SUBB A,#data	A 减去立即数 data,再减去 C,结果存放在 A 中	√	√	√	√	2	1
INC A	A 中的内容自加 1	√	×	×	×	1	1
INC Rn	Rn 中的内容自加 1	×	×	×	×	1	1
INC dir	dir 单元的内容自加 1	×	×	×	×	2	1
INC @Ri	Ri 所指单元中的内容自加 1	×	×	×	×	1	1
INC DPTR	DPTR 的内容自加 1	×	×	×	×	1	2
DEC A	A 中的内容自减 1	√	×	×	×	1	1
DEC Rn	Rn 中的内容自减 1	×	×	×	×	1	1
DEC dir	dir 单元的内容自减 1	×	×	×	×	2	1
DEC @Ri	Ri 所指单元中的内容自减 1	×	×	×	×	1	1

（续表）

| 助记符 | 功能说明 | 对标志位的影响 | | | | 字节数 | 周期数 |
		P	OV	AC	C_y		
MUL AB	A 的内容与 B 的内容相乘, 积的高 8 位存放在 B 中, 低 8 位存放在 A 中	√	√	×	0	1	4
DIV AB	A 的内容与 B 的内容相除, 商存放在 A 中, 余数存放在 B 中	√	√	×	0	1	4
DA A	十进制调整	√	×	√	√	1	1
ANL A, Rn	A 的内容与 Rn 的内容相与, 结果存放在 A 中	√	×	×	×	1	1
ANL A, dir	A 的内容与 dir 单元的内容相与, 结果存放在 A 中	√	×	×	×	2	1
ANL A, @Ri	A 的内容与 Ri 所指向单元的内容相与, 结果存放在 A 中	√	×	×	×	1	1
ANL A, #data	A 的内容与数 data 相与, 结果存放在 A 中	√	×	×	×	2	1
ANL dir, A	dir 单元内容与 A 中的内容相与, 结果存放在 dir 单元中	×	×	×	×	2	1
ANL dir, #data	dir 单元的内容与 data 相与, 结果存放在 dir 单元中	×	×	×	×	3	2
ORL A, Rn	A 的内容与 Rn 的内容相或, 结果存放在 A 中	√	×	×	×	1	1
ORL A, dir	A 的内容与 dir 单元的内容相或, 结果存放在 A 中	√	×	×	×	2	1
ORL A, @Ri	A 的内容与 Ri 所指向单元的内容相或, 结果存放在 A 中	√	×	×	×	1	1
ORL A, #data	A 的内容与数 data 相或, 结果存放在 A 中	√	×	×	×	2	1
ORL dir, A	dir 单元的内容与 A 的内容相或, 结果存放在 dir 单元中	×	×	×	×	2	1
ORL dir, #data	dir 单元的内容与数 data 相或, 结果存放在 dir 单元中	×	×	×	×	3	2
XRL A, Rn	A 的内容与 Rn 的内容相异或, 结果存放在 A 中	√	×	×	×	1	1
XRL A, dir	A 的内容与 dir 单元的内容相异或, 结果存放在 A 中	√	×	×	×	2	1
XRL A, @Ri	A 中内容与 Ri 所指向单元的内容相异或, 结果存放在 A 中	√	×	×	×	1	1
XRL A, #data	A 的内容与数 data 相异或, 结果存放在 A 中	√	×	×	×	2	1
XRL dir, A	dir 单元的内容与 A 的内容相异或, 结果存放在 dir 单元中	×	×	×	×	2	1

（续表）

助记符	功能说明	对标志位的影响				字节数	周期数
		P	OV	AC	C$_y$		
XRL dir,#data	dir 单元的内容与数 data 相异或，结果存放在 dir 单元中	×	×	×	×	3	2
CLR A	A 的内容清零	√	×	×	×	1	1
CPL A	A 的内容按位取反	×	×	×	×	1	1
RL A	A 中的内容循环左移一位	×	×	×	×	1	1
RLC A	A 中的内容连同进位位 C 循环左移一位	√	×	×	√	1	1
RR A	A 中的内容循环右移一位	×	×	×	×	1	1
RRC A	A 中的内容连同进位位 C 循环右移一位	√	×	×	√	1	1
SWAP A	A 的低半字节与高半字节互换	×	×	×	×	1	1
CLR C	C 位清零	×	×	×	√	1	1
CLR bit	bit 位取反	×	×	×	×	2	1
SETB C	C 位置1	×	×	×	√	1	1
SETB bit	bit 位置1	×	×	×	×	2	1
CPL C	C 位取反	×	×	×	√	1	1
CPL bit	bit 位取反	×	×	×	×	2	1
ANL C,bit	C 位与 bit 位相与，结果存放在 C 中	×	×	×	√	2	2
ANL C,/bit	C 位与 bit 位的反相与，结果存放在 C 中	×	×	×	√	2	2
ORL C,bit	C 位与 bit 位相或，结果存放在 C 中	×	×	×	√	2	2
ORL C,/bit	C 位与 bit 位的反相或，结果存放在 C 中	×	×	×	√	2	2
MOV C,bit	bit 位的值传送至 C 位中	×	×	×	√	2	1
MOV bit,C	C 位的值传送至 bit 位中	×	×	×	×	2	2
JC label	若 C=1,转至标号 label 处,否则顺序执行	×	×	×	×	2	2
JNC label	若 C=0,转至标号 label 处,否则顺序执行	×	×	×	×	2	2
JB bit,label	若 bit=1,转至标号 label 处,否则顺序执行	×	×	×	×	3	2
JNB bit,label	若 bit=0,转至标号 label 处,否则顺序执行	×	×	×	×	3	2
JBC 1 bit,label	若 bit=1,转至标号 label 处,且将 bit 位清零,否则顺序执行	×	×	×	×	3	2
ACALL ABC	调用子程序 ABC(绝对调用)	×	×	×	×	2	2
LCALL ABC	调用子程序 ABC(长调用)	×	×	×	×	3	2
RET	子程序返回	×	×	×	×	1	2
RETI	中断返回	×	×	×	×	1	2
AJMP label	无条件转移至标号 label 处(绝对转移)	×	×	×	×	2	2
LJMP label	无条件转移至标号 label 处(长转移)	×	×	×	×	3	2
SJMP label	无条件转移至标号 label 处(短转移)	×	×	×	×	2	2

（续表）

| 助记符 | 功能说明 | 对标志位的影响 | | | | 字节数 | 周期数 |
		P	OV	AC	C_y		
JMP @A＋DPTR	程序转移至某地址处，该地址值为 A 与 DPTR 的内容之和	×	×	×	×	1	2
JZ label	A 的内容为 0，则转至标号 label 处，否则顺序执行	×	×	×	×	2	2
JNZ label	A 的内容不为 0，则转至标号 label 处，否则顺序执行	×	×	×	×	2	2
CJNE A，＃data，label	A 的内容不等于数 data，则转至 label 处，否则顺序执行	×	×	×	√	3	2
CJNE A，dir，label	A 的内容与 dir 单元的内容不等，则转至 label 处，否则顺序执行	×	×	×	√	3	2
CJNE Rn，＃data，lab	Rn 的内容不等于数 data，则转至 lab 处，否则顺序执行	×	×	×	√	3	2
CJNE @Ri，＃data，lab	Ri 所指向单元的内容不等于数 data，则转至标号 lab 处，否则顺序执行	×	×	×	√	3	2
DJNZ Rn，label	先将 Rn 的内容减 1，再判断 Rn 的值，若 Rn≠0，则转至标号 label 处，否则顺序执行	×	×	×	×	2	2
DJNZ dir，label	先将 dir 单元的内容减 1，再判断 dir 单元的值，若其内容不为 0，则转至标号 label 处，否则顺序执行	×	×	×	×	3	2
NOP	空操作指令	×	×	×	×	1	1